纺织高等教育"十二五"部委级规划教材

普通高等教育"十一五"国家级规划教材(本科)

非织造布后整理(第2版)

焦晓宁　刘建勇　主编

姚金波　主审

U0241346

中国纺织出版社

内 容 提 要

本书分别从整理的目的、意义、整理原理、整理剂、整理工艺及整理后性能测试等方面对非织造布后整理进行了比较系统的介绍。其内容包括收缩整理,柔软整理及硬挺整理,外观整理,剖层、磨绒、烧毛整理,防水及拒水、拒油整理,亲水整理,抗静电整理,涂层整理及复合加工、抗菌整理,阻燃整理,芳香整理,抗紫外线整理以及相关的后整理知识,并简要介绍了现代技术在非织造布后整理中的应用。

本书为高等院校非织造材料与工程专业本科生教材,亦可作为非织造学科领域和相关学科领域的工程技术人员参考用书。

图书在版编目(CIP)数据

非织造布后整理/焦晓宁,刘建勇主编. —2 版. —北京:中国纺织出版社,2015.2(2021.1 重印)

纺织高等教育"十二五"部委级规划教材 普通高等教育"十一五"国家级规划教材.本科

ISBN 978 – 7 – 5180 – 1270 – 1

Ⅰ.①非… Ⅱ.①焦… ②刘 Ⅲ.①非织造织物—后处理—高等学校—教材 Ⅳ.①TS174.3

中国版本图书馆 CIP 数据核字(2014)第 289122 号

策划编辑:孔会云 责任编辑:王军锋 责任校对:寇晨晨
责任设计:何 建 责任印制:何 建

中国纺织出版社出版发行
地址:北京市朝阳区百子湾东里 A407 号楼 邮政编码:100124
销售电话:010—67004422 传真:010—87155801
http://www.c-textilep.com
E-mail:faxing @ c-textilep.com
中国纺织出版社天猫旗舰店
官方微博 http://weibo.com/2119887771
北京市密东印刷有限公司印刷 各地新华书店经销
2008 年 1 月第 1 版 2015 年 2 月第 2 版 2021 年 1 月第 4 次印刷
开本:787×1092 1/16 印张:16.75
字数:347 千字 定价:46.00 元

《国家中长期教育改革和发展规划纲要》中提出"全面提高高等教育质量","提高人才培养质量"。教育部教高〔2007〕1号文件"关于实施高等学校本科教学质量与教学改革工程的意见"中,明确了"继续推进国家精品课程建设","积极推进网络教育资源开发和共享平台建设,建设面向全国高校的精品课程和立体化教材的数字化资源中心",对高等教育教材的质量和立体化模式都提出了更高、更具体的要求。

"着力培养信念执著、品德优良、知识丰富、本领过硬的高素质专门人才和拔尖创新人才",已成为当今本科教育的主题。教材建设作为教学的重要组成部分,如何适应新形势下我国教学改革要求,配合教育部"卓越工程师教育培养计划"的实施,满足应用型人才培养的需要,在人才培养中发挥作用,成为院校和出版人共同努力的目标。中国纺织服装教育协会协同中国纺织出版社,认真组织制订"十二五"部委级教材规划,组织专家对各院校上报的"十二五"规划教材选题进行认真评选,力求使教材出版与教学改革和课程建设发展相适应,充分体现教材的适用性、科学性、系统性和新颖性,使教材内容具有以下三个特点:

(1)围绕一个核心——育人目标。根据教育规律和课程设置特点,从提高学生分析问题、解决问题的能力入手,教材附有课程设置指导,并于章首介绍本章知识点、重点、难点及专业技能,增加相关学科的最新研究理论、研究热点或历史背景,章后附形式多样的思考题等,提高教材的可读性,增加学生学习兴趣和自学能力,提升学生科技素养和人文素养。

(2)突出一个环节——实践环节。教材出版突出应用性学科的特点,注重理论与生产实践的结合,有针对性地设置教材内容,增加实践、实验内容,并通过多媒体等形式,直观反映生产实践的最新成果。

(3)实现一个立体——开发立体化教材体系。充分利用现代教育技术手段,构建数字教育资源平台,开发教学课件、音像制品、素材库、试题库等多种立体化的配套教材,以直观的形式和丰富的表达充分展现教学内容。

教材出版是教育发展中的重要组成部分,为出版高质量的教材,出版社严格甄选作者,组织专家评审,并对出版全过程进行跟踪,及时了解教材编写进度、编写质量,力求做到作者权威、编辑专业、审读严格、精品出版。我们愿与院校一起,共同探讨、完善教材出版,不断推出精品教材,以适应我国高等教育的发展要求。

中国纺织出版社

教材出版中心

第 2 版前言

《非织造布后整理》2006 年入选普通高等教育"十一五"国家级规划教材(本科),2008 年出版后,相继被评为纺织高等教育"十一五"部委级优秀教材","十二五"天津市普通高等教育本科规划教材和纺织高等教育"十二五"部委级规划教材。

《非织造布后整理》自 2008 年 1 月出版以来,得到了全国广大高校教师、学生和相关工程技术人员的关注、支持和欢迎,目前已被苏州大学、浙江理工大学、西安工程大学、武汉纺织大学、南通大学、河南工程学院、常州纺织服装职业技术学院等院校作为教材使用,并成为相关专业人士以及非织造布企业、科研单位等工程技术人员的重要参考资料。广大师生认为,《非织造布后整理》一书,使学生得到了系统的理论学习,通过相关实验及实习过程,培养学生运用合理的后整理手段进行后整理方法的设计和工艺过程制订,达到了全面提高学生素质的目的,深受好评。借此,向在教学第一线的教师和工程技术人员,在过去几年中对本教材的关怀表示真诚的感谢。

《非织造布后整理(第 2 版)》仍保持原有的章节结构,对存在错误进行了更正,并做了适量的内容修订。尽管如此,仍不免有纰漏之处,欢迎读者批评指正。

编 者
2014.10.28

第1版前言

非织造技术是纺织工业的一门新兴技术,近年来得到了迅猛发展。但与这一技术密切相关的非织造布后整理技术并没有得到充分重视,相关技术人员匮乏,科研力量薄弱,使得我国非织造企业长期处于低水平加工、低利润竞争状态。因此,行业的发展迫切需要相关科研人员和理论指导,而目前国内外尚无非织造布后整理技术书籍和教材。本书就是在这种情况下编辑出版的。

本教材的第一稿是由原天津纺织工学院肖月华等人1992年编写的《非织造染整》讲义。1997年钱晓明、焦晓宁在该稿基础上根据非织造专业方向发展新特点进行修改,内容由原7万字扩充到15万字,授课时数由20学时增加为40学时,形成了本书的第二稿。随着非织造布行业的发展和我校《非织造布后整理》课程教改的深入,这一课程逐步增为60学时,原来的第二稿内容已不能满足教学需要。从2002年开始,主讲教师焦晓宁、刘建勇参考近年来出版的相关专著、学术论文等文献,并结合我校的科研活动,对原稿进行了大幅度的章节调整,补充了较新的非织造布后整理技术,这一工作已被列为天津工业大学教学改革项目,经过几年实践,最终形成目前的第三稿。

《非织造布后整理》作为非织造材料与工程专业的主干课程,内容涵盖非织造布的常规整理和功能整理,涉及改善品质的物理性整理,亲水、拒水、抗静电、抗菌、阻燃、芳香、抗紫外线等功能性整理及现代技术在后整理中的应用。书中对非织造布后整理的目的意义、整理的原理、整理剂的结构和性能、整理工艺及整理后效果评价进行了详尽论述,同时注重跟踪国际产业发展趋势,吸纳最新科研成果。形成了非织造相关技术一整套完整的知识体系。

本书由天津工业大学焦晓宁、刘建勇主编,参加编写的还有天津工业大学钱晓明、刘亚、庄旭品、单明景、裘康、王旭。具体分工如下:

第一章由焦晓宁、裘康编写。第三章第二节、第五章、第八章、第十二章第一、二、三节由焦晓宁编写。第三章第一节、第四章由焦晓宁、钱晓明编写。第十二章第四、五节由焦晓宁、王旭编写。第二章、第三章第三节、第六章、第七章、第九章、第十章、第十五章、第十六章、第十七章、第十八章由刘建勇编写。第十三章由刘亚、第十一章由庄旭品、第十四章由单明景编写。

全书由焦晓宁、刘建勇负责整体构思和统稿。彭富兵、赵思为本书的资料整理、绘图做了大量工作,赵思、王旭、梁惠珍、秘志刚、覃俊东等为本书的录入付出了辛勤劳动,在此一并表示感谢。

天津工业大学姚金波教授对本书进行了全面的审阅,并提出了许多宝贵意见,在此表示衷心感谢。

由于作者水平所限,加之非织造布后整理技术日新月异,书中不足及不妥之处在所难免,恳请读者批评指正。

编 者
2007年5月

本课程教学建议 "非织造布后整理"课程作为非织造布材料与工程专业的主干课程,建议授课 60~65 学时(其中理论教学 46~51 学时,实验教学 10~14 学时),每课时讲授内容建议一般控制在 6 页以内,教学内容包括本书全部内容。

本课程教学目的 通过本课程的学习,学生应达到以下要求。

1. 掌握非织造布后整理的基本概念和方法;对基本的非织造布整理方法和工艺特点有较为深入的了解。

2. 掌握所有整理方法的目的、原理和工艺要求以及整理后产品性能测试的指标和方法;整理剂的种类、性能、使用要求等。

3. 能够在非织造布产品研究开发过程中熟练运用合理的整理手段,进行整理方法的选择和工艺过程的制订。

本课程教学要求 本课程教学应包括课堂教学、实验教学、课堂讨论、论文写作、课外习题等环节,实验教学可根据各校情况设置 10~14 学时的实验课。

目 录

第一章 绪论

本章知识点

1. 非织造布后整理的目的、意义。
2. 非织造布后整理的内容、方法。
3. 非织造布后整理的实际应用。

"非织造布"英文名为"Nonwoven fabric",行业内俗称"无纺布"或"非织布"。自20世纪70年代以来,这一打破传统纺织工业加工方法的技术不断更新并飞速发展,到2013年,世界非织造布的产量已达到740万吨以上。我国的非织造布工业在20世纪60年代初期逐步形成产业化生产,至2013年产量已达到380万吨。非织造布已经成为世界纺织工业中一个令人瞩目的新兴领域,具有良好的发展前途。

非织造布之所以能在短短的几十年内得到高速发展,与非织造布技术具有的特点密不可分。非织造布技术不但具有工艺流程短、生产效率高、经济效益显著的优点,还具有使用纤维原料范围广、产品性能独特、品种多、适用面宽等特点。

现在,非织造布已经逐步进入到国民经济的各个领域甚至普通家庭。大到工程用土工布、医用防护隔离服、空气过滤布、造纸毛毯,小到消毒湿巾、擦拭巾、一次性卫生用品、手提袋和护肤面膜等。其生产加工方法涉及多个工业技术领域。非织造布加工技术综合利用了现代物理、化学、力学、仿生学等基本理论,融合了纺织、塑料、造纸、染整、皮革等生产加工技术,它不同于传统的纺织工业。但又主要依托于纺织工业,被认为是纺织工业中继机织、针织之后的又一新型生产加工形式。非织造布产品因生产方式不同有很大差异,有些产品甚至脱离了"布"的表象特征。所以许多专业人士又将非织造布称之为非织造材料。

像传统纺织品一样,非织造布的生产和加工主要包括两个重要部分:一是成网、固网过程,即非织造布的形成过程;二是对非织造布的再加工,即对非织造布进行后整理及精加工。本书所涉及的内容主要是有关非织造布的后整理部分。目前纺织工业的大多数后整理工艺和设备基本上都可以应用于非织造布加工,有些需要根据非织造布特点进行一些必要的改造。另一方面,由于非织造布生产规模的扩大和非织造布特型品种的增加,也出现了专用于非织造布后整理加工的专门工艺和设备。

第一节　非织造布后整理的定义、作用和内容

一、非织造布后整理的定义

"后整理"一词来源于纺织工业的印染行业,以印染工序为中心,在染色、印花工序前的加工过程称为前处理(或预处理),这一过程主要是采用化学的方法去除纤维上的各种杂质,为染色和印花等后加工工序作准备。在染色、印花工序后的加工过程称为后整理,这一过程主要是通过化学或者物理化学的方法改进外观和形态稳定性,提高纺织品的使用性能、赋予纺织品特殊的功能。

非织造布后整理涵盖了印染加工中前处理(预处理)、染色、印花和后整理等全流程。从广义上讲,非织造布后整理是指对非织造布产品进行深加工的过程,是纤维网经固网形成非织造布后,所经过的一系列旨在改善产品外观和内在质量、提高产品使用性能、赋予产品特殊功能的加工过程。从近几年国内外的实际应用来看,非织造布后整理更侧重于功能性整理,如抗静电整理、阻燃整理、抗菌整理、亲水整理、拒水整理、防紫外线整理、防电磁波整理等。

二、非织造布后整理的作用

非织造布后整理的作用概括起来就是通过物理的(机械的)、化学的(包括生物的)和物理化学的方法,改变产品的内在质量,提高产品品质、功能和使用性能,赋予非织造布特殊功能。在非织造布的加工过程中,非织造布后整理的作用具体可归纳为以下几个方面。

(1)改善非织造布的手感和外观,提高产品的视觉和触觉效果。其中包括使产品具有时尚或适宜的色泽和花形,有一定的柔软、硬挺感和尺寸稳定性。

(2)改善非织造布的内在质量,提高产品的使用性能,以充分发挥纤维性能和结构特性。

(3)赋予非织造布特殊的功能和风格,扩大应用领域,增加花色品种。

(4)增加最终产品的附加值,增强产品的市场竞争力,提高效益。

三、非织造布后整理的内容

非织造布后整理的内容很多,包括改善产品品质、提高产品内在质量的物理性整理,如轧光、轧花、磨绒、收缩、打孔、烧毛、机械柔软整理;赋予非织造布特殊功能的化学整理,如拒水拒油整理、亲水整理、抗静电整理、阻燃整理、化学柔软整理、吸尘防尘整理、防紫外线整理、抗菌整理、芳香整理等;有改善非织造布外观的染色、印花、轧光、轧花整理;也有改善非织造布手感的柔软、硬挺整理;改善非织造布表面状态的涂层、烧毛、磨绒整理;还有发挥两种或多种材料综合功能的复合加工。

此外,随着其他领域技术的发展,非织造布后整理方法引入很多高科技的成果。如目前流行的 PE/PP 双组分纺黏法的亲水整理,用等离子体方法对纤维改性等。而微波技术与超声波技术、红外与远红外整理、紫外线技术、驻极体技术和纳米技术等高新技术,被应用到非织造布

后整理领域,使非织造布产品更具有功能性。另外,非织造布后整理设备和整理剂的不断更新,也为非织造布后整理的发展带来日新月异的变化。

第二节 后整理的方法及分类

由于非织造布生产加工具有使用原料广泛、成形方法多种多样、生产领域广(涉及纺织、造纸、化工等多行业)的特点,因此,非织造布整理方法多,并且分类也比较复杂,见表1-1。

表1-1 非织造布后整理方法分类

后整理方法分类		具有代表性的整理方法
按加工的工艺性质分类	物理机械整理	轧光、轧花、磨绒、收缩整理等
	化学整理	拒水拒油整理、阻燃整理等
	物理—化学整理	柔软整理、抗静电整理等
按整理剂的施加方式分类	浸渍法	亲水整理、抗静电整理和阻燃整理等
	浸轧法	抗菌整理、拒水整理等
	涂层法	树脂整理、静电植绒
	复合法	非织造布之间或与其他机织布、针织布层压
	喷洒法	芳香整理、阻燃整理等
按整理加工使用的介质分类	湿整理	拒水整理、亲水整理、阻燃整理、抗静电整理及染色、漂白等
	干整理	热收缩整理、机械柔软整理、轧光、轧花整理等
按非织造布产品的功能性质分类	常规性整理	收缩整理、厚度均匀整理、轧光整理等
	特殊功能性整理	防紫外线、抗静电、抗菌、拒水、拒油、吸尘防尘、芳香整理等

一、按非织造布整理加工的工艺性质分类

以非织造布后整理工艺对非织造布中纤维的作用途径及加工工艺类型来分类,具体可分为物理机械整理、化学整理及物理—化学整理。

1. 物理机械整理 物理机械整理是指利用水分、热量、压力、拉力等物理机械作用对非织造布进行整理。这种整理的特点是:非织造布在整理过程中,其纤维不与化学试剂发生作用,包括轧光、轧花、磨绒、收缩整理等。例如,超细纤维针刺非织造布经过轧光和磨绒工艺,外观上即具有天然麂皮革的华丽、高贵并富有弹性,同时又具有超细纤维的优点,色泽佳、手感丰实,可以作为服装、休闲鞋、提包、高档皮革、手套、沙发、坐椅面料等;针刺过滤非织造布通过轧光整理,可以明显改善非织造布的过滤性能;超声波轧花工艺不但可以加固纤网,而且可以使布面形成凹凸有致的图案效果。

2. 化学整理 化学整理是对非织造布施加化学整理剂进行整理。这种整理方法的特点是:

非织造布在整理过程中,其纤维与整理剂发生化学反应或物理吸附作用,从而达到整理的效果。如硬挺整理、阻燃整理、拒水拒油整理等。对服装上使用的非织造黏合衬布采用硬挺整理,可以使非织造布具有耐久定型、良好的抗褶皱性和一定的硬挺度;对于抽油烟机过滤网、公共场所空气过滤器所用的过滤材料等非织造布制品,需要用阻燃整理剂对非织造布进行阻燃整理,使其具有阻燃的功能。化学整理方法是非织造布中应用最多的一种整理方式。

3. 物理—化学整理 这种方法既运用物理机械整理也运用化学整理,两种方法合并进行,使非织造布同时具有两种方法的整理效果,如柔软整理、抗静电整理等。抗静电整理可采用物理和化学方法防止纤维上积聚静电,改善非织造布的抗静电性能。医院的一次性手术服和易燃易爆场所的非织造材料均需抗静电整理。

二、按整理剂的施加方式分类

以整理过程中整理剂添加到非织造布上的方法进行分类,具体可以分为浸渍法、浸轧法、涂层法、复合法、喷洒法等。

1. 浸渍法 浸渍法主要是将非织造布浸渍于一定浓度的整理剂溶液中。使非织造布吸附整理剂,通过整理剂的作用达到整理的目的。

2. 浸轧法 浸轧法是将非织造布吸附整理液后迅速经过轧辊挤轧,使整理液和非织造布内的纤维发生物理或化学的结合的工艺过程。

3. 涂层法 涂层法是在非织造布表面涂以或敷以一层化学材料,使之形成膜,以改善或赋予非织造布新的功能。按涂层形成膜的方式,可分为烘干(蒸发)成膜涂层整理、热熔成膜涂层整理以及凝固浴成膜涂层整理。涂层不仅可单独作为后整理方法,而且在涂层基础上还可以进行静电植绒等后整理加工。

4. 复合法 复合法就是利用各种黏合手段将两层或多层材料叠合在一起形成复合材料的加工方式。这种复合包括非织造布与非织造布、非织造布与其他材料的复合。采用非织造布与非织造布复合,可以取长补短改善产品综合性能,如纺黏法非织造布与熔喷非织造布制成医用防病毒过滤布、水刺非织造布与热轧黏合非织造布制成用即弃型卫生用品等。非织造布可与机织布、针织布、泡沫塑料、薄膜、纸、金属箔等材料复合。如采用水刺非织造布或其他薄型非织造布与低密度聚乙烯薄膜叠层即成为制作手术衣的良好材料;采用两层聚丙烯纺黏法非织造布与镀金属的聚酯薄膜叠层即成为高级窗帘材料。复合的方式可分为黏合剂复合、热黏合复合和焰熔复合。

三、按整理加工使用的介质分类

按照整理加工使用的介质分类一般可分为湿整理和干整理。

1. 湿整理 湿整理指在湿热条件下,借助于机械力及整理剂的作用进行的整理加工。如拒水整理、亲水整理、阻燃整理、抗静电整理及染色、漂白等。

2. 干整理 干整理是在干态条件下,利用热和机械的作用进行整理加工。如热收缩整理、机械柔软整理、轧光、轧花整理等。

四、按非织造布产品功能性质分类

按照非织造布产品功能性质分类可分为常规性整理和特殊功能性整理。

1. 常规性整理　常规性整理一般指形态整理，主要是为了改善产品品质，提高产品内在质量，提高视觉和触觉效果。如收缩整理、厚度均匀整理、轧光整理等。

2. 特殊功能性整理　特殊功能整理赋予非织造布某种防护性能或其他功能，如防紫外线整理、抗静电整理、抗菌整理、拒水拒油整理、吸尘防尘整理、芳香整理等。

第三节　非织造布后整理的现状及发展趋势

一、非织造布后整理发展的历史

非织造布后整理作为非织造布整个加工过程的"后道工序"，是紧随非织造布工业化生产的发展而逐步发展起来的。由于非织造布在近几十年才形成大规模生产，其后整理方法主要是直接采用或借鉴改造传统纺织品的染整加工技术而形成的。

非织造布的工业化生产最早起源于美国。早在 20 世纪 40 年代初至 50 年代，现代非织造布工业已经进入发展的萌芽时期，这个时期主要生产原料以纺织厂下脚料、再生纤维等低级原料为主，其产品主要是粗厚的絮垫类产品，用途仅限于低级用途以代替纺织品。生产规模小、产品品种单一，因此大部分产品都没有后整理加工，但关于非织造布后整理的研究已开始出现。从美国和英国的专利申请上可以看出，这个时期关于非织造布后整理的专利从 20 世纪 40 年代的每年平均一两例到 50 年代的六七例。

20 世纪 50 年代末至 60 年代末，非织造布技术迅速转化为商业化生产，化学纤维工业的迅速发展，促进了非织造布技术的推广应用。非织造布的产量也迅速增加，产品品种迅速扩大。这一时期，与纺织品后整理加工密切相关的化学工业也取得了很大发展。如防皱整理、有机硅整理、聚氯乙烯涂层整理等。由于这一时期后整理技术主要是针对棉、麻、毛、丝等天然纤维制品，大多借助于传统纺织品加工技术。主要有以仿制传统纺织品为目的橡胶乳液整理、涂层整理，非织造布雕花辊热轧整理以及非织造布与传统纺织品的黏合复合等。

20 世纪 70 年代初至 80 年代末，世界非织造布产量继续高速增长，对非织造布功能提出新的要求，功能性后整理技术大量用于非织造布。这一时期非织造布后整理的主要特点是使非织造布具有较高的功能性和实用性，并赋予产品一些特殊功能。如吸附性材料的亲水整理，医疗卫生材料的抗菌整理，过滤材料的抗静电整理，防护材料的防辐射整理，擦布类材料的柔软整理等。

从 20 世纪 90 年代开始，非织造布技术已形成以水刺、熔喷、纺黏、复合为代表的几十种生产工艺，应用领域进一步扩大，功能越来越多，使得非织造布后整理技术不断发展，它在非织造布加工过程中的作用变得越来越不可取代。像远红外整理技术、驻极体技术、等离子体技术等高科技手段也越来越多的应用到非织造布的后整理中。

目前非织造布后整理技术已经逐步形成一个完整的体系,它能够赋予非织造布新的功能和新的生命力,并随之产生很多新的产品,已经被越来越多的国内外专家学者所重视。

二、非织造布后整理技术的新进展

非织造布后整理技术的新进展,主要表现在以下三个方面。

(1)由于石油化工和高分子科学的发展,使聚合物类整理剂获得广泛应用。这种整理剂赋予非织造布多种特殊的功能,如阻燃、抗紫外线、防辐射、拒水、防污、防水透湿等。

(2)涂层、复合整理技术成为重要的整理手段。涂层、复合整理增强了非织造布的功能性,使产品更能满足或适合功能上的要求。

(3)纳米材料、低温等离子体、辐射能和超声波等现代技术在后整理加工中的广泛应用。纳米技术在后整理中的应用是利用纳米材料所具有的特殊性能对非织造布产品进行功能性整理。低温等离子体、辐射能和超声波等技术对纤维材料的表面改性有明显效果,能进一步改善非织造布产品的性能。这些新技术为开发产品及改善产品性能提供了新的途径。

三、非织造布后整理技术的发展趋势

非织造布后整理加工技术在非织造布加工过程中占有重要地位,是产品的深加工,提高产品档次和增加附加值的重要环节。随着科学技术的飞速发展,非织造布后整理技术手段与内涵也在发生着重大变化。因此,必须把握非织造布后整理的发展趋势。其发展趋势主要表现在以下几个方面。

1. 产品的成品化 以消费者为中心,视用户为上帝的经营方式,使产品的加工程度不断深化。在后整理加工中将非织造布产品加工成最终产品形态直接供给消费者或使用者的加工形式越来越普遍。而且,这种最终产品的成品化程度也在不断提高,使产品在功能、规格、形状上,甚至包装形式上都更能符合使用者的要求。

2. 生产过程无污染、低能耗 传统的后整理加工,不仅产生大量的废水,而且还会产生废气和废渣,被认为是环境污染的"重灾区"。随着人们对环境问题的关注,对传统污染较重的后整理加工进行改革势在必行。因此,出现了包括无水或少水后整理技术、低温等离子体技术、短流程法、一浴法或染整一步法、新型环保涂料染色和低浴比染色技术等新技术。传统的后整理加工,除大量用水外,还消耗大量的电、热等能源,成为"能耗大户"。从另一方面来说,节能同样可间接的减少污染。最大限度地节约用水、减少污染、降低能耗、提高加工效率是对非织造布后整理在控制污染和能耗方面的必然要求。

3. 与新型纤维材料的发展相适应 为满足产品性能要求,在非织造布生产中大量采用功能纤维、差别化纤维和高性能纤维。如用于仿真皮合成革基布和过滤材料的超细纤维;用于航空航天材料增强用的芳纶、碳纤维等高性能纤维,用于医用的抗菌、高吸水、吸收性纤维等。由于特种纤维在结构和性能上的差异,也使后整理加工有很大不同。

4. 多功能复合 非织造布后整理加工的一个重要目的就是给产品增加新的功能,随着非织造布精加工和深加工技术的发展,可以满足消费者或使用者对产品在功能上的要求。如过滤材

料,对产品强度、过滤性能和吸附方面的要求,电池隔膜对产品强度、吸液率、保液率及在电解液作用下尺寸稳定性的要求等。由于这种多功能往往是通过非织造布不同加工阶段施加到产品中去的,因此也对产品的后整理加工提出多功能的要求。后整理的复合化和非织造布产品多功能的复合化是提高产品品质和增加产品附加值的重要手段。通过非织造布后整理或后整理的复合达到非织造布功能上的复合,是产品后整理的一种趋势。

5. 应用新技术、新工艺　近年来,高新技术在非织造布后整理中的应用十分活跃。首先是激光、紫外线等辐射能的应用,还有等离子体和超声波的应用及纳米技术在后整理加工上的应用。在功能性方面,有阳光蓄热保温整理、高吸水整理及用于防护服等用途的防水透湿整理,并在理论和技术上取得显著成果。

非织造布后整理技术正在朝着安全、环保的方向发展,它既是国际科学领域的一项重要课题,同时也是与人类生活密切相关的重要社会问题,充满了科学创新的无限机遇,也给从事这一领域的工程技术人员带来了新的发展空间。

☞ **思考题**

1. 什么叫非织造布后整理?

2. 非织造布后整理主要依托哪些新技术? 为什么?

3. 非织造布后整理的内容是什么? 方法有哪些?

4. 结合非织造布后整理的功能作用,谈谈后整理技术的发展趋势。

第二章　非织造布整理用水及表面活性剂

本章知识点

1.非织造布整理加工中对水质的要求。
2.水处理的方法以及各种水处理方法的特点和措施。
3.表面活性剂的结构、类型、性质、作用原理和用途。

第一节　整理用水的来源及其水质

在非织造布整理加工过程中,虽然整理剂和染料等化学品占主导作用,但水是染料及助剂最理想而廉价的溶剂,不仅在染色、印花、整理过程中都要耗用大量水,而且锅炉供汽、供热也需要大量的水。因此,水质的好坏对整理产品的质量以及锅炉效率的高低都有很大影响。

一、水的来源

目前,工厂在实际生产中采用的水主要是自来水(一种经过水厂加工后的天然水)。天然水主要来自于地面水源和地下水源。

地面水是指流入江河、湖泊中的水。在水流动过程中夹带了一些有机杂质和无机杂质,其中悬浮杂质含量较高,矿物质含量较少,所以较容易处理。

随着离地面的深度不同,地下水的水质有很大差异。深度为 15m 以内的泉水和井水属于浅地下水。在雨水由地面向下流过土壤和岩石的过程中,土壤具有的过滤作用使得浅地下水中所含的悬浮性杂质极少,但含有一定量的可溶性有机物和较多的二氧化碳。特别是流过石灰岩时,溶解的二氧化碳可使不溶性的碳酸钙转变成碳酸氢钙而溶于水。深地下水是指雨水从地面向下流过距离很长的土壤和岩石,经过过滤和细菌的共同作用后形成的深井水。深地下水一般不含有机物,但却溶解了很多的矿物质。通常地下水的水处理较困难。

二、水质

天然水中的杂质主要有悬浮物和水溶性杂质两类。悬浮物可以通过静置、澄清或过滤等方法去除;而水溶性杂质则种类较多,其中最常见的是钙、镁的氯化物,硫酸盐及酸式碳酸盐等。

由于这些水溶性杂质对水质好坏有重要的影响,因此通常情况下,水质的好坏就用水溶性杂质含量的多少即硬度来衡量。

水可以分为暂时硬水和永久硬水。暂时硬水是含有酸式碳酸盐等杂质的水。由于酸式碳酸盐所形成的水的硬度经煮沸后可以去除,故称为暂时硬度。当天然水流经岩石和土壤时,天然水中含有的二氧化碳与不溶于水的碳酸盐作用,转变成水溶性的酸式碳酸盐。如果将有暂时硬度的水加热煮沸,酸式碳酸盐可以分解生成不溶性的碳酸盐;永久硬水是含有钙、镁等的氯化物、硫酸盐或硝酸盐等杂质的水,在煮沸等处理过程中不产生沉淀,钙、镁等离子仍保留在水中,因此这种硬度称永久硬度。不同的水中,两种硬度所占比例有所不同,通常以两者的总和表示,称为总硬度。

国际上对水硬度的表示方法至今尚未统一,我国通常以1升水中钙、镁盐含量换算成碳酸钙的质量浓度来表示,单位为 mg/L($CaCO_3$),旧时用 ppm(非法定单位)表示。

在非织造布的染整加工过程中,硬水会使某些阴离子型表面活性剂生成不溶性的钙皂、镁皂而沉积在纤维上,不但会浪费助剂,还会在纤维表面造成斑渍,影响产品的外观和手感;硬水还能使某些染料发生沉淀,不但浪费染料,也会造成染色不匀等疵病;若水中含有较多的铁、锰等离子,在使用双氧水漂白纤维素纤维时会导致纤维脆损。

另外,如果锅炉使用硬水,会在锅体及炉管的内表面形成水垢,降低热传导率、浪费燃料,严重时还会由于导热不匀而引起锅炉的爆炸。

由于水中的金属离子和酸碱性会影响染料、整理剂在水中的状态和应用性能,因此在非织造布染整加工过程中对水质有一定的要求。除要求无色、无臭、透明、pH 在 6.5～7.4 之间外,水中杂质含量应该达到一般染整厂的要求,具体要求见表 2－1。

表 2－1　一般染整厂对水质的要求　　　　　　　　　　　　　　　　　　单位:mg/L

总硬度(以 $CaCO_3$ 计)	0～25
铁	0.02～0.1
锰	0.02
碱度(甲基橙为指示剂,用酸滴定)	35～64
溶解的固体物质	65～150

第二节　水的软化

在非织造布整理过程中,不同的加工环节对水质要求也有所不同。例如,染色、漂白以及使用阴离子型整理剂的整理加工等都对水质有较高的要求,而水洗过程则对水质的要求相对较低。为保证非织造布整理用水的水质,应根据需要对水质进行改善,其主要内容就是采用适当的方法降低水的硬度,这种处理过程称为水的软化。目前,常用软化水的方法主要有如下几种。

一、软水剂法

利用化学药品(软水剂)与水中的钙、镁离子的化学作用,使其生成不溶性沉淀,再通过沉淀过滤等方法去除钙、镁等离子;也可以使其形成稳定的可溶性络合物,通过对钙、镁离子的"掩蔽"作用防止其对整理效果的影响。

1. 沉淀法 利用石灰和纯碱与水中的钙离子形成 $CaCO_3$ 沉淀、与镁离子形成 $Mg(OH)_2$ 沉淀从水中去除,从而降低水的硬度,该法称为石灰—纯碱法。

若水中存在铁、锰等离子,也可以使用石灰—纯碱法进行处理,使铁、锰等离子转变成不溶性的氢氧化物沉淀而被去除。硬水中只加碳酸钠经煮沸也可以降低水的硬度,但水中还有一定浓度的镁离子,故软化不彻底。

石灰—纯碱法是一种简便有效的软化水处理方案。实际应用时,首先根据水质情况和处理要求,准备合适用量的化学药品,然后加入到一定量的水中,处理后放出上部软水,沉淀物则由反应器的底部放出。虽然石灰—纯碱法有很多优点,但是采用的软水剂是碱性物质,反应后形成的沉淀也属于碱性物质,或者属于强碱弱酸盐,因此软化处理后的水呈碱性,在一定程度上影响了水质。

磷酸三钠(Na_3PO_4)也是常用的软水剂,它能与硬水中的钙、镁离子作用生成磷酸钙、磷酸镁沉淀,具有较好的软化效果。

2. 络合法 络合法的原理是:某些物质能够与水中的钙、镁离子形成稳定的水溶性络合物,在温度不高的条件下,不再表现出硬水的性质,也不会使肥皂、染料等发生沉淀。

使用络合法进行软水处理时,胺的醋酸衍生物是效果最好的软水剂,如广泛应用的乙二胺四醋酸钠(即软水剂 B 或 BW)和氨三乙酸(即软水剂 A)等,它们能与钙、镁离子及铜、铁离子生成水溶性络合物。

多聚磷酸钠如六偏磷酸钠 $\{Na_4[Na_2(PO_3)_6]\}$ 也可以作为络合法软水剂使用。当水质不能满足要求,而且也不能及时得到软化处理时,常常在整理工作液中加入六偏磷酸钠,通过与钙、镁离子发生络合作用,从而减少钙、镁离子对整理剂的影响。

二、离子交换法

离子交换法是使用含钠离子的泡沸石、磺化煤或离子交换树脂等物质,利用其中所含钠离子交换水中水溶性杂质的离子,从而使水的硬度得到降低。

1. 泡沸石 泡沸石是一种多孔砂粒状的水化硅酸钠铝,其通式为 $(Na_2O)_x(Al_2O_3)_y$ $(SiO_2)_z(H_2O)_n$,有天然和人造之分。当硬水通过砂粒状的泡沸石层时,泡沸石中的钠离子可与水中的钙、镁等离子发生离子交换作用。在使用一段时间后,泡沸石的离子交换能力会逐渐降低,如果用食盐水处理数小时,就可以使之再生(活化)并可以继续使用。因为泡沸石不耐酸、碱,所以只能用于处理中性水。如果所处理的水硬度过高,通常要先用石灰—纯碱法处理后,再使用泡沸石进行离子交换处理,因此该方法目前已逐渐被其他离子交换体所取代。

2. 磺化煤 磺化煤最早用来代替泡沸石。它是在 150~180℃ 的条件下,用浓硫酸处理褐煤,先制得 H 型磺化煤,然后再用碱处理,而成为呈颗粒状的 Na 型磺化煤。H 型磺化煤含有能被取代的 H^+ 离子,可用 H[K] 表示;Na 型磺化煤含有能被取代的 Na^+ 离子,用 Na[K] 表示。如果用 H 型磺化煤进行软化处理,处理后的水呈酸性,而用 Na 型磺化煤进行软化处理,则处理后的水呈碱性。在经过长时间使用后,磺化煤会逐渐丧失软化能力,可以用食盐或稀硫酸溶液再生(活化)。用稀硫酸溶液活化可再生为 H 型磺化煤,用食盐溶液活化可得 Na 型磺化煤。多数工厂都以食盐溶液活化。

3. 离子交换树脂　离子交换树脂是在合成树脂中引进酸性或碱性基团而制成的。引进酸性基团者称为阳离子交换树脂,引进碱性基团者称为阴离子交换树脂。与泡沸石和磺化煤比较,离子交换树脂具有机械强度好、化学稳定性优良、交换效率高、使用周期长等优点。

常用的阳离子交换树脂是以交联型聚苯乙烯(苯乙烯与二乙烯苯的共聚物)作为母体,磺化处理后,在其苯环结构上引进磺酸基,从而成为阳离子交换树脂。常用的阴离子交换树脂是在交联型聚苯乙烯中引进季铵基而制成的。阳离子交换树脂可以交换水中的各种阳离子,阴离子交换树脂可以交换水中的各种阴离子。若硬水先经过阳离子交换树脂软化处理,去除水中的各种阳离子,然后再经过阴离子交换树脂处理,去除水中的各种阴离子,这样就制成了去离子水。

失去活性的阳离子交换树脂可用 HCl 溶液使其再生,失去活性的阴离子交换树脂可用 NaOH 溶液使其再生。

第三节　表面活性剂

在非织造布整理加工过程中,常使用各种类型的表面活性剂。为了合理地选择和使用表面活性剂,必须对它的结构、性质、作用原理和用途有所了解。

一、表面活性和表面活性剂

把物质以不同浓度溶解于水中,溶液的表面张力将发生变化。这种变化按照各种物质水溶液的表面张力与该物质浓度的关系可以分为三种类型。第一类物质在低浓度时,表面张力随浓度的增加而急剧下降;第二类物质的表面张力随浓度的增加而逐渐下降;第三类物质的表面张力随浓度的增加而稍有上升,如图 2 - 1 所示。

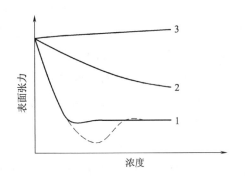

图 2 - 1　不同物质水溶液表面张力与浓度的关系

肥皂及合成洗涤剂等的水溶液具有第一类物质的性质;乙醇、丁醇、醋酸等的水溶液具有第二类物质的性质;而 NaCl、KNO_3、HCl、NaOH 等无机物的水溶液则具有第三类物质的性质。

能使溶液的表面张力降低的性质称为表面活性,第一、二两类物质可以被称为表面活性物质;而第三类物质不具有表面活性,被称为非表面活性物质。

第一类与第二类物质之间有明显的区别。在水溶液中,第一类物质在极低的浓度下就能显著地降低水溶液的表面张力,这类物质称为表面活性剂,它能改变体系的界面状态,对另一种物质产生润湿、乳化、净洗、起泡等各种作用。在非织造布染整加工中,表面活性剂主要被用作润湿剂、乳化剂、分散剂、渗透剂、匀染剂、柔软剂、洗涤剂等。

二、表面活性剂的分子结构

虽然表面活性剂的种类繁多,性质也各有千秋。但在分子结构上,所有表面活性剂的分子都是由非极性的疏水基和极性的亲水基两部分构成,是一种典型的两亲分子,表现出既亲油又亲水的两亲性质。极性的亲水基能同水分子相结合使之溶于水,非极性的疏水基(也称为亲油基)使表面活性剂有溶于油脂的能力。表面活性剂的水溶性取决于分子中亲水基的多少和强弱,也决定于亲水基和亲油基的比例。如硬脂酸皂($C_{17}H_{35}COONa$)的疏水基为$CH_3—CH_2—CH_2\cdots CH_2—$,亲水基为$—COONa$,其结构特征如图2-2所示。

疏水基   亲水基

图2-2 硬脂酸皂的结构特征示意图

在常用的表面活性剂中,非极性的疏水基团主要为直链或含有支链的脂肪族烷基(如十二烷基、十六烷基)、芳基(如苯基等)以及烷基芳基(如丁基萘、十二烷基苯)等。而亲水基团则有多种,主要包括:羧酸盐($—COONa$)、磺酸盐($—SO_3Na$)、硫酸酯基($—OSO_3H$)、羟基($—OH$)、醚基($—O—$)、氨基($—NH_2$)、酰氨基($—CONH_2$)、磷酸基$[—OPO(OH)_2]$、聚氧乙烯基($—CH_2CH_2O—$)$_n$等。在聚氧乙烯型表面活性剂中,要特别注意有关烷基酚聚氧乙烯醚(APEO)的生态环保问题。在涉及APEO的常用表面活性剂中,壬基酚聚氧乙烯醚(NPEO)占80%~85%,辛基酚聚氧乙烯醚(OPEO)占15%以上,十二烷基酚聚氧乙烯醚(DPEO)和二壬基酚聚氧乙烯醚(DNPEO)各占1%。

由于APEO具有类似雌性激素的作用,能危害人体正常的激素分泌,且生物降解率仅为0~9%,同时在生产及应用过程中均会对哺乳动物和水生生物产生毒性。因此纺织品上APEO的含量被限定为10mg/kg以下。

但APEO系列产品具有润湿、渗透、乳化、分散、增溶、去污等多种优异性能,所以在纺织常用助剂中有大量的应用。寻找和代替APEO的意义就不言而喻了。目前,主要采用"脂纺醇聚氧乙烯醚"或"支链的脂肪醇聚氧乙烯醚"作为APEO的替代品。

三、表面活性剂的分类

表面活性剂的种类很多,分类方法也各不相同。通常是按表面活性剂的亲水基在水中是否电离以及电离后的离子类型来分类。

　　表面活性剂溶于水时,不能电离的称为非离子型表面活性剂,能电离的称为离子型表面活性剂,后者又按其生成离子的类别分为阴离子型、阳离子型和两性型表面活性剂,具体分类见表 2 − 2。

表 2 − 2　表面活性剂的分类

表面活性剂	离子型表面活性剂	阴离子型表面活性剂	$R-COONa$　羧酸盐 $R-OSO_3Na$　硫酸酯盐 $R-SO_3Na$　磺酸盐 $R-OPO_3Na$　磷酸酯盐
		阳离子型表面活性剂	$R-N^+H_3 \cdot Cl^-$　伯铵盐 $R-N^+H_2R' \cdot Cl^-$　仲铵盐 $R-N^+HR'_2 \cdot Cl^-$　叔铵盐 $R-N^+R'_3 \cdot Cl^-$　季铵盐
		两性型表面活性剂	$R-NHCH_2-CH_2COOH$　氨基酸型 $R-N^+(CH_3)_2CH_2COO^-$　甜菜碱型 两性咪唑啉型
	非离子型表面活性剂		$R-O(-CH_2CH_2O)_nH$　聚氧乙烯型 $R-COOCH_2C(CH_2OH)_3$　多元醇型

四、表面活性剂的特性

　　表面活性剂溶解于水后,亲水基被水分子吸引而留在水中,疏水基则被水排斥,舍水而指向空气,使其分子在水的表面定向排列,并在水(溶液)的表面(或界面)形成单分子层,使得表面活性剂在溶液表面的浓度不同于溶液内部,如图 2 −3 所示。

　　随着表面活性剂浓度的增加,原来水溶液的空气—水界面逐步被空气—疏水基的界面所代替。结果使水溶液的表面张力不是接近于水,而是更接近于油,从而使溶液的表观界面性质发生变化。

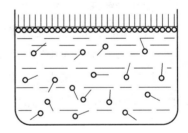

图 2 − 3　表面活性剂在水溶液中
分布状态示意图

　　表面活性剂使水的表面张力降低的程度与表面活性剂的浓度密切相关,如图 2 − 1 中曲线 1 所示。开始阶段水的表面张力随着表面活性剂浓度的增加而迅速降低,当浓度到达一定值后,溶液的表面张力不再降低,并形成明显的转折点。这种现象与表面活性剂在溶液内部以及表面的分布情况有关。当表面活性剂的浓度很低时,在液面上的表面活性剂分子浓度高于溶液内部,而且随着浓度的增加,表面活性剂分子很快聚集到溶液的表面,所以表面张力迅速降低。当表面活性剂浓度增加到一定程度后,表面活性剂分子在溶液表面形成了无间隙定向排列的单分子层,这时溶液的表面张力已经降低到最低值(接近于油的表面张力)。继续增加表面活性

13

剂浓度,其分子只是在溶液内部相互聚集,形成疏水基向内、亲水基向外的胶束,而溶液的表面张力不再继续下降。

图2-1中曲线1的转折点表示溶液的表面张力降低到最低值所需要表面活性剂的最小浓度,它还表示表面活性剂在溶液内部开始形成胶束所需要的最低浓度,称为临界胶束浓度(Critical Micelle Concentration 简写为CMC)。

每一种表面活性剂都具有各自的临界胶束浓度,即使是同一种表面活性剂在不同的外界条件下也具有不同的临界胶束浓度。这是因为临界胶束浓度要受到表面活性剂结构和外界因素的影响。例如,疏水基的碳链越长、饱和程度越高,则临界胶束浓度越小;亲水基的亲水性越强、数目越多,临界胶束浓度越大;碳链长度相似,亲水基处于疏水基末端的比处于中央的临界胶束浓度小;对于一般的表面活性剂,温度越高,临界胶束浓度越大;电解质能够使表面活性剂聚集,从而使临界胶束浓度下降。

临界胶束浓度是衡量表面活性剂性能的一个重要指标。在表面活性剂的临界胶束浓度左右,渗透压、蒸汽压、密度、黏度、表面张力、润湿性、乳化性以及洗涤性能等许多重要性质都产生显著的变化。而对于润湿、乳化以及洗涤性能,只有表面活性剂的浓度大于临界胶束浓度时,才能充分发挥其作用。通常表面活性剂的临界胶束浓度都不高,在0.02%~0.4%之间。

五、表面活性剂在非织造布染整中的应用

表面活性剂在非织造布染整中应用广泛,几乎每一种整理工艺都与表面活性剂有直接的关系。其所起的作用主要有润湿、乳化、分散、洗涤和发泡等。

1. 润湿作用　润湿是液体在固体表面铺展的现象。根据润湿的不同程度,液体在固体表面可以呈现从完全展开到珠状之间的各种不同状态,如图2-4所示。

当液体在固体的表面达到平衡时,液滴的周围就形成了液滴与固体表面、液滴与大气、大气与固体表面三个界面,如图2-5所示。在液滴、固体和大气三相交界处的某一点A处将受到固体—气体之间的界面张力γ_{SG}、液体—气体之间的界面张力γ_{LG}和固体—液体之间的界面张力γ_{SL}的共同作用。这三种力与液体在固体表面形成的液滴接触角θ之间存在如下关系:

$$\gamma_{SG} = \gamma_{SL} + \gamma_{LG} \cdot \cos\theta \quad 或 \quad \cos\theta = (\gamma_{SG} - \gamma_{SL})/\gamma_{LG}$$

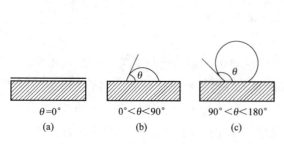

图2-4　液体在固体表面的不同润湿情况

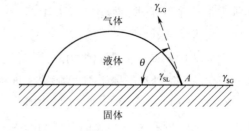

图2-5　界面张力与接触角之间的关系

用接触角θ可以定量描述液体在固体表面的润湿情况:如$\theta = 0$时,表示完全润湿,即液体

在固体表面完全铺展开;$\theta = 180°$时,液滴呈现圆珠状,表示完全不润湿;通常把$\theta = 90°$定义为润湿和不润湿的界限,$\theta < 90°$表示润湿,$\theta > 90°$表示不润湿。

在非织造布的润湿过程中,固体—气体之间的界面张力γ_{SG}是由纤维的种类和性质决定的,在加工中的大多数情况下,其数值是相对不变的,因此润湿与否就决定于γ_{SL}和γ_{LG}的大小。在水不易润湿的情况时,若在水中加入表面活性剂,那么液体的表面张力(即液体—气体之间的界面张力γ_{LG})就会显著下降,同时表面活性剂还能够在水和固体的界面之间充分发挥其双亲性能,增加两者之间的相互吸引力,从而使固体—液体之间的界面张力γ_{SL}也变小,这将使θ角减小,即润湿性能提高。

表面活性剂的润湿作用在非织造布的染整加工中有非常广泛的应用,一般为了提高整理剂对被加工物的润湿性能以及缩短整理剂在纤维表面的铺展时间,在整理液中都加入适量的表面活性剂。

2. 乳化和分散作用 将一种液体以微小的液滴均匀分散在另一种与其互不相溶的液体中所形成的体系被称为乳状液或乳液。而这种分散的过程就是乳化。将一种固体以微小的颗粒均匀分散在另一种与其互不相溶的液体中所形成的体系则称为分散液或悬浮液。而这种过程就是分散。表面活性剂可以使乳化和分散过程顺利进行并保持一定的稳定性,这就是表面活性剂的乳化和分散作用。乳化和分散的主要区别是乳化过程中的分散相是液体,分散过程中的分散相是固体。

乳状液通常有两种类型。一种是水包油型(油/水,O/W)乳液,它是油分散在水中,水是连续相(外相),而油是不连续相(内相),这种油/水型乳液可用水来稀释。另一种乳状液是水分散在油中,称为油包水型(水/油,W/O)型乳液,它和水包油型乳液相反,其中油是连续相(外相),而水是不连续相(内相),油包水型乳液常用油来稀释。在一定条件下两种类型的乳液可以相互转化,称为转相。在非织造布整理过程中由于多数以水为溶剂(或介质)进行加工,所以水包油型乳液应用较广。

乳状液和分散液的形成过程中遵循能量最低原则,当油与水接触时,两者分层,不相溶。如果加以搅拌或振荡,体系也很不稳定,较小的油滴有相互聚集结成较大油滴而减小其表面能的倾向,一旦停止搅拌或振荡,便又重新分为两层。如在水、油混合液中加入适当的表面活性剂(乳化剂),再加以搅拌或振荡,由于乳化剂在水、油界面上产生定向吸附,把两相联系起来,降低了界面张力,使乳化作用容易进行。而当采用的乳化剂是离子型表面活性剂时,还会在油、水界面上形成双电层和水化层,有防止微小液滴相互聚集的作用,这样乳液就会处于能量较低的相对稳定的状态。若所采用的乳化剂是非离子型表面活性剂,则会在微小的油滴表面形成较牢固的水化层,也具有使分散体系稳定的作用。

乳化剂或分散剂都是表面活性剂,但只有在水中能形成稳定胶束的表面活性剂才具有良好的乳化和分散能力,这与表面活性剂的分子结构有密切关系。

3. 洗涤作用 表面活性剂在洗涤过程中的作用与其润湿、乳化、分散、形成稳定胶束浓度的能力等性能有关。

在洗涤过程中,首先要使织物在洗液中充分润湿,这常常需要借助洗涤剂的润湿作用,使不溶于水的油性污垢与纤维的附着力减弱,然后再借机械的搅动或揉搓作用,使污垢从织物上脱落,通过洗涤剂的乳化、分散等作用使污垢均匀地分散在洗液中,不再重新沾污到织物上,最后再用清水将污垢和洗涤剂一起洗除。

污垢可分为液体污垢和固体污垢两类。固体污垢的去除主要是靠表面活性剂在固体质点(污垢)及织物表面吸附,使两者所带电荷相同,从而相互排斥,特别是阴离子表面活性剂能增强纤维和污垢的负电荷,增加斥力,使黏附强度减弱,固体质点(污垢)变得轻易从织物上去除。一般说来,固体污垢的质点越小,越不易去除。

液体污垢及混合污垢是以铺展的油膜存在于织物上。在洗涤过程中由于洗涤剂的润湿作用而"卷缩"成油珠,如图2-6所示,然后在机械作用下脱离织物表面。γ_{wo}为水—油界面张力;γ_{so}为固—油界面张力;γ_{sw}为固—水界面张力。

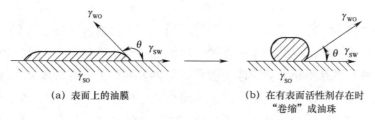

(a) 表面上的油膜　　　　　(b) 在有表面活性剂存在时"卷缩"成油珠

图2-6　洗涤剂的润湿作用

当油污与固体表面的接触角为180°时,污垢可以自发地脱离固体表面。如果接触角小于180°但大于90°时,污垢不能自发地脱离固体表面,但可以被洗涤液的液流冲走。而当接触角小于90°时,即使有运动液流的冲击,也仍然会有部分油污残留在固体表面上,需要更多的机械功或使用较浓的表面活性剂溶液才能洗除。

要获得良好的洗涤效果,还必须使疏水性的固体和液体污垢能稳定地分散在洗涤液中,而不再沉积在织物上,因此要求洗涤剂具有较强的乳化、分散能力,这与洗涤剂的亲水性、形成稳定胶束的能力以及洗涤剂的浓度有关。

4. 发泡作用　气体分散在液体中所形成的体系称为泡沫。用力搅拌水时有气泡产生,但这种气泡是不稳定的,停止搅拌,气泡立即消失。这是因为空气和水之间的界面张力大,相互之间的作用力小,气泡很容易被内部的空气冲破,因此很不稳定。如果液体中含有表面活性剂,则形成的液膜不易破裂,因此在搅拌时就可以形成大量泡沫。例如肥皂的水溶液经搅拌或吹入空气就可以形成稳定的泡沫。

当空气进入表面活性剂溶液中的瞬间,在空气气泡的周围就形成了疏水基伸向气泡内部,而亲水基指向液相的吸附膜。所形成的气泡由于浮力而上升,到达溶液的表面,甚至在适当的时候,气泡逸出液体表面,形成双分子膜构成的泡沫。该过程如图2-7所示。

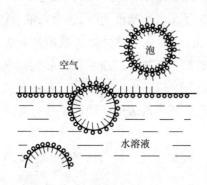

图2-7　泡沫形成过程示意图

泡沫的稳定性和膜的表面黏度、表面弹性、表面电荷的斥力以及温度等因素有很大关系。泡沫对于非织造布染整加工既有利,又不利。例如,泡沫整理、泡沫印花、泡沫染色就是充分利用泡沫含水率低、有一定黏度和流变性等特点开发的新型低给液染整技术;泡沫还能在洗涤过程中对去除油污起到一定的辅助作用,它能增强洗涤剂的携污能力,防止污垢再次沾污织物。然而在印花色浆及染液中的泡沫却会使产品出现漏印或染斑,给生产造成不利的影响,因此在这种场合又要设法抑制或破坏泡沫。

工业上常用的消泡剂表面张力较低、易于在溶液表面铺展的液体。当这种液体在溶液表面铺展时,会带走邻近表面的一层溶液,使液膜局部变薄,于是液膜破裂,泡沫破坏。此类物质主要有烃类(如火油)、醇类(如戊醇、庚醇)及烷基硅油等。特别是烷基硅油一类化合物,其表面张力很低,容易吸附于表面和在液面上铺展,但形成的表面膜强度不高,因此是一种优良的消泡剂。它的用量较少,消泡效果好,故被广泛地应用。

在利用泡沫进行整理加工时,选择合适的起泡剂是关键的工作,常用的发泡剂主要有净洗剂 LS、脂肪醇硫酸酯钠盐。

六、常用表面活性剂

1. 阴离子型表面活性剂

(1)肥皂:肥皂是最古老而且最常用的表面活性剂,是高级脂肪酸的钠盐,通式为 RCOONa。常用的肥皂有硬脂酸皂(R = —$C_{17}H_{35}$)、软脂酸皂(R = —$C_{15}H_{31}$)、油酸皂(R = —$C_{17}H_{33}$),此外,还有以松香为原料制造的松香皂,松香的主要成分是松香酸。

肥皂除以天然油脂和松香为原料外,还可用石蜡作原料,通过氧化制成合成脂肪酸。肥皂在水中能形成稳定的胶束,具有良好的润湿、乳化和净洗性能,特别是净洗作用特别突出。

肥皂的缺点是对硬水和酸不稳定,遇硬水中的钙、镁离子则生成不溶性的钙皂、镁皂,从而失去洗涤作用,不但造成浪费,而且不溶性的钙皂、镁皂沉积在纤维表面还会影响产品的质量,并给整理加工带来困难。另外,肥皂还是强碱弱酸盐,在水溶液中遇酸易发生水解,影响洗涤效果。在实际使用中通常加入适当碱剂(如纯碱)来抑制水解反应,以提高洗涤效果。

(2)脂肪醇硫酸酯钠盐:其分子结构通式为 R—O—SO_3Na(R = C_nH_{2n+1},$n = 12 \sim 18$),这种阴离子表面活性剂溶于水呈半透明液体,水溶液呈中性,对碱、弱酸和硬水很稳定。其性质随脂肪醇的碳原子数不同而略有差异。

含 C_{12}:发泡力强,润湿性能好,低温下的洗涤效果好。

含 $C_{14 \sim 16}$:乳化性能和净洗性能都很好。

含 C_{18}:高温下显示出良好的洗涤效果。

该类表面活性剂的净洗效果优于肥皂,适合于洗涤蛋白质纤维制品。此外,广泛应用于牙膏发泡剂、食物洗涤剂及洗发用剂。它对人体无害,并能被微生物分解。

以上两种阴离子表面活性剂大都以天然油脂为原料,随着石油化工的发展,合成表面活性剂的种类越来越多。下面是几种常用的合成表面活性剂。

(3)烷基磺酸钠(AS):其分子结构通式为 R—SO_3Na(R = C_nH_{2n+1},$n = 15 \sim 20$)。

该种表面活性剂产品中含有大量的仲烷基磺酸钠及少量烷基二磺酸钠,因此溶解性能好,但形成胶束能力差,具有较好的润湿性能,一定的乳化性能,但净洗能力较差。对酸、碱及硬水都较稳定。

(4)烷基苯磺酸钠(ABS):其分子结构通式为$R\!-\!\!\!\bigcirc\!\!\!-\!SO_3Na$ ($R=C_nH_{2n+1}$,$n=10\sim16$)。

R 为 $C_{10}\sim C_{16}$ 的直链或支链烃基,其中以 C_{12} 占多数,此时称为十二烷基苯磺酸钠。对酸、碱及硬水都很稳定,其性质随原料十二烯的来源不同而略有差别。

总的说来,这类表面活性剂具有一定的净洗能力,泡沫特别多,但不持久,洗涤后的织物手感较差,这类表面活性剂通常是作为市售洗衣粉的主要成分。

2. 非离子型表面活性剂 非离子型表面活性剂是一类应用较晚的表面活性剂,它的许多性能都超过了其他类型的表面活性剂,因而发展非常迅速,应用日益广泛。另外,由于石油化学工业的发展,其生产原料来源丰富,工艺不断改进,成本逐渐降低,它在表面活性剂总产量中所占的比例也越来越高。

非离子型表面活性剂的疏水基一般是以脂肪醇($R\!-\!OH$)、烷基酚$R\!-\!\!\!\bigcirc\!\!\!-\!OH$、脂肪酸($R\!-\!COOH$)、脂肪胺($R\!-\!NH_2$)等为基础结构。它的亲水基主要是由聚氧乙烯基 $[\!\!-\!\!(CH_2CH_2O)_{\overline{n}}H]$ 构成,其次是以多元醇(如甘油,葡萄糖、山梨醇等)为基础结构。前者称为聚氧乙烯型非离子表面活性剂,后者称为多元醇型非离子表面活性剂。其中的烷基酚聚氧乙烯醚(APEO)是一类被广泛应用的非离子表面活性剂,但是由于其中的烷基酚会对自然环境造成污染,因此,很多国家对烷基酚聚氧乙烯醚(APEO)的使用量有严格的限制。

在非织造布后整理加工中常用的非离子表面活性剂多为聚氧乙烯型,它的亲水性来自氧乙烯中的—O—原子,它能和水分子中的—OH形成氢键。因此,分子中的氧乙烯基数目越多,亲水性也越强。

下面介绍几种常用的聚氧乙烯型非离子表面活性剂。

(1)平平加 O(又名乳化剂 O,匀染剂 O):是十八醇或十八烯醇与环氧乙烷的缩合物,结构式为:

$$C_{18}H_{37}O\!-\!\!(CH_2CH_2O)_{\overline{n}}H$$
$$C_{18}H_{35}O\!-\!\!(CH_2CH_2O)_{\overline{n}}H \qquad (n=15\sim20)$$

平平加 O 外观为乳白色或米黄色的膏状物,易溶于水,在冷水中的溶解度比在热水中大。对酸、碱、硬水都很稳定,可以和各类表面活性剂及整理剂和染料混用。它具有良好的渗透性能、乳化性能,净洗作用也很好。常用作匀染剂、扩散剂及油/水型乳化剂。

(2)乳化剂 OP(又名匀染剂 OP):是烷基酚和环氧乙烷的缩合物,结构式为:
$C_{12}H_{25}\!-\!\!\!\bigcirc\!\!\!-\!O\!-\!\!(CH_2CH_2O)_{10}H$,此表面活性剂外观为黄棕色的膏状物,易溶于水。对酸、碱、硬水、金属盐及氧化剂均稳定,具有优良的润湿、扩散、乳化及匀染性能,还具有很好的去污能力。

(3)渗透剂 JFC(润湿剂 EA):结构式为 $C_{7\sim9}H_{15\sim19}O\!-\!\!(CH_2CH_2O)_{5}H$,渗透剂 JFC 外观为淡黄

色液体,水溶性良好,对酸、碱及次氯酸盐的溶液均稳定,耐硬水及金属盐。具有良好的润湿及渗透性能,可以和各类表面活性剂、染料及树脂混用。在非织造布整理加工中主要用作渗透剂。

聚氧乙烯型非离子表面活性剂在使用过程中,水溶液中聚氧乙烯基亲水性的醚键处于链的外侧,因此可将其整体看作是一个亲水基,分子中的氧乙烯基越多,醚键越多,亲水性也越强。但是由于醚键与水分子结合形成氢键时是放热反应,在较高温度下,结合的水分子会逐渐脱离醚键,表面活性剂在水中的溶解度也会逐渐降低,甚至出现混浊,这种现象是聚氧乙烯型非离子表面活性剂固有的特性,也是衡量非离子型表面活性剂性能的重要特性指标。在实际使用中,一般以"浊点"高低来衡量此项性能的好坏,如果慢慢加热聚氧乙烯型表面活性剂的水溶液(浓度为0.5% ~ 2%),当溶液由透明转变为混浊时的温度就称为该表面活性剂的浊点,一般非离子型表面活性剂的浊点随着疏水基碳原子数目的增加而下降,随着聚氧乙烯链的增长而上升。这类表面活性剂的使用温度应控制在浊点以下。

3. 阳离子型表面活性剂　这类表面活性剂中,绝大部分是有机胺的衍生物。简单的有机胺的盐酸盐或醋酸盐,都可以作为阳离子表面活性剂。它们可在酸性介质中用作润湿、乳化、分散剂。其缺点是当溶液的 pH 较高时,容易析出游离胺而失去表面活性。此外仲胺和叔胺盐也可以作为阳离子表面活性剂,但也不耐碱。

常用的阳离子表面活性剂为季铵盐。例如十六烷基三甲基溴化铵:

$$H_{33}C_{16}-N^+\!\!\!\begin{array}{c} CH_3 \\ | \\ | \\ CH_3 \end{array}\!\!\!-CH_3 \cdot Br^-$$

季铵盐与铵盐不同,它一般不受 pH 的影响,无论在酸性、中性还是碱性介质中,季铵离子都不会产生变化。季铵盐类阳离子表面活性剂除可用作润湿、乳化、净洗剂之外,通常用作柔软剂、防水剂、抗静电剂和匀染剂等。它的水溶液还具有很强的杀菌能力,因此,可用作消毒、杀菌剂。如匀染剂 1227 就是一个常用的季铵盐型阳离子表面活性剂。其化学名称为十二烷基二甲基苄基氯化铵,结构式为:

$$\left[H_{25}C_{12}-N\!\!\!\begin{array}{c} CH_3 \\ | \\ | \\ CH_3 \end{array}\!\!\!-CH_2-\!\!\!\bigcirc \right]^+ \cdot Cl^-$$

该表面活性剂在阳离子染料染腈纶时可以作为匀染剂,故俗称为匀染剂 1227,同时还具有柔软及抗静电作用,并具有一定的净洗能力。另外,由于它还具有很强的杀菌作用,可用作公共餐具的消毒剂、杀菌剂和工业、农业杀菌剂。

七、表面活性剂化学结构与性能的关系

表面活性剂种类繁多,它们的物理化学性质和应用性能又各有特点,这都与表面活性剂化学结构的多样性有关。因此,除了要了解表面活性剂化学结构的一般特点,认识它的共性外,还

要进一步研究其化学结构的细节,以掌握它的个性。只有认识了表面活性剂的化学结构与性质的关系,才能按照各种不同的用途,合理地选择表面活性剂,在非织造布整理过程中充分发挥每种表面活性剂的特长。

1. 表面活性剂亲水性与其性质的关系 亲水性的强弱对表面活性剂的性质有很大影响。表面活性剂亲水性的强弱主要决定于疏水基的疏水性大小和亲水基的亲水性大小。从前面对表面活性剂的介绍可知,其疏水基多数是非极性的疏水基团,主要为直链或含有支链的脂肪族烷基(如十二烷基、十六烷基)、芳基(如苯基等)以及烷基芳基(如丁基萘、十二烷基苯)等,因此,当表面活性剂的亲水基不改变时,疏水基的"分子量"越大,整个表面活性剂分子的疏水性就越强,因此,疏水基的疏水性可用它的"分子量"大小来间接表示。

对于亲水基的亲水性大小,由于种类繁多,而且不同亲水基的亲水性能与其化学结构又有密切的关系,因此,不能用"分子量"来表示其亲水性的大小。但对于同一种类型如聚氧乙烯型的非离子表面活性剂来说,聚氧乙烯基链段的数量越多,它的"分子量"越大,亲水性也越强。因此,它的亲水性可用亲水基的"分子量"大小来表示。

格里芬(W. D. Griffin)提出了一种以数值表示表面活性剂亲水性和亲油性的方法,称为亲水—亲油平衡值或亲水—疏水平衡值(hydrophilic Lipophilic balance 简写为 HLB)。聚氧乙烯型非离子表面活性剂的 HLB 值可用下式计算:

$$HLB = \frac{亲水基的分子量}{表面活性剂的分子量} \times \frac{100}{5} = \frac{亲水基重量}{疏水基重量 + 亲水基重量} \times \frac{100}{5}$$

计算中以石蜡和聚乙二醇为基准,石蜡没有亲水基,HLB = 0,聚乙二醇没有疏水基,HLB = 20。所以聚氧乙烯型非离子表面活性剂的 HLB 值介于 0 ~ 20 之间。

对阴离子型表面活性剂来说,由于亲水基单位重量的亲水性一般要比非离子型表面活性剂大得多,而且由于亲水基的种类不同,单位重量的亲水性大小也不相同,因此不能用上述公式来计算它们的 HLB 值。但可以通过乳化标准油的试验,来间接地确定各种表面活性剂的 HLB值。表 2 – 3 列举了一些常见表面活性剂的 HLB 值。

表 2 – 3　一些常见表面活性剂的 HLB 值

表面活性剂组成	HLB 值	表面活性剂组成	HLB 值
油酸	约 1	烷基芳基磺酸盐	11.7
失水山梨醇三油酸酯	1.8	三乙醇胺油酸皂	12.0
失水山梨醇单油酸酯	4.3	聚环氧乙烯失水山梨醇月桂酸单酯	16.7
聚乙二醇(200)单硬脂酸酯	8.5	油酸钠	18
聚乙二醇(400)单硬脂酸酯	11.9	油酸钾	20

表面活性剂的 HLB 值与应用性能之间有非常密切的关系。例如 HLB 值为 13 的表面活性剂具有较好的洗涤性能,同时还可以作为水包油型乳化剂。HLB 值可作为选用表面活性剂的重要参考依据,但确定 HLB 值的方法不能非常精确,因此不能单纯地根据 HLB 值来确定表面

活性剂的性能。通常表面活性剂的 HLB 值与用途的关系见表 2－4。

表 2－4　表面活性剂的 HLB 值与用途的关系

HLB 值	用　　途	HLB 值	用　　途
15～18	增溶剂	7～15	渗透剂
13～18	洗涤剂	3.5～6	油包水型乳化剂
8～18	水包油型乳化剂	1.5～3	消泡剂

2. 表面活性剂疏水基种类与性能的关系　表面活性剂的疏水基都是烃基,实际应用的烃基有如下几种。

(1)脂肪族烃基:如十二烷基、十六烷基、十八烯基等。

(2)芳香族烃基:如萘基、苯基、苯酚基等。

(3)脂肪烃接芳香烃基:如十二烷基苯基、二丁基萘基等。

(4)带有弱亲水基的烃基:如蓖麻油酸中含有一个羟基、聚氧丙烯中含有醚键等。

上述各种疏水基的疏水性大小大致可排列为:脂肪族烷基 > 脂肪族烯基 > 脂肪烃接芳香烃基 > 芳香烃基 > 有弱亲水基的烃基。

在选择乳化剂、分散剂和净洗剂时,还要考虑表面活性剂的疏水基与被作用物的相容性。如洗涤衣物上的油污(常遇到的是动、植物或矿物油),使用肥皂、脂肪醇硫酸酯盐或胰加漂 T 等可获得良好的洗涤效果,乳化矿物油时可使用平平加 O,而染料的分散则可采用扩散剂 N。

3. 表面活性剂亲水基相对位置对其性能的影响　表面活性剂分子中亲水基所在的位置也影响表面活性剂的性能。一般情况是,亲水基在分子中间的比在末端的润湿能力强,亲水基在末端的则比在中间的去污力强。

如肥皂、脂肪醇硫酸酯盐等是良好的净洗剂,而烷基磺酸钠因为多数是仲烷基磺酸钠,所以润湿、渗透作用较好,而净洗作用差。

4. 表面活性剂疏水基支链对其性能的影响　如果表面活性剂的种类相同,分子量大小相同,则有分支结构的表面活性剂具有较好的润湿、渗透性能,而直链烃基的表面活性剂净洗作用较前者好。

例如十二烷基苯磺酸钠根据其原料来源的不同,其烷基部分有正十二烷基和四聚丙烯基两种,前者的净洗能力优于后者,而后者的润湿、渗透能力较前者强。

5. 表面活性剂分子量对其性能的影响　表面活性剂分子量的大小对其性能的影响比较显著。在同一品种的表面活性剂中,若亲水基是相同的,则随着疏水基中碳原子数的增加,其溶解度、临界胶束浓度等皆有规律地减小,但降低水的表面张力这一性质,则有明显增强。一般的规律是,表面活性剂分子量较小的,其润湿性、渗透性较好,分子量较大的,其分散作用、净洗作用较为优良。

例如烷基硫酸钠类表面活性剂中,洗涤性能的强弱按下列顺序排列:

$$C_{16}H_{33}OSO_3Na > C_{14}H_{29}OSO_3Na > C_{12}H_{25}OSO_3Na$$

但三者的润湿及渗透性能却与此相反。聚氧乙烯型非离子表面活性剂可通过改变疏水基的碳原子数目和亲水基氧乙烯基的数量而改变其分子量。当它们的 HLB 值相近时,分子量的变化就明显地显示出性质的差异。其中分子量大的表面活性剂具有较好的洗涤能力,而分子量较小的,则具有较好的润湿性能。

在品种不同的表面活性剂中,大致也以分子量较大的净洗能力较好。非离子型表面活性剂即使碳氢链不长,却具有较好的净洗能力,就是由于它具有较高的分子量。此外,表面活性剂亲水基的种类对表面活性剂的性质如对酸、碱、硬水、金属盐等的稳定性也有很大影响。

总之,通过对表面活性剂的化学结构、疏水基的种类、疏水基的分支情况、亲水基的种类、亲水基的相对位置以及表面活性剂的分子量等几个方面进行综合分析,可以初步判断表面活性剂的性质。

☞ 思考题

1. 什么是水的暂时硬度和永久硬度?

2. 常用软化水的方法大致可以分为哪几类?

3. 什么是表面活性? 什么是表面活性剂? 在非织造布后整理中,表面活性剂有什么作用?

4. 表面活性剂的分子结构有什么特征?

5. 简述表面活性剂如何分类?

6. 简述表面活性剂在非织造布染整中的应用。

7. 什么是表面活性剂的 HLB 值?

8. 简单总结表面活性剂化学结构与性能的关系。

第三章　收缩、柔软、硬挺整理

本章知识点

1.非织造布收缩整理的目的、用途。

2.自由收缩整理与强制收缩整理的原理。

3.机械柔软整理的方法与特点。

4.非织造布化学柔软整理的机理、方法与特点。

5.化学柔软剂的分类与特性,重点掌握有机硅类柔软剂的种类及特性。

6.对非织造布进行硬挺整理的原理。

7.各种硬挺整理剂的性能特点和加工工艺。

第一节　收缩整理

非织造布的收缩整理是使非织造布增厚、变密的整理过程。收缩整理可提高产品强度,使产品由蓬松变得板结密实,也可使产品实现预收缩,达到尺寸稳定的目的,特别适用于合成革生产中剖层之前的加工处理。

一、收缩整理原理

(一)自由收缩整理

自由收缩整理是使纤维收缩实现的。在加工过程中,纤维受到加工应力的作用,会发生不同程度的伸长形变,且这一形变被非织造布的结构所固定,在一定的干、湿热条件下,由于松弛过程而使纤维沿轴向缩短,从而使非织造布外形尺寸缩小,增厚变密。

热处理的方式之一是在自由状态下进行的,即不对纤维施加外应力。自由状态下热处理时,松弛过程伴随着纤维的收缩,随温度的增加,收缩速率和收缩率随之增加。PET纤维热处理时的收缩情况可以说明这一点,如图3－1

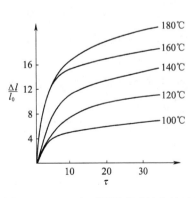

图3－1　PET在不同温度下的收缩过程

所示。

在纤维收缩过程理论研究的基础上,有人提出了在 τ 时刻的收缩率与松弛过程条件之间的关系式。

$$\frac{\Delta l}{l_o} = \tau \cdot e^{-\frac{\Delta E_a}{RT}} \cdot e^{-\frac{\delta \sigma}{\tau KT}}$$

式中:$\frac{\Delta l}{l_o}$——收缩率;

τ——时间;

ΔE_a——收缩过程活化能;

R——普朗克常数;

T——温度;

δ——置换体积;

σ——机械张力;

K——波尔兹曼常数。

这一方程准确地描述了一系列纤维收缩的过程。亦有著作指出温度对收缩的影响,可以用下式来表述:

$$\frac{\Delta l}{l_o} = c \cdot e^{-\frac{\Delta E_a}{RT}}$$

式中:c——常数。

(二)强制收缩整理

强制收缩整理是由纤维收缩和位移引起的。纤维在非织造布中的形状及相互所处的位置决定了非织造布的结构及外形尺寸。在一定的干、湿态下(常温或高温),对非织造布施加一定的压力,使纤维的形状及相互位置发生变化,彼此靠近和弯曲,并在较高温度下使纤维结构逐渐松弛,非织造布结构得以重建,从而使非织造布增厚、变密。

强制收缩整理过程中,非织造布尺寸变化比自由收缩整理要大得多,并且较大程度上受到非织造布结构的影响。该方法仅适合于薄型产品。

常用的收缩机是利用一种可压缩的弹性物体,如毛毡、橡胶等作为压缩物的介质,由于这种物质具有很强的伸缩特性,非织造布紧压在该弹性物体的表面上,也将随之产生拉长或缩短。例如,一块厚橡胶带在屈曲时,可以看出它的外边弧伸长,而内边弧收缩;如果将此橡胶再反向弯曲,则原来伸长的一边变为收缩,而收缩的一边变为伸长,如图 3 - 2 所示。

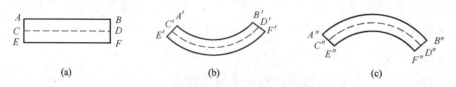

(a)　　　　　　　　　　(b)　　　　　　　　　　(c)

图 3 - 2　橡胶带屈曲变形的情况

如将潮湿的非织造布紧压在屈曲弹性体的拉伸部分,且随着该弹性体的运动,从弹性体的外边弧转入内边弧,即从拉伸部分转入收缩部分,若非织造布是紧压于弹性物体的表面上,不允许有滑动和起皱,就必然会随着弹性物体的收缩而压缩,此时再施加一定的热湿条件,使非织造布中的纤维得以松弛定形,从而达到收缩整理的目的。

强制收缩整理可在三辊橡胶毯预缩机上进行。它由加热承压辊5、进布加压辊6、主动出布辊8、无接缝循环厚橡胶毯4、橡胶毯张力调节辊7等主要部分组成,如图3-3所示,中空承压辊采用镀铬或不锈钢的光洁辊面,辊内通蒸汽加热,通过调节机构可以升降。承压辊外径有300mm、350mm、600mm等,进布加压辊和出布辊的外径有150mm、200mm两种,随设备型号不同而异。橡胶辊的厚度近年来已由25.4mm、50mm加厚至67mm。为延长橡胶毯使用寿命,在出布处毯的外表面有喷水冷却,橡胶刮刀刮水等装置,在毯的内侧也设有喷水冷却装置。

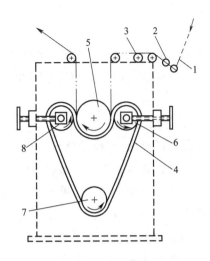

图3-3 三辊橡胶毯预缩机示意图

1—非织造布 2—紧布器 3—蒸汽给湿管
4—橡胶毯 5—加热承压辊 6—进布加压辊
7—橡胶毯张力调节辊 8—主动出布辊

三辊橡胶毯预缩机的预缩原理分析如图3-4所示。先在未进入进布加压辊2之前的橡胶毯4上取一段,设其中心段长为a,此时,该段外侧和内侧的长度均与a相等。该段橡胶毯包绕于进布加压辊2上时,由于产生弯曲而形成$b > a > c$。当该段橡胶毯进入进布加压辊2与加热承压辊3的轧点时,由于受压而变薄,与非织造布紧贴的橡胶毯外侧长度b'伸长,使得$b' > b$。随后,当该段橡胶毯离开轧点时,由于轧点压力消失,橡胶毯恢复厚度,且其曲率因毯转动而反向,其外侧长度产生回缩,非织造布亦随之而产生回缩。在承压辊热辊面烘燥作用下,使收缩后

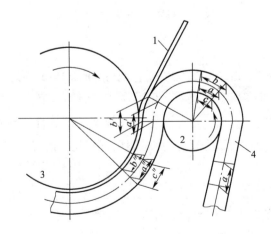

图3-4 三辊橡胶毯预缩机的预缩原理

1—非织造布 2—进布加压辊 3—加热承压辊 4—橡胶毯

的结构基本稳定。

在整理过程中,如果加热承压辊 3 的辊面线速度稍大于橡胶毯和非织造布的线速度,由于阻尼作用,则更有助于收缩。采用蒸汽给湿管对非织造布适当给湿,也有助于收缩。调节加压辊的温度及压力,便可得到不同的收缩率。承压辊的直径关系到非织造布的收缩率以及烘燥、稳定收缩结构的时间。橡胶毯厚度、车速等因素均对收缩率有影响。

二、收缩整理工艺

收缩整理时,根据纤维和固网方式的不同可在干态或湿态条件下进行。

1.干态收缩整理 干态收缩整理应用于纯合成纤维非织造布或化学黏合法非织造布。如果在纤维原料中混入高收缩性纤维,则收缩效果会更好。干态收缩整理可采用平幅烘燥机、圆网烘燥机或短环烘燥机。在烘燥机的进口处应采取超喂方式将非织造布输入烘燥热处理区,即进布速度应大于出布速度,超喂量为 2%~3% 或更多。

2.湿态收缩整理 湿态收缩整理主要用于以天然纤维为主要原料且不含可溶性化学黏合剂的非织造布。首先,非织造布通过热水浴进行收缩,然后进行挤压,并在松弛状态下进行烘燥。在湿态收缩整理中,为了节省烘燥用能,也有采用蒸汽进行收缩的工艺。

将收缩与不收缩的纤维混合而成的纤网,经过针刺法加固后,再经热收缩,可得到具有浮雕状装饰效果的表面结构,可用作贴墙布、结构型地板覆盖物及汽车内装饰衬等。通过热收缩再经浸渍的针刺法非织造布,可用作合成革基布或人造麂皮。纤网型缝编布也常采用收缩整理,以提高非织造布的尺寸稳定性并增加强力。

不论用热水、热风还是采用蒸汽对非织造布进行收缩整理,都必须注意纤维的热收缩特性。有的纤维适合于热风处理,有的适合于蒸汽处理。在实际生产时,应根据非织造布的特性要求,混入不同比例的高收缩纤维,以达到不同的收缩效果。

第二节　柔软整理

非织造布在加工过程中,由于受到化学黏合剂、助剂或高温烘燥的影响,会引起手感粗糙、僵硬的缺点,这就限制了非织造布在某些领域的应用。而许多卫生、防护方面的非织造用品,如卫生巾面料、各种清洁擦拭布等均要求非织造布有较好的柔软性,所以需要对非织造卫生材料进行柔软整理。为了使产品丰满、手感好,可采用机械和化学的方法进行柔软整理。

一、机械搓曲柔软整理

机械搓曲柔软整理主要通过对非织造布进行揉搓或压缩,来降低其刚性而达到柔软的目的。这种柔软整理主要有两种机械处理方法,即克拉派克(Klupak)法与迈克雷克斯(Micrex)法。

1.克拉派克(Klupak)法 克拉派克法是模仿桑福赖机械预缩整理,首先应用于造纸工业,再移植于湿法非织造布,如图3-5所示。图中1为一根25mm厚的机织帘布橡胶循环带,它被一固定的加压辊2紧压而贴在烘燥滚筒4上,非织造布3从循环带与滚筒之间导入。A为正常状态的循环带,它由于加压辊的压力,在滚筒与加压辊之间产生形变,面向滚筒的一面伸长,而相反的一面压缩。因此,处于循环带与滚筒之间的非织造布,在BC区伸长,在CD区缩短,这样就产生了皱缩作用,这种作用基本上发生于非织造布的中间层,在非织造布上形成难以觉察的皱缩。经过处理,非织造布可获得良好的柔软性,并改善手感。该法的整理效果取决于橡胶带的厚度、弹性、压力、纤维特性、纤网结构及热湿条件。

2. 迈克雷克斯(Micrex)法 迈克雷克斯法对非织造布的挤压作用很强,因而在非织造布表面产生明显的皱纹,提高了非织造布的延伸性,增加了单位面积重量及表面积。与克拉派克法相比,此方法更好地改善了非织造布的柔软性。

如图3-6所示,非织造布2贴在加热的输送滚筒1表面,喂入固定导板4与滚筒之间,一刮刀状的起皱板7以一定角度压在滚筒的表面,将非织造布从滚筒表面迎面铲起,非织造布便从弹性导板5与起皱板之间通过而引出。图中3为压板,6为整理后非织造布。非织造布在第一起皱区A受到初步的起皱作用,而在松弛区B隆起,在第二起皱区C进一步受到起皱作用,并离开滚筒表面。

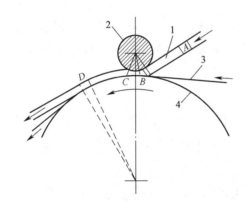 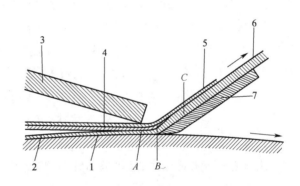

图3-5　克拉派克法柔软整理　　　　　　图3-6　迈克雷克斯法柔软整理

迈克雷克斯法的起皱效果,可通过光学手段,测量单位面积的表面积增加程度或测定非织造布的伸长程度检验起皱数,并进行评定。该法的整理效果很大程度上取决于起皱区的几何尺寸和非织造布的输入、输出速度。

二、机械开孔和开缝柔软整理

机械开孔和开缝柔软整理主要是通过机械力使非织造布中的部分纤维彼此间失去联系,从而降低其刚性,以达到改善手感增加柔性和悬垂性的目的。

(一)机械开孔柔软整理

机械开孔有多种方法,常用的是水流喷射法和热针穿刺法。

1. 水流喷射法 水流喷射法与水刺非织造布的生产原理相类似,仅适用薄型非织造布,如

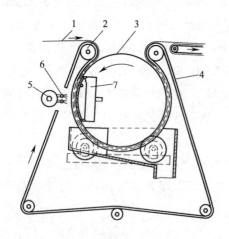

图 3 - 7　水流喷射法开孔整理

图 3 - 7 所示。

非织造布 1 经导辊 2 喂入开孔网带 4 与开孔滚筒 3 之间。开孔网带开孔率为 25 孔/cm^2,孔径约为纤维直径的 30 倍,排列成有规律的花纹。

高压水 6 从喷水头 5 中高速喷出,透过开孔网带,冲出非织造布表面,形成一个个小孔。穿过非织造布及开孔滚筒的水被真空吸水箱 7 吸走,两对压榨辊用于挤出非织造布上的水分,随后进入烘燥系统干燥。

图中看到,开孔网带受一张力调节辊的作用对非织造布施以压力,这一压力的作用一是紧压非织造布使其与开孔滚筒一同运动;二是防止非开孔区的非织造布意外损伤。

整理效果受设备参数和工艺参数的影响较大,如开孔网带张力 F、非织造布线速度 v、水压 P、孔径(喷水孔孔径 d_0、开孔网带孔径 d_1、开孔滚筒孔径 d_2)及非织造布定量 g 等。水压 P 越大,非织造布线速度 v 和定量 g 越小,结构越松散,开孔效果越好。

经过这种方法整理的非织造布,可用作窗帘、服装衬里、汽车擦布及一些"用即弃"产品。

2. 热针穿刺法　热针穿刺法主要应用于热塑性纤维含量较多的非织造布。将温度高于纤维熔融温度的钢针刺入非织造布中,与钢针接触的纤维,受到钢针的加热而熔融,刚针抽出后,便在非织造布上留下了与钢针外径一致的孔眼,自然冷却后冷却成型。

热针穿刺法在非织造布上留下的孔眼均为有规律的对称阵列,阵列规律取决于热针的排列方式。同时,热针机构的运动方式为间歇式(与花式针刺机工作原理类似)。为使熔洞边缘的高聚物取向,同时避免黏针,非织造布可采用适当的牵伸(即 $v_{输出} > v_{输入}$)形式。

由于热针使孔眼熔融,还可提高纤网的黏合加固程度,增加强力。这种方法整理的非织造布,可用于建筑材料与绝缘布等。

(二)机械开缝柔软整理

机械开缝整理最初是为膜裂法非织造布而发展的,用于将挤压成膜的塑料薄膜开缝,以形成网络状的非织造布。现在这种方法被移植到某些非织造布产品的后整理上,用以改善非织造布的悬垂性、手感,甚至赋予非织造布一定的弹性。在非织造布热熔黏合衬的生产中大量应用这种方法。

机械开缝一般采用两种机型。一种机型是在一刀片辊上装有很多薄而小的刀片,按一定方式排列,如图 3 - 8 所示。刀片 2 的间距可以调节,开缝长度亦可以通过控制刀片辊 1 与非织造布 3 的相对速度进行调节,一般开缝长度最大为 6.5mm,刀片间距最小为

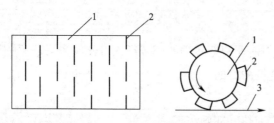

图 3 - 8　机械开缝示意图

3mm。另一种机型采用圆形刀,刀片之间有隔距片,刀片与隔距片间隔叠起而穿入一根刀片辊,左右用夹板夹紧,通过刀片辊回转进行开缝,非织造布与刀片接触的时间应受到严格控制。

三、化学柔软整理

化学柔软整理是采用柔软剂对非织造布进行柔软整理的方法。柔软整理中所用柔软剂是指能使非织造布产生柔软、滑爽效果的助剂,其作用是降低非织造布中纤维之间的摩擦阻力以及非织造布与人体之间的摩擦阻力。因此,用柔软剂整理是通过调节纤维与纤维之间或纤维与人体之间的摩擦力来获得柔软效果的。

(一)柔软作用机理

摩擦力的大小反映了纤维表面的润滑程度。由实验得出,最大摩擦力(f_{max})等于两纤维间的法向压力(N)与摩擦系数(μ)的乘积,即$f_{max} = N \cdot \mu$。当纤维和纤维受力尚能保持静止状态接触时的摩擦系数叫静摩擦系数。当纤维之间有相对滑动时的摩擦系数叫动摩擦系数。纤维的静摩擦系数和动摩擦系数越小,那么非织造布的手感就越柔软。

总的来说,对于平滑作用,主要指降低纤维与纤维之间的动摩擦系数;柔软作用是指降低纤维与纤维之间的动摩擦系数的同时,更多地降低静摩擦系数。还应注意到静、动摩擦系数之差值($\Delta\mu$)与柔软平滑性和涩滞感的关系,可作为评价柔软整理效果的主要参考指标,见表 3 - 1 所示。

表 3 - 1　$\Delta\mu$ 与平滑性、手感间的关系

表面活性剂的离子类型	$\Delta\mu$ 范围	平 滑 性	手 感
非离子/阴离子	0.13 以上	不 良	相当粗糙
非离子	0.10 ~ 0.13	涩滞感强,有平滑性	挺括,有弹性
阴离子	0.051 ~ 0.10	涩滞感弱,有平滑性	柔软而稍涩
阳离子	0.05 以下	柔软过度,无抱合性	滑 爽

可见,柔软性与摩擦系数虽属两个不同的概念,但密切相关。

(二)柔软剂的化学结构与柔软性能关系

一般地,柔软剂很少使用单一的化学结构,而是由几种组分配制而成。除矿物油、植物油、脂肪醇等成分外,还要大量使用表面活性剂。柔软剂的组成和化学结构不同,其性能相差很大。因此,要配制各种性能的柔软剂,就应了解柔软剂中的各种成分和化学结构。

矿物油和表面活性剂之所以具有平滑柔软作用,是因为它们具有近乎直链的脂肪族碳氢部分结构所决定的。例如十八烷基、十六烷基或十八烯基那样的近乎直链的脂肪烃就具有平滑的特性。带支链的烷基或带有苯环结构的基团,例如十二烷基苯,四聚丙烯苯或二苯基等结构,原则上均不适于做柔软平滑剂。

表面活性剂吸附在纤维表面上,形成薄薄的一层,疏水基都向外整齐排列,摩擦就发生在相互易于滑动的疏水基之间。因此,疏水基越细长就越易于滑动,摩擦系数越小,如图 3 - 9 (a)

所示。反之,疏水基带支链时就容易纠缠,不易滑动,摩擦系数大,如图3-9(b)所示。同时,表面活性剂能降低纤维的表面张力,能使纤维减小集聚倾向,结果使非织造布变得蓬松、丰满,产生柔软的手感。

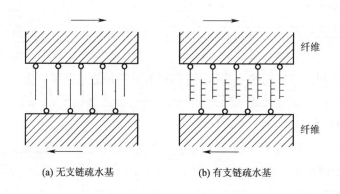

(a) 无支链疏水基   (b) 有支链疏水基

图3-9 无支链和有支链的疏水基对润滑效果的影响

研究表明脂肪酸单分子层摩擦系数和疏水基碳链长度之间有如下关系:随着碳链的增加,摩擦系数减小;碳链增至 $C_{13} \sim C_{14}$ 以后,摩擦系数趋于定值;C_{12} 以下显示碳链排列不整齐,$C_{16} \sim C_{18}$ 显示较好的柔性。柔软剂在纤维表面吸附也显示相同规律,随碳链增加,其吸附量增加。所以良好的柔软剂其疏水基长度一般为 $C_{16} \sim C_{18}$,尤其以分子中有两个长链烷基为最好。

疏水性烷基链对柔软效果的贡献主要表现在:C—C 单键能在保持键角为 109°28′ 的情况下绕单键进行内旋转,使长链成无规则的排列卷曲状态,从而形成了分子长链的柔软性。在外力的作用下,由于长链的柔软性能赋予其延伸、收缩的活动性能,且柔软剂分子分布在纤维表面,降低了纤维与纤维之间的动、静摩擦系数,增加了非织造布的平滑柔软性。

疏水性碳链若呈细而长的链,则有利于分子链的凝聚收缩,增加分子的柔曲性,因此提高了柔软效果。

由于有机硅的 Si—O 键键角(130°~160°)较大,键长(约 0.164nm)较长,具有较大自由度,这样就能使每个硅原子与其相连的基团绕 Si—O 键自由回转。连接在 Si 上的非极性—CH$_3$犹如张开的伞面,如下式所示,将 Si—O 链蔽覆,使分子链间引力降低,从而使甲基硅氧烷分子成螺旋形结构,故有机硅树脂具有柔软平滑的特性。整理后硅氧烷的氧原子吸附在纤维表面,Si—O 键的键角在外力作用下可以改变,外力消除后又复原,因此链可伸缩,赋予纤维弹性。

$$\text{O} \quad \text{O} \quad \text{O} \quad \text{O} \quad \text{O}$$
$$\text{Si} \quad \text{Si} \quad \text{Si} \quad \text{Si} \quad \text{Si}$$
$$H_3C \quad CH_3 H_3C \quad CH_3 H_3C \quad CH_3 H_3C \quad CH_3 H_3C \quad CH_3$$

(三)柔软剂的分类和应用性能

柔软剂的分类方法很多,按其耐洗性可分为暂时性和耐久性两大类;按柔软剂分子组成可分为表面活性剂型和有机硅聚合物乳液型。下面将按柔软剂分子组成分类叙述。

1.表面活性剂类柔软剂 表面活性剂类柔软剂中,阴离子型和非离子型柔软剂以前主要用于纤维素纤维,现使用较少。阳离子型柔软剂既适用于纤维素纤维,也适用于合成纤维的整理,是应用较广泛的一类。两性型柔软剂品种较少,尚处于发展中。

(1)阴离子型柔软剂:这类柔软剂可以改善纺织品的柔软性和平滑性能。最早是以天然油脂、蜡质为原料,近来则使用合成脂肪醇、脂肪烷基酰胺等衍生物为原料,用硫酸酯化、皂化使其具有可溶性。由于多数纤维在水中也带有负电荷,阴离子型柔软剂不易被吸附,柔软效果较差,且耐用性较差,因此有的品种只作为纺织油剂中的柔软组分。

①动植物油的硫酸化物:一些动植物油如蓖麻油、橄榄油、花生油、羊毛脂和鲸鱼油等的硫酸化物都能使非织造布具有一定柔软、平滑效果,如土耳其红油。土耳其红油(又名太古油)是由蓖麻油与硫酸作用,再经中和制成的钠盐或铵盐,可以单独使用,或与肥皂合用,溶解性良好,可用于油剂或改善棉制品的手感。但在空气中易氧化变质,出现泛黄和发臭现象。

②脂肪酸硫酸化物:高级脂肪酸硫酸化物兼有肥皂和硫酸化油的性质,能使非织造布获得一定的柔软性和平滑性。如硫酸化物含有一个双键的天然油脂,硫酸化物含有两个双键的天然油脂,硫酸化物脂肪酸酯等如下式所示。

$$\begin{bmatrix} R-CH_2-CH(CH_2)_mC_2H_5 \\ | \\ OSO_3H \end{bmatrix} \quad \begin{bmatrix} R-CH_2-CH(CH_2)_3CH(CH_2)_nCOO \\ | \quad\quad\quad | \\ OSO_3H \quad\quad OSO_3H \end{bmatrix}_3 C_2H_5 \quad R-CH_2CH-COOR' \\ \qquad\qquad\qquad\qquad\qquad\qquad\qquad\qquad\qquad\qquad\qquad\qquad\qquad | \\ \qquad\qquad\qquad\qquad\qquad\qquad\qquad\qquad\qquad\qquad\qquad\qquad\quad OSO_3H$$

③脂肪醇部分硫酸化物:实际上这类产品是高级脂肪醇硫酸和未反应的脂肪醇的混合物,化学成分为 $R-OH + R-SO_3Na$。改变两者的比例,可以适当地调节其柔软性和对纤维的吸附。国外产品如 Sandoz 的 CeranineVE、VRE 及 Sancowad VE、VRE 等,都是这类柔软剂。

④脂肪醇磷酸酯:多用作抗静电剂,也可作为腈纶的柔软剂,柔软效果好。国外商品如巴斯夫的 Basosoft TA 柔软剂。其结构式如下所示。

$$\begin{array}{c} R-O \quad O \\ \diagdown \diagup \\ P \\ \diagup \diagdown \\ R-O \quad OH \end{array} \qquad 或 \qquad \begin{array}{c} P-O \quad O \\ \diagdown \diagup \\ P \\ \diagup \diagdown \\ HO \quad OH \end{array}$$

⑤磺化琥珀酸酯:这是一类重要的阴离子型柔软剂,其柔软和平滑性均较好。其中尤以十八烷基($R = -C_{18}H_{37}$)的柔软效果最好,除适宜于纤维素纤维的柔软整理和油剂组分外,还可用于丝绸精练,能防止擦伤。国外这类商品如 Avivan FL,国内如 MA—700 柔软剂。其结构式如下所示。

$$\begin{array}{c} R-OOC-CH_2 \\ | \\ R-OOC-CH-SO_3Na \end{array}$$

(2)非离子型柔软剂:非离子型柔软剂不带电荷,它对纤维的吸附性、耐久性较差,可以与其他非织造布整理剂相容,故可直接加入各种工作液中使用。它们对盐类、硬水和稀土金属也很稳定。非离子型柔软剂是典型的饱和分子,故具备耐氧化作用,能在较大的 pH 范围内发挥柔软作用而没有泛黄的缺点。由于它对合纤几乎无作用,因此主要应用于纤维素纤维后整理和合成纤维油剂中作柔软、平滑成分,主要类别有季戊四醇和失水山梨糖醇。

(3)阳离子型柔软剂:各种天然纤维和合成纤维对阳离子型柔软剂的吸附能力强,可获得优良的柔软效果和丰满、滑爽的手感,并使合成纤维具有一定的抗静电效果。

纺织纤维是由线型高分子构成的比表面很大的物质,形状细而长,分子链的柔顺性很好,当非织造布经柔软剂整理后,纤维的表面张力降低,使纤维变得容易扩展,长度伸展,表面积增大,非织造布变得蓬松柔软。研究表明,阳离子型柔软剂能较强地吸附在纤维表面(因大多数纤维带负电荷),形成的吸附膜能降低纤维表面的张力,并且吸附的分子排列整齐,并可以减小纤维的摩擦系数。因此,阳离子表面活性剂为最重要的柔软剂。

阳离子型柔软剂的缺点是有泛黄现象、与阴离子助剂不相容、对人体皮肤有一定刺激性,因而使用受到限制,近年来用量逐渐减少。阳离子型柔软剂主要有以下几种。

①烷基季铵盐:这类柔软剂所含的烷基不同,有很多衍生物,烷基的碳链长度一般是 C_{16} ~ C_{22},常用的为 C_{18} 饱和烃基或部分不饱和烃基,有时也含苯甲基。此类柔软剂中应用较为广泛的是二甲苯二硬脂酸基的季铵盐,此柔软剂具有膨体蜡样手感,并有抗静电作用,但有泛黄现象。目前市售的家用柔软剂大多属此类。

$$\left[R-\overset{\overset{\displaystyle CH_3}{|}}{\underset{\underset{\displaystyle CH_3}{|}}{N}}-CH_3 \right]^+ \cdot Cl^- / O^- SO_3CH_3$$

②烷基咪唑啉季铵盐:此类柔软剂适用于棉、丝绸、合成纤维及其混合非织造布的后处理,为淡黄色透明液体,可溶于水,pH 为 2 ~ 4,结构式如下所示。

$$\left[C_{17}H_{35}-C\underset{\underset{\underset{\displaystyle CH_2-CH_2-OH}{|}}{NH}}{\overset{\displaystyle N=CH_2}{\diagdown}}CH_2 \right]^+ \cdot Cl^-$$

以脂肪酸与二乙烯三胺等为原料,合成后经环构化制成,除柔软功能外还兼具良好的抗静电性和再润湿性,结构式如下所示。

$$\left[C_{17}H_{35}-C\underset{\underset{\underset{\displaystyle CH_2-CH_2-NH-COCH_3}{|}}{NH}}{\overset{\displaystyle N=CH_2}{\diagdown}}CH_2 \right]^+ \cdot CH_3COO^-$$

③吡啶季铵盐:该类柔软剂具有反应性,其柔软性和防水性均为优良,亦可作为防水剂使用,缺点是会使染料色变,非织造布泛黄,焙烘时分解出有臭味的吡啶,且价格较贵。其结构式如下所示。

$$\left[C_{17}H_{35}-O-CH_2-\overset{+}{N}\diagup\!\!\!\!\bigcirc \right]^+ \cdot Cl^-$$

（4）两性型柔软剂：两性型柔软剂是为改进阳离子型柔软剂的缺点而发展起来的，这类柔软剂对合成纤维的亲和力强，没有泛黄和使染料变色等弊病，能在广泛的 pH 介质中使用。但其柔软效果不如阳离子型柔软剂，故常和阳离子型柔软剂合用，起到协同增效作用。两性柔软剂品种尚不多，正在逐步推广应用中。其结构一般是烷基铵内酯型结构如下式所示。德国 BASF 公司的 Persistol KF，属此类柔软剂。

$$C_{17}H_{35}OCH_2—\overset{\overset{\displaystyle CH_3}{|}}{N^+}—CH_2COO^-$$
$$\underset{CH_3}{|}$$

2. 反应型柔软剂 反应型柔软剂也称为活性柔软剂，这类化合物分子结构的特点是由较长的疏水性脂肪链和能与纤维发生反应的官能团两部分构成。通过反应性官能团与纤维发生反应，疏水性的脂肪链就比较牢固的附着于纤维表面，不易被清除。如果提高这类整理剂的用量，还可使非织造布具有拒水的效果。因其具有耐磨、耐洗的特征，故又称为耐久型柔软剂。

（1）羟甲基硬脂酰胺：如柔软剂 MS—20 等，分子中含羟甲基活性基团，高温下，经酸性催化而与纤维素纤维反应，反应式如下：

$$C_{17}H_{35}CONHCH_2OH + HO—Cell \xrightarrow[140～150℃]{H^+} C_{17}H_{35}CONHCH_2O—Cell$$

（2）吡啶季铵盐类衍生物：如 Velan PF（PCl）、Zealan PA（DUP）、防水剂 PF 和防水剂 PA 等，其化学结构式如下：

$$\left[C_{17}H_{35}—CO—\underset{CH_3}{\overset{|}{N}}—CH_2—N\bigcirc\right]^+ \cdot Cl^-$$

这类柔软剂对热较敏感，高温处理后，一部分分子与纤维素分子上的羟基或蛋白质上的氨基发生化学键合；另一部分则变为有高疏水性的双硬脂酰胺甲烷（$C_{17}H_{35}CONHCH_2NHCOC_{17}H_{35}$），包覆于纤维表面，使非织造布具有耐久的拒水性能。大多数反应型柔软剂在整理过程中须经一定条件的高温处理，以促进与纤维分子的化学反应，这样能显著提高其耐洗性能。

3. 有机硅聚合物乳液 有机硅柔软整理剂可使不同纤维成分的非织造布具有柔软滑爽的性能，还赋予非织造布表面光泽、弹性、丰满、防皱、耐磨、防污等特色，并能提高非织造布的缝纫性，增加滑、挺、爽风格，加之这类材料无毒、不污染环境，因此，在各种纤维原料制品的后整理上都可以广泛的应用。有机硅柔软剂以其优异的性能，成为众多柔软剂中的佼佼者。

有机硅柔软整理剂从 20 世纪 50 年代发展至今，按其结构可分为三大类，即非活性有机硅柔软剂、活性有机硅柔软剂和改性有机硅柔软剂。

（1）非活性有机硅柔软剂：非活性有机硅柔软剂是最早使用的有机硅，称为聚二甲基硅氧烷，简称甲基硅油。由于结构中不含活性基团，整理非织造布时，自身不能发生交联，与纤维不起化学反应，虽能赋予非织造布一定的柔软性，但手感仍较差，耐洗性较差。这类有机硅柔软剂以逐步被新的有机硅产品所取代。其结构式如下所示。

$$CH_3-\underset{\underset{CH_3}{|}}{\overset{\overset{CH_3}{|}}{Si}}-\underset{n}{[O}-\underset{\underset{CH_3}{|}}{\overset{\overset{CH_3}{|}}{Si}}-CH_3$$

（2）活性有机硅柔软剂：此类柔软剂是有羟基封端的高分子量聚硅氧烷乳液，被认为是更理想的柔软整理剂，在金属催化剂存在的情况下，能在非织造布表面形成网状交联结构，使非织造布具有很好的柔软性和耐洗性，此类产品可称之为有机硅非织造布柔软整理剂的第二代产品。包括聚甲基氢基硅氧烷和聚二甲基羟基硅氧烷。

①聚甲基氢基硅氧烷：聚甲基氢基硅氧烷一般经乳化制成乳状液，它能在催化和高温焙烘作用下，Si—H 键经空气氧化或水解成羟基并缩合、交联固化成一定强度和弹性的网状薄膜包覆在纤维外，通过键合，使 Si—O 键指向非织造布基，增强了有机硅膜与非织造布的固着力，而疏水基朝外呈定向排列，提高了非织造布的柔软性和防水性。其结构式如下所示。

聚甲基氢基硅氧烷其氧化、水解、固化反应过程如下所示。

②聚二甲基羟基硅氧烷:聚二甲基羟基硅氧烷的结构特点是在聚二甲基硅氧烷的两端由羟基封端。单独使用时,在化纤表面不成膜,一般与聚甲基氢基硅氧烷混用。在催化剂和高温焙烘作用下,聚甲基氢基硅氧烷的 Si—H 键水解,自身缩合,或与聚二甲基羟基硅氧烷的羟基缩合,使其交联成膜,增加了弹性和耐洗性,是国内外广泛应用的有机硅类柔软剂。其反应式如下所示。

(3)具有改性基团的有机硅柔软剂:为了适应各类纺织品与非织造布高档整理的需要,改善有机硅整理非织造布的抗油污、抗静电和亲水性能,并使化纤非织造布具有天然织物的风格,第三代有机硅柔软整理剂在分子链上引入其他活性基团。这类柔软整理剂包括:氨基改性柔软剂、环氧基改性柔软剂、聚醚基改性柔软剂、羧基改性柔软剂、醇基改性柔软剂、酯基改性柔软剂等。

①环氧基改性聚硅氧烷:此类产品为乳液,加工后有耐久的柔软作用,能提高回弹性和抗静电性,高温不泛黄,若与其他硅或非硅亲水性柔软剂混用,可提高非织造布的亲水性。其结构式如下所示。

②氨基改性聚硅氧烷:其结构式如下所示。

(其中 R_1、$R_2 = C_nH_{2n}$,通常 $R_1 = C_3H_6$,$R_2 = C_2H_4$)

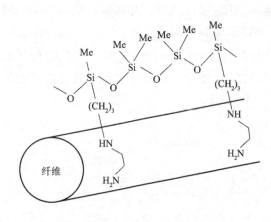

氨基改性聚硅氧烷是改性聚硅氧烷中最主要的品种。由于氨基改性聚硅氧烷中氨基的强极性,使其可与纤维中的羟基、羧基、氰基、酯基、酰氨基等基团相互作用,形成稳定的吸附和取向,如图3-10所示,从而降低纤维间的摩擦系数,使之滑爽和柔软,故能适用于各种原料的产品。非织造布经整理后,能获得优异的柔软性、回弹性,其手感软而丰满,滑而细腻。同时,氨基的引入,也提高了聚硅氧烷的亲水性能,即氨基有机硅乳液较羟基有机硅乳液的稳定性大大提高。但其受热或在紫外线的影响下易泛

图3-10 氨基改性聚硅氧烷作用机理

黄,原因是目前商品化的氨基改性硅油中,有90%以上是氨乙基亚氨丙基聚硅氧烷,在它的侧链有两个氨基(伯氨基和仲氨基),包含有三个活泼氢原子。由于氨基特别是伯氨基的存在,易氧化分解形成发色团(偶氮基和氧化偶氮基),而双胺型结构特有的协同效应,加速了氧化作用,易于形成发色团而造成泛黄,因此此类柔软剂不宜用于白色或浅色产品。

瑞士科莱恩(Clariant)公司的氨基硅氧烷(有机硅树脂)的粗滴柔软乳剂(乳液粒径远远大于150nm)和微滴柔软乳剂(乳液粒径在50~150nm之间或稍低)均有很好的柔软性能,这类超柔软有机硅整理剂通常可以减少纤维摩擦系数,增加回弹性能。新型持久柔软剂 Sandoperm SEI Iiq,是该公司所有整理剂中第一个纳米级有机硅乳剂,乳液粒径小于10nm。微小的粒径,使颗粒表面积增大,从而大大提高氨基硅油与纤维材料的接触概率,表面吸附量增大且均匀性提高,渗透性提高,乳滴分子能够进入纤维制品内部,并形成连续膜,非织造布的柔软、滑爽和丰满感得以提高。该产品呈弱阳性,适用于各类纤维,可在浸轧或浸染工艺中使用,并且耐洗涤性好。

③醚基改性聚硅氧烷:醚基改性聚硅氧烷的聚合体中因导入醇基或聚醚基,使产品能直接溶于水或自身乳化,并且它们具有亲水的特点,故能提高加工产品的吸湿、抗静电和防污等性能。其结构式如下:

$$CH_3 \overline{} \underset{\underset{CH_3}{\overset{CH_3}{|}}}{Si} \overline{} O \overline{}_n \underset{\underset{R \overline{} (OCH_2CH_2)_p OR'}{\overset{CH_3}{|}}}{Si} \overline{} O \overline{}_m$$

④羧基改性聚硅氧烷:这类有机硅柔软剂适于羊毛、锦纶等纤维制品的柔软整理,对于干洗(溶剂)具有良好的牢度。其结构式如下:

$$CH_3 \overline{} \underset{\underset{CH_3}{\overset{CH_3}{|}}}{Si} \overline{} O \overline{} \underset{\underset{CH_2 \overline{} COOH}{\overset{CH_3}{|}}}{Si} \overline{} O \overline{}_n \underset{\underset{CH_3}{\overset{CH_3}{|}}}{Si} \overline{} CH_3$$

（4）含有多种活性基团的有机硅整理剂：在第三代有机硅非织造布整理剂中，活性基团的引入具有特殊的功效，但仅用一种活性基团改性，往往达不到最佳的改性效果。近年来，已发展到将多种活性基团共同使用，使其兼具多种活性基团的优点，包括聚醚—氨基改性、环氧—聚醚改性、氨基—环氧基改性、醇基—聚醚改性等。这类产品被称为第四代有机硅柔软整理剂。

①环氧和聚醚改性聚硅氧烷：因该整理剂结构中两种活性基团共存，故能自身乳化，除具有耐洗性、柔软作用外，还具有抗静电、防污等性能，应用广泛。其结构式如下所示。

$$CH_3 \cdot \begin{array}{c} CH_3 \\ | \\ Si-O \\ | \\ CH_3 \end{array}_n \cdot \begin{array}{c} CH_3 \\ | \\ Si-O \\ | \\ R-CH-CH_2 \\ \backslash O / \end{array}_m \qquad \begin{array}{c} CH_3 \\ | \\ Si-O \\ | \\ R'+OCH_2CH_2)_x OR'' \end{array}_p$$

②醇基与醚基改性硅油：

$$HOCH_2CH_2O \cdot \begin{array}{c} CH_3 \\ | \\ Si-O \\ | \\ CH_3 \end{array}_n Si-OCH_2CH_2OH$$

这类产品有亲水性，可直接溶于水，不需制成乳液，处理后能提高产品的吸湿性、抗静电性和防污性。其结构式如下所示。

$$CH_3 \cdot \begin{array}{c} CH_3 \\ | \\ Si-O \\ | \\ CH_3 \end{array}_n \cdot \begin{array}{c} CH_3 \\ | \\ Si-O \\ | \\ CH_2(CH_2CH_2O)_a H \end{array}_m \begin{array}{c} CH_3 \\ | \\ Si-CH_3 \\ | \\ CH_3 \end{array}$$

另外，聚醚—氨基改性有机硅柔软剂可同时赋予非织造布吸湿、抗静电和柔软效果，可以减少乳化剂的使用量。氨基—环氧基改性有机硅柔软剂，可使非织造布具有平滑、柔软的特性，提高非织造布的耐洗性和抗静电性。

（四）柔软整理工艺

柔软剂的品种和质量是决定非织造布柔软效果的首要因素。其次，合理的整理方法及工艺技术参数也是非常重要的。柔软整理的方法主要有浸轧法和浸渍法。浸轧法能够通过轧液机轧辊的作用，使整理液均匀分布于非织造布中，并可通过轧辊压力的大小来控制带液率（轧液率或轧余率），使整理效果更便于控制。轧液率的计算方法如下式所示。

$$轧液率 = \frac{A_2 - A_1}{A_1} \times 100\%$$

式中：A_1——非织造布浸轧前的重量；

　　　A_2——非织造布浸轧后的重量。

浸轧法一般采用一浸一轧或二浸二轧的方式，再经烘干或高温焙烘即可。反应型柔软剂在整理过程中须经一定条件的高温处理,以促进与纤维分子的化学反应,提高耐洗性。由于反应型柔软剂一般性能活泼,故不宜长期储存,溶解时应用40℃以下冷水。非织造布的横向轧液均匀性是由轧辊在同一横向上各点压力保持一致及非织造布的均匀性来保证的,而纵向的轧液均匀性则主要依赖工艺参数的稳定性,车速、轧液温度、压力、整理液黏度、浸轧次数、烘干温度、非织造布结构、纤维特点等因素。由于柔软剂的用量影响纤维表面润滑油膜厚度,只有在纤维表面形成连续的柔软剂吸附层,才能使摩擦系数降至最低,产生足够的柔软效果。一般情况下,轧液温度为30~50℃,车速控制在40~70m/min,烘干温度为105~120℃。浸轧法适合大批量连续性的非织造布生产过程。

例如,将棉纤维非织造布($258g/m^2$)经二硬脂酰基二甲基氯化铵阳离子柔软剂和有机硅柔软剂进行柔软整理。其工艺为:先把试样放在柔软剂溶液中浸渍,轧液(轧辊压力0.2MPa),然后在通风烘箱中烘干(105℃,15min),经有机硅柔软整理的试样需再经焙烘(140℃,1.5min)。柔软剂整理液的组成分别是:柔软剂0.5%(owf),润湿剂0.2%(owf),液量(以浴比计)1:10。

浸渍法属批量性、间歇性的生产方式,适用于各种类型纺织品(纱线、成衣、针织品等)的柔软整理,也可用于非织造布加工。

制品在一定温度条件下,经规定浓度(以owf计)的柔软剂溶液处理,然后脱液烘干。纤维吸附速率与柔软剂分子结构、纤维的种类、搅动状态和添加物等因素有关。为使柔软剂被充分利用,应根据柔软剂种类和纤维性质合理选择浸渍液pH。

浸渍法一般在绳状水洗机、液流染色机或转鼓式水洗机内进行,浴比1:(10~20),柔软剂用量0.5%~1.5%(owf),温度依据柔软剂热稳定性而定,处理时间10~20min,脱液后用松式热风烘干即可。下面是柔软整理的应用举例。

陈荣圻等人采用氨基改性聚醚型聚硅氧烷柔软剂,对纤维制品的整理效果见表3-2。

表3-2 氨基改性聚醚型聚硅氧烷的应用效果

性能\样品	弯曲刚度(mN·cm)		静摩擦系数		吸湿性(s)	表面比电阻(Ω)	
	纵	横	纵	横		纵	横
空白样	1.32690	0.6439	0.199	0.201	2.59	2.0×10^{10}	2.5×10^{10}
整理样	0.2832	0.4626	0.189	0.196	1.78	0.29×10^{10}	0.36×10^{10}

祝艳敏等人采用有机硅阴离子微乳液EL-8,对涤纶黏合衬底布进行柔软处理,并与蜡类(即非硅)和其他含硅类柔软剂进行对比,结果见表3-3。整理工艺为:加工方式,浸轧;EL—8浓度,15~30g/L;温度,40℃;pH,7。

表3-3 各类柔软剂的柔软性对比

种类	外观	离子性	类别	滑爽感	柔软性
101	乳白色 稠厚	非	非硅	无	差
BC	乳白色 稠厚	弱阳	非硅	无	一般

续表

种 类	外 观	离子性	类 别	滑爽感	柔软性
CGF	透明 黏稠	非	硅	一般	差
STU—2	乳白色 稀	阳	硅	好	一般
EL—8 自合成超微轧	透明稀液体	阴	硅	好	很好
阳羟乳	乳白色液体	阳	硅	好	一般
羧基改性有机硅	乳白色液体	非	硅	好	较好
美国道康宁超微乳	半透明液体	阴	硅	好	很好

从表 3-3 可以看出,有机硅柔软剂对改善涤纶黏合衬底布手感的效果是非硅类柔软剂无法比拟的,有机硅类柔软剂中,自制的阴离子微乳液 EL-8 效果显著,黏合衬底布的身骨,同时手感得到改善,得到了软、糯、弹性好的超柔软效果。

李成德等人以 $200g/m^2$ 针刺非织造布为基布,采用化学柔软和机械柔软手段,对聚氨酯合成革进行柔软工艺研究,使聚氨酯合成革在手感、外观、丰满度等方面更接近天然皮革。工艺流程为:基布→聚氨酯树脂浸渍→湿法凝固→染色→柔软处理→机械柔软处理→成品。

化学柔软主要是在聚氨酯树脂浸渍中选用 PU 树脂作为底涂,在浸渍液和凝固液中加入磺酸盐型阴离子表面活性剂,以增加其渗透性。并以脂肪酸酰胺类阳离子表面活性剂为柔软剂进行柔软处理。

浸渍用 PU 树脂浓度低时,微孔结构就愈倾向于多层次的网络状。因为树脂浓度低,即浸渍液中的 DMF 浓度高(浸渍液由 PU 树脂和溶剂 DMF 等组成),DMF 向水中扩散的速度比 DMF 浓度低时要快,PU 微孔结构愈倾向呈现疏松多孔状,伸长率增加,手感也较柔软。一般湿法基布浸渍用 PU 浓度以不超过 20% 为宜,浓度太低会引起凝固过于缓慢,基布有发黏的倾向。

在浸渍液和凝固液中加入表面活性剂,既可以防止基布基体层纤维与 PU 的黏附,又可以作为控制 PU 凝固速度的调节剂,调整其用量可以得到预先设定的微细孔结构及微细孔大小,达到调节产品柔软性的目的。

机械柔软是通过机械作用力对合成革基布反复进行揉搓(增大拉伸力、剪切力)等作用,迫使基布纤维在三维方向上的粘连减少,相互间的联系松弛,并产生相对滑动的一个过程。在机械柔软中,非织造布纤维有极微小的伸长和直化倾向,PU 作为离型剂也要受到拉伸作用,但这种适当的机械作用对非织造布产生的伸长是非永久性的。合成革的柔软性和弹性是建立在合成革纤维相对滑动和非永久性伸长的基础上的。因为这些机械作用的强度一般不是太大,不会影响到合成革产品的质量,经过适当的机械柔软处理,可达到手感较为柔软的目的。

第三节　硬挺整理

硬挺整理是一项简单而实用的整理技术。无论是传统的织物还是非织造布,在许多应用场合都需要具有一定的硬挺程度。例如,现代服装中大量使用的服装衬布,不仅要具有良好的回弹性能,而且还要求有一定的硬挺度。又如,经过硬挺加工的硬挺化滤料比常规滤料在性能上有明显的改善,过滤效率可以提高一个数量级、剥离率大幅度提高、堵塞系数降低、清灰效果明显、可延长清灰周期、实际运行中阻力减小、可以有效降低运行成本。因此,硬挺整理在非织造布产品的开发和生产过程中已经得到了广泛的应用。

纺织品最初的硬挺整理是将天然淀粉熬制成的糊施加到织物上,待干燥后在织物及纤维的表面形成一层天然高分子的薄膜。由于薄膜不仅增加了纤维的刚性,而且通过黏合作用将相邻纤维之间有机地联结在一起,从而限制了纤维在织物中的自由活动程度,使织物变得平直挺括。该过程俗称为"上浆"。实际上,这是硬挺整理初期的一种形式,在化学合成技术高度发达的今天也常常作为一种既有效又经济实惠的硬挺整理工艺而使用。

一、硬挺整理的原理

非织造布产品的硬挺性能与构成产品的纤维种类、规格,非织造布的结构和成型方式、密度、厚度等许多因素有直接的关系。但是,对于非织造布成品而言,改善产品硬挺性能的最佳办法就是降低纤维在非织造布中的自由活动程度,限制纤维间的相对位移,从而获得平直挺括的效果。

另外,也可以通过改变纤维的力学性能,对纤维进行改性加工,达到改善产品硬挺性能的目的。纤维力学的相关理论表明,纤维的初始模量越高则纤维的抗弯模量越高,刚性越强,使用这种纤维生产的非织造布则表现出良好的硬挺度。

目前,改变纤维刚性的途径主要有两种。一种是将某些高分子材料涂覆在纤维表面形成一层薄膜,并通过调节膜的硬度来影响纤维的刚性。高分子涂料既可以使用天然高分子如各类淀粉,也可以使用合成高分子材料。这种方法适用于各种纤维。另一种方法是用具有两个或两个以上反应性官能团的树脂初缩体处理纤维,并使其分布在纤维表面甚至渗透入纤维内部,然后经过热处理使树脂初缩体发生缩聚反应或在树脂与纤维之间、纤维内大分子之间产生交联反应。具有三个以上官能团的树脂初缩体自身发生缩聚反应后,可以在纤维上形成网状或体状的聚合物大分子,由这种聚合物构成纤维表面的薄膜,因其结构属于网状或体状,而具有一定的刚性。同时树脂初缩体中的反应性官能团也可以与纤维大分子中的活泼性基团如羟基、酰氨基等发生反应,在纤维大分子之间形成交联,限制大分子链段间的相对位移,从而提高纤维的刚性。这种方法主要适合用于纤维素纤维的改性,也可用于具有反应性基团的合成纤维如锦纶等。目前使用较多的树脂初缩体是具有羟甲基的脲醛类树脂及三聚氰胺甲醛类树脂等。这种方法得到的硬挺效果较为持久耐洗。

二、硬挺整理剂

常用的硬挺整理剂一般可分为天然高分子物、改性天然高分子物和合成高分子硬挺整理剂。

(一)天然高分子物

1.淀粉 淀粉是一种广泛存在于植物果实、块茎以及根部的碳水化合物,外观为白色无定形粉末。使用前要将淀粉煮成糊状。按照原料的来源不同,各种淀粉在粒径大小、糊化性能和使用性质上有所不同。可用于非织造布硬挺整理用的淀粉主要有以下几种。

(1)小麦淀粉:糊化温度高,浆液稳定性与填充剂的黏附力好,整理后具有弹性,手感丰满。

(2)玉米淀粉:浆液稳定,对填充剂的黏附力好,整理后具有厚实和硬挺的手感。

(3)米淀粉:颗粒小,难糊化,整理产品硬挺性好,但不够平滑。

(4)马铃薯淀粉:颗粒大,易糊化,稳定性差,对填充剂的黏附力不强,浆料大部分留存在织物表面,给予织物一种厚实而干脆的手感。

一般来说,地面生长的淀粉比地下生长的淀粉粒子小,虽糊化温度较高,但是糊化稳定性好,对填充剂的黏附力高。上面所列各种淀粉的粒径大小和糊化性能见表3-4。

表3-4 几种淀粉的粒径大小和糊化性能

名 称	粒径大小(μm)	糊化开始温度(℃)	糊化终了温度(℃)
小麦淀粉	7~28	62	83
玉米淀粉	15~30	65	76
米淀粉	3~7	70	80
马铃薯淀粉	15~100	55	65

2. 糊精 糊精是以淀粉为原料,用酶或者化学方法制成的低聚合度、溶解性高的变性淀粉产品。它主要用于整理有色产品,能增重,并给予织物硬挺滑爽的手感,而且不会像淀粉浆那样使有色产品的色泽暗淡;只是黏合力较低,不宜用于大量使用填充剂的场合。

3. 海藻酸钠 海藻酸钠具有良好的成膜性和黏着性,能溶于冷水中,遇热膨化为黏稠的浆液。浆液的黏度除了随海藻种类、采集季节变化之外,还随 pH、浓度、温度等条件而变化。在 pH 为7时浆液的黏度最大,并且随浓度的增加而急剧上升,但是浆液黏度会随温度的升高而显著下降。在使用过程中,可和其他助剂混用,但应注意电荷性,海藻酸钠不能和阳离子性物质混用,不耐硬水及重金属盐,使用时宜加入适量软水剂。海藻酸钠曾经被大量用于织物的整理,目前多用作印花糊料及一些特定的整理加工。

4. 植物胶 植物胶由植物果实、种子、树和灌木皮的分泌物精制干燥而成,属多糖类,具有支链,结构较复杂,因来源不同,其纯度、膨化性和溶解度等性能各异。由于提炼困难,一般价格较贵。植物胶包括阿拉伯树胶、天然龙胶和瓜耳豆胶等。

阿拉伯树胶主要产自热带的中非、北非、阿拉伯及印尼等地,外形为黄色不规则透明颗粒或粉末。它的主要化学成分有多糖酸钾、钙或其他盐类。阿拉伯树胶易溶于水,有极高的黏性,能赋予织物身骨,且不影响其透明度,但成本较高。

龙胶主要产自希腊、伊朗和土耳其一带,难溶于水,在水中能膨化成稠厚的半透明胶体,其黏性比阿拉伯乳胶大,但黏附力较低。瓜耳豆胶是由一种瓜耳豆科植物的籽研制得到的多糖体,是甘露半乳聚糖,由于其侧链多,能阻止分子的缔合,因此,在冷水中易溶解成高黏滞性的胶态溶液。其黏度在天然胶中是最高的。

上述植物胶虽然可以用于非织造布的硬挺整理,但是平时使用较少,多数用于织物的印花糊料。

5.动物胶 明胶、虫胶、牛皮胶和骨胶等都属于动物胶。半透明的块状固体胶质,在水中能吸水膨化而成为透明的浆状物,具有良好的黏性及渗透性,整理后能使非织造布手感坚挺且富有弹性,还可用于地毯背面整理及领衬和肩衬等整理,但耐久性不好。

(二)天然改性高分子物

天然改性高分子物是将天然高分子进行化学改性的产物。淀粉和纤维素纤维等都属于多糖化合物,其分子中的羟基具有醇的特性,可以进行醚化,当羟基上的氢原子被烷基、羟烷基、羟甲基等取代后,其溶解度、黏度、整理效果等都有较大改善。

1.甲基纤维素(MC) 甲基纤维素是由碱纤维素与氯甲烷反应制得的一种非离子型醚化物,反应式如下所示:

$$Cell—ONa + CH_3Cl \longrightarrow Cell—OCH_3 + NaCl$$

醚化度为 $1.6 \sim 1.8$ 的甲基纤维素能溶于冷水中。在热水中的溶解度降低,一般加热到 $60 \sim 70℃$ 即形成胶体。在甲基纤维素溶液中加入少量无机盐,可以提高它的黏度和降低溶液的胶化温度,强碱性亦可增加溶液的黏度。这种改性纤维素浆液主要用作黏合剂和硬挺整理剂。

2.羧甲基纤维素(CMC) 其属于含羧基的纤维素醚类。可用棉籽短绒为原料,用50%烧碱液碱化处理制成碱纤维素,再使碱纤维素与一氯醋酸作用而制成商品,通常制成羧甲基纤维素的钠盐。

$$Cell—ONa + CH_2Cl—COONa \longrightarrow Cell—O—CH_2COONa + NaCl$$

CMC 为无臭、无味、无毒和能吸湿的白色絮状粉末,易溶于冷水而成为透明的黏稠液,具有良好的胶黏性、乳化性、扩散性,并能形成质地较坚韧的浆膜。除了用于硬挺整理之外,还广泛用于印花、黏合以及分散等。

羧甲基纤维素有多种分类标准。因制造原料、方法、工艺条件等因素不同,不同种类的羧甲基纤维素的性能、用途等有很大差别。常用的是按照醚化取代度、黏度以及酸碱度分类的三种方法。其具体分类标准见表3-5。

表3-5 羧甲基纤维素(CMC)的分类标准

分类方式	分类名称	分类依据	性 质
醚化取代度(%)	高	>1.2	溶于水,热稳定性高
	中	0.4~1.2	可溶于水
	低	<0.4	碱溶性

续表

分类方式	分类名称	分类依据	性　质
黏度（2%水溶液25℃）	高	>1Pa·s	—
	中	0.5～1Pa·s	
	低	0.05～0.5Pa·s	
酸碱性	微酸	—	—
	中性		
	微碱		

非织造布后整理用羧甲基纤维素的要求是取代度为 0.6～0.8，黏度为 0.3～0.6Pa·s（300～600cP），pH＝7，含水率＜10%。在整理过程中，尽量避免使用有机酸或无机酸，因为当 pH＜5 时，羧甲基纤维素（CMC）的浆液会有沉淀现象发生。另外，因羧甲基纤维素（CMC）的浆液遇重金属盐也会沉淀，故应避免其与重金属盐类物质同时使用。

羧甲基纤维素调浆简便，无需蒸汽，浆液稳定性好，不易结块、结皮，放置时间长也不易变质。

除了上述两种天然改性高分子化合物可以用于非织造布的硬挺整理之外，羟乙基纤维素（HEC）在硬挺整理中也可使用。

（三）合成高分子硬挺整理剂

合成高分子硬挺整理剂的价格是天然高分子类整理剂的数倍，但因具有良好的水稳定性、耐洗性、防霉性和不腐败性等，所以仍然得到广泛应用。目前常用的合成高分子硬挺整理剂有以下几种。

1. 聚乙烯醇（PVA） 聚乙烯醇系白色或浅黄色粒状或絮状粉末。相对密度为 1.2～1.3（一般全醇解物为 1.295，部分醇解为 1.275），全醇解聚乙烯醇的水溶液 pH 为 6～8，88% 醇解聚乙烯醇的水溶液 pH 为 5.5～7.5。

聚乙烯醇的溶解度随聚合度、醇解度以及水温不同而异。聚合度和醇解度高，需在较高温度下溶解；聚合度和醇解度低，在低温下就可以溶解。其水溶液的黏度也受聚合度影响，聚合度高，黏度也高。例如聚合度在 1500 以上属于高黏度，1000～1500 属中黏度，1000 以下属低黏度。水溶液的温度高，则黏度低。

用作硬挺整理剂的聚乙烯醇可根据纤维的特性进行选择，纤维素纤维用全醇解、中聚合度的聚乙烯醇较为合适。全醇解聚乙烯醇可制成黏度较高的浆液，对亲水性纤维有很好的亲和力；部分醇解的聚乙烯醇对疏水性纤维（如涤纶、锦纶等）有很高的黏附力，但易溶于水，较易去除。对于同时使用纤维素纤维与疏水性合成纤维的非织造布，则应采用适当比例混合的全醇解和部分醇解的聚乙烯醇浆液。

相对而言，部分醇解聚乙烯醇所形成的皮膜柔软，弹性好，吸湿性稍大；而完全醇解的聚乙烯醇所形成的皮膜较坚硬，吸湿性稍小。

2. 聚丙烯酰胺 聚丙烯酰胺是非离子型白色固体水溶性聚合物，平均分子量从几千到几百万,溶于水但不溶于多数有机溶剂,分子量越高,水溶液的黏度越大。

聚丙烯酰胺可以在纤维上形成一种硬而脆的薄膜,实际使用时,可适当加入5%的增塑剂提高膜的柔韧性。常用的增塑剂有聚丙二醇、十三烷醇—环氧乙烷加合物等。

聚丙烯酰胺对于腈纶和纤维素纤维有良好的黏着性,不仅能用作织物整理剂,还可作为上浆剂,但其价格比聚丙烯酸类高。

3. 热塑性或热固性合成树脂 热塑性或热固性树脂亦可作为硬挺整理剂,此类产品现在种类很多,主要的商品化产品包括有聚醋酸乙烯酯、聚丙烯酸酯及其共聚物等热塑性树脂,以及脲—甲醛树脂、醚化三聚氰胺—甲醛等热固性树脂。另外,氨基树脂也可以用于硬挺整理。

用作硬挺整理剂的聚醋酸乙烯酯、聚丙烯酸酯多为白色的分散乳液。聚醋酸乙烯酯的分子式为 $\begin{array}{c}+CH_2CH+_n\\ |\\ OCOCH_3\end{array}$,它可以形成极为透明的薄膜,具有可塑性,适用于合成纤维的硬挺整理,价格便宜。

聚丙烯酸酯的分子通式为 $\begin{array}{c}+CH_2CH+_n\\ |\\ COOR\end{array}$。不同的单体可以制成软硬度不同的聚合物,单体的脂肪酯基团R越大、链越长,则聚合物产品的柔软性越好。例如,聚丙烯酸乙酯能得到手感柔软而丰厚的整理效果,而聚丙烯酸甲酯形成的薄膜具有一定的硬挺度。应用时,可根据不同需要而合理选择软硬不同的聚合物制成乳液。另外,醋酸乙烯酯、丙烯酸酯还可以与其他单体共聚,形成性能更好的聚合物。表3-6为部分单体均聚物的性能与其在共聚物中对树脂性能的贡献。

表3-6 单体性能及作用

单 体	玻璃化温度(℃)	在共聚物中对树脂性能的贡献
丙烯酸丁酯	-54	主成膜物,使膜柔软,富有弹性
丙烯酸甲酯	8	赋予成膜物力学强度,提高黏接性能
苯乙烯	100	提高耐温性能及耐水性能
丙烯腈	95	赋予成膜物力学强度,提高曲挠性
二羟甲基脲	—	赋予成膜物硬挺度,降低成本
丙烯酸	105	提高黏接性能,调节乳液的pH
N-羟甲基丙烯酰胺	—	作为交联剂,赋予产品低温自交联性

下式为一种由丙烯酸酯、苯乙烯、丙烯腈通过共聚反应合成硬挺整理剂的反应式。

$$m\ H_2C{=}CH + n\ CH{=}CH_2 + CH_2{=}CH \xrightarrow[\triangle]{[O]} +CH_2{-}CH+_m +CH_2{-}CH+_n +CH_2{-}CH+$$
$$COOR \qquad \qquad NC \qquad COOR \qquad CN$$

　　另外,丁二烯和羟基丁腈也可以作为共聚单体,将上述部分单体与丙烯酸酯共聚可以得到多种产品。含有 N –羟甲基丙烯酰胺的产品具有可反应自交联的性能。

　　热固性树脂中,常用于硬挺整理的主要有三羟甲基三聚氰胺(TMM)、六羟甲基三聚氰胺(HMM)及其醚化物等。其结构式如下所示。

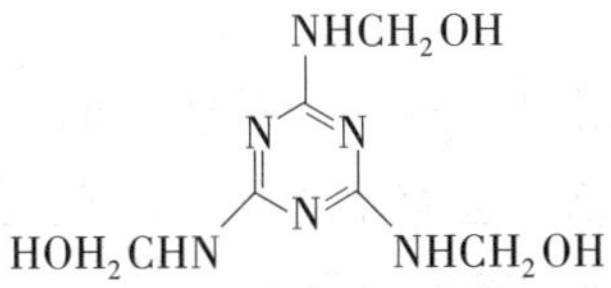

三羟甲基三聚氰胺(TMM) 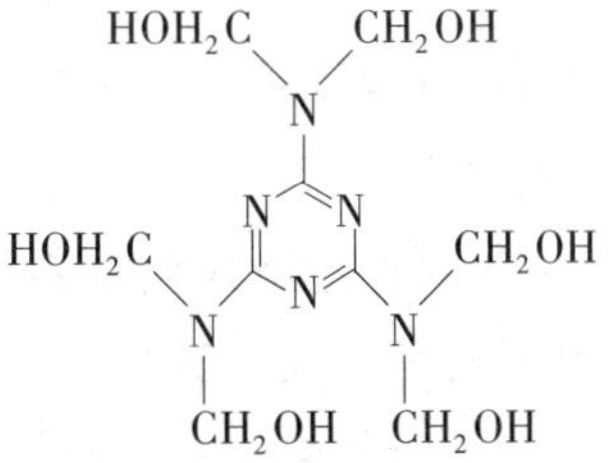　　　　　　六羟甲基三聚氰胺(HMM)

　　这类树脂由三聚氰胺和甲醛反应生成含有羟甲基的树脂初缩体,因羟甲基的置换程度不同而形成三羟甲基三聚氰胺或六羟甲基三聚氰胺。其水溶液性质不稳定,不仅易于自身缩合成线型或体型大分子,而且还可以与纤维素纤维大分子中的羟基发生反应而形成化学键。六羟甲基三聚氰胺自身缩合以及用于纤维素纤维改性时的反应过程如下。

　　两个分子之间的缩合反应:

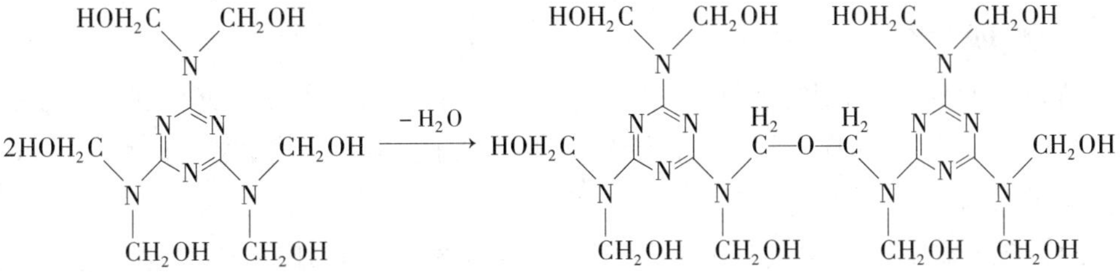

　　六羟甲基三聚氰胺与纤维素纤维的反应过程:

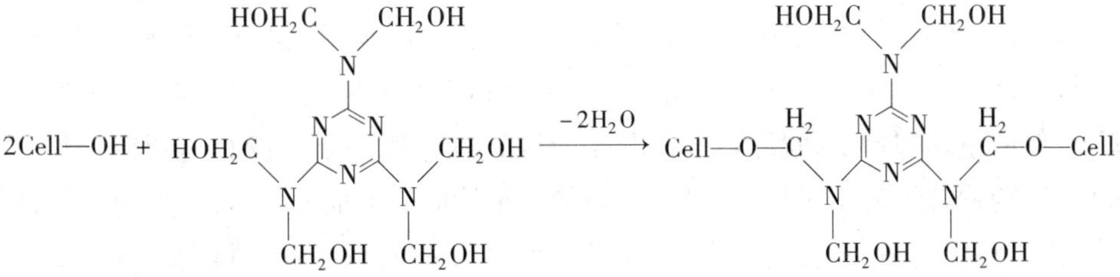

　　缩合反应还可以继续进行下去,最终可以形成立体网状的结构。因此,这种热固性树脂一方面自身发生缩聚反应,在纤维表面形成具有一定刚性的薄膜;另一方面树脂初缩体中的反应性官能团与纤维大分子中的活泼性基团如羟基、酰氨基等发生反应,在纤维大分子之间形成交联,限制大分子之间的相对位移,从而提高纤维的刚性。一般情况下这两种反应同时进行,使被整理物产生硬挺的效果。在实际生产中,往往将上述热塑性和热固性树脂一起配合使用,以达到理想的硬挺整理效果。

聚合度比较大的氨基树脂在用于硬挺整理时,首先被制成胶状液,由于分子量较大,不易渗透至纤维内部,仅黏附于纤维表面,经热处理后,进一步缩聚成不溶性物质,故能使织物获得耐久的硬挺效果。

(四)硬挺整理用添加物

1. 填充剂 填充剂可以使织物增重并具有厚实滑爽的手感。常用的填充剂有滑石粉 ($3MgO \cdot 4SiO_2 \cdot H_2O$)、高岭土($Al_2O_3 \cdot 2SiO_2 \cdot 2H_2O$)及膨润土($3SiO_2 \cdot 2Al_2O_3 \cdot nH_2O$)、硫酸钡或重晶石粉($BaSO_4$)等。

2. 着色剂 着色剂通常是染料或颜料(涂料),用以改善整理后产品的色泽。如漂白织物常带有黄色,若在整理液中加入少量蓝色着色剂,混合后会有增白作用。在染色非织造布的整理液中,加入少量与染品颜色相似的着色剂,可以改善整理后染品产生发白或颜色变浅的缺点。常用的有颜料,盐基、酸性、分散或直接染料。

3. 防腐剂 棉纤维本身所用的天然高分子整理剂多是碳水化合物和油脂类物质,都是微生物的良好营养,在长期储存过程中容易霉腐。故在整理时,宜在整理液中加入少量防腐剂。适用于染整加工的防腐剂应无毒、无臭且不影响产品的色泽与染色坚牢度,并且要求在低浓度下能产生有效的防腐作用。常用的防腐剂有水杨酰替苯胺、乙-萘酚、石炭酸(苯酚)、甲醛、硼酸和尼泊金等。

三、硬挺整理工艺

非织造布硬挺整理加工工艺流程为:整理剂施加→烘干→焙烘。在进行硬挺整理前,应根据产品的特性、使用要求和规格合理选择硬挺整理剂。对于某些用于服装的产品如衬布等更应注意甲醛等环保问题。

硬挺整理剂的施加方式包括喷洒、浸渍和挤轧(简称浸轧)、压印、单面给液辊、泡沫施加等,也可以将硬挺整理剂与涂层整理剂均匀混合,然后再利用涂层整理工艺进行加工。

烘干和焙烘的过程对于硬挺整理剂在纤维表面形成薄膜的质量有重要的意义。对于单纯形成薄膜的整理剂如PVA、淀粉等而言,烘干和焙烘过程中溶剂得以挥发,其挥发速度对于所形成薄膜的质量有一定的影响。因此,固化成膜的主要影响因素是温度和时间。温度升高加速了溶剂的挥发,促使整理剂粒子间靠近变形,利于成膜过程。如果温度没有达到聚合物成膜的最低成膜温度,聚合物粒子就不能熔融变形、不能借毛细管的压力而融合。因此,温度必须控制在适当的范围内。温度过高,蒸发速率太快,粒子表面会失去水而导致成膜的模量偏低。温度过低,成膜速率下降,成膜的不完整,而使成膜强力下降。总之,在一定范围内,各种聚合物的成膜强力将随着温度的升高而增加。而固化的时间只能在一定温度下才能发挥作用。时间短固化效果不好,成膜强度低,甚至会形成粘连。时间过长,不仅耗能大、生产效率低,而且会使膜强力下降,并出现泛黄等疵病。因此,时间与温度应相互协调,温度高,则时间短;温度低,则时间长。

对于含有羟甲基的树脂初缩体类的整理剂,烘干过程中水分得以蒸发,在随后的焙烘过程中,反应性基团与纤维发生化学反应。

硬挺整理剂的用量应根据整理剂的性能、产品要求、施加方法等因素综合考虑。例如含固量在50%左右的改性三聚氰胺甲醛树脂用于衬布或窗帘的硬挺整理时,采用浸渍和挤轧(简称浸轧)的施加方式,带液率控制在80%,整理剂处方是:改性三聚氰胺甲醛树脂初缩体[100(g/L)];氯化镁[10(g/L)];工作液pH4.5~5,以柠檬酸调节;其他工艺条件:浸轧(二浸二轧,带液率80%)→烘干(80℃)→焙烘160℃,3min(180℃,60s)。

☞ 思考题

1.收缩整理的目的是什么? 用于哪些非织造产品?

2.试述自由收缩整理与强制收缩整理区别何在?

3.机械柔软整理有哪些方法? 各自的特点如何?

4.阐述化学柔软整理的机理。

5.化学柔软剂有哪些种类? 阐明有机硅类柔软剂的种类及特性。

6.非织造布柔软整理前后柔软效果有哪些测试方法?

7.简述硬挺整理的原理。

8.常用的合成高分子类硬挺整理剂有哪些? 简述各自的特点。

9.烘干和焙烘过程对于硬挺整理剂在纤维表面形成薄膜的质量有什么影响?

第四章　外观整理

本章知识点

1.轧光整理、厚度均匀整理、轧花整理的目的与方法。
2.轧光整理、厚度均匀整理、轧花整理在非织造布后整理上的实际应用。
3.轧光整理、轧花整理的原理。

非织造布的外观整理包括改变其表面光泽效果与增加艺术花纹效果,可通过轧光、轧花整理来获得。轧光、轧花整理的主要设备是热轧机。通过热轧使非织造布上光轧平,并产生凹凸花纹(轧花)。非织造布后整理应用的轧光机与传统纺织品后整理所用设备一致。

第一节　轧光整理

轧光也叫烫平,烫光,其工艺过程是通过机器上轧辊的电热熨烫作用和上下压辊间的压紧力,使非织造布平整、光洁、光亮。因熨烫和压力作用,使得纤维间的孔隙减小。因此,轧光的主要作用,一是使非织造布表面绒毛倒伏而被轧平,二是对蓬松的材料进行进一步收缩。这种整理适用于合成革基布、过滤材料、制鞋材料、隔音材料、衬里布以及台布、床单、坐椅靠巾等用即弃类非织造布产品。

轧光的原理就是利用轧光机加压光辊产生的机械压力,并借助于纤维在一定的温度条件下具有的可塑性,对非织造布进行表面光滑处理,使突出的毛羽及弯曲的纤维倒伏在非织造布表面,从而提高非织造布表面的光滑平整度,使其对光线产生规则的反射,从而提高非织造布的光泽。

轧光是合成革基布生产过程中的重要工序,首先对通过针刺、水刺等方法加工形成的基布进行轧光处理,可起到表面压平及定形作用,处理后的产品既保证表面光滑平整、厚度均匀,又防止其在下道工艺中发生收缩。其次经过浸渍、表面涂覆后的合成革还要进行轧光处理,通过热辊的压轧使合成革达到要求的厚度、平整度及尺寸稳定性,以满足后续加工的要求。

轧光也是过滤材料特别是针刺过滤材料一种常用的后整理手段,针刺非织造布经过高温热轧辊,滤材表面的绒毛被轧平伏,滤材同时被轧扁,表面变的平滑光洁,同时厚度均匀。轧光经常与烧毛整理配合使用,非织造布先经过烧毛可使滤材表面较为光洁,再经轧光可使滤材具有一定的平整度,其手感要比单一轧光或单一烧毛好。

一、轧光原理

当一束光线射到非织造布上时,产生的反射光与透射光能分别赋予产品不同的光泽效果。不同的结构会产生不同的表面光泽效果。

(1)非织造布的纤维原料及成网结构对非织造布的光泽影响较大。纤维在非织造布中排列的平行顺直程度越高,非织造布表面越光滑,所产生的反射光方向性越好,光泽效果越强。

(2)投射在粗糙面上的光线向各个方向反射的现象,称为漫反射。非织造布的表面越光洁平滑,光线的漫反射强度越低,光泽效果越好。

(3)非织造布越密实,定量越大,内部反射与漫反射程度越低,透光系数越低,光泽效果越好。

非织造布经过一定的成网、固网加工后,纤维弯曲程度较大,起伏较多,纤维呈波浪状分布,而且布表面附有的绒毛造成表面不光滑,对光线呈漫反射状态,因此,非织造布不具有良好的光泽。非织造布经轧光轧平处理后,柔软度和蓬松度将有所降低。

二、轧光设备与工艺

(一)轧光设备

轧光整理的主要设备是轧光机。轧光机分为两辊、三辊和多辊轧光机,如图 4-1 所示。其中以三辊轧光机应用最多。

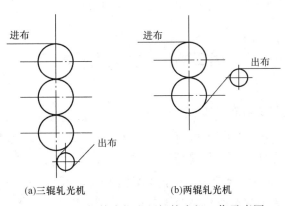

(a)三辊轧光机　　　　　　(b)两辊轧光机

图 4-1　三辊轧光机和两辊轧光机工作示意图

轧辊的种类很多,主要包括金属轧辊及表面富有弹性的棉辊、尼龙辊、羊毛辊、纸辊。金属辊硬度高,使用后非织造布紧密平滑且富有光泽,但手感较硬。棉辊、纸辊质软,整理后可使非织造布柔软,光泽柔和自然。对金属辊加热,提高其表面温度(一般为 $100\sim200$℃),对改善非织造布光泽有显著效果。

在两辊轧光机中可采用钢辊与棉辊的配置,轧光效果产生于非织造布与钢辊接触的一面,也可采用钢辊和钢辊配置,以达到双面轧光的效应。但是,只有当非织造布定量大于 $60g/m^2$,才可采用两只钢辊配置。如果定量低,则会破坏非织造布结构,造成表面效果不佳。

在三辊轧光机中有钢辊—棉辊—钢辊的配置方式,这种方式对非织造布轧光的作用时间长,工作轧面分别发生在上钢辊、下钢辊与棉辊之间。有时工作轧面仅发生在上钢辊与棉辊之间,下钢辊对棉辊起平整作用。如果采用两辊轧光机,则应在机器运转一定时间后,让热轧机不进布而空车运转,使钢辊表面与棉辊表面接触一定的时间,以消除棉辊表面的轧痕。三辊轧光机还有棉辊—钢辊—棉辊的配置,很少有三个钢辊的配置方式。

非织造布在轧辊之间受到的压力,除轧辊本身的重量外,还须通过另外的加压装置,如气压、液压等获得。轧光机的主要参数包括车速、工作幅宽、辊体直径、辊体表面温度等,根据不同非织造布的具体要求,可以选择相应的工艺参数。

(二)工艺条件

轧光整理是借助纤维在湿热条件下具有一定的可塑性而进行的,所以适当的对非织造布给湿(或喷淋水雾)有利于整理的进行。光泽效果要求较强时,给湿程度大些,反之小些。轧光的整理效果与非织造布的含湿率、压力、温度、布速等工艺条件有密切关系。

根据要求选择冷辊、温辊或热辊控制温度。冷辊给予非织造布柔软平光的效果;温辊(40~80℃)会使产品稍有光泽,手感稍硬;热辊(150~200℃)使产品具有强光泽和较硬挺的手感。

轧光时压力越大,整理效果越好,但布的手感较差。压力选择要和布速、温度、非织造布的含湿率等条件相适应。一般要求压力为490~1470N/cm。轧光效果仅可在一定程度上借压力调节予以改变。如果压力过大,则非织造布的手感会如同纸一样,并影响其他性能。在轧光整理中采用两只钢辊,选择较低的温度,加大工作压力(最高可达2450N/cm)能使非织造布厚度均匀一致,达到一定厚度要求,它用于合成革、过滤材料及电器绝缘材料等非织造布产品。

第二节 轧花整理

轧花整理主要是使非织造布表面获得浮雕状或其他效果的花纹,改善外观。同时也可改善非织造布的手感使其获得柔软的效果。轧花整理适用于装饰材料、台布、针刺壁毡、地毯、合成革、床单及湿面巾等"用即弃"产品。湿式聚氨酯合成革具有耐低温性、透气、透湿性较好,手感丰满,回弹性好,整体真皮感强等特点。在压花工艺中得到广泛的应用。

在轧花过程中,将非织造布通过一对由凹凸不平的刻花辊和弹性辊(棉、纸辊)组成的轧辊,并对刻花钢辊加热,其上突起的部分与非织造布接触,纤维受到加压和热的作用而变形,经冷却定形后,便在非织造布表面留下与刻花钢辊花纹相反的花纹图案,如图4-2所示。

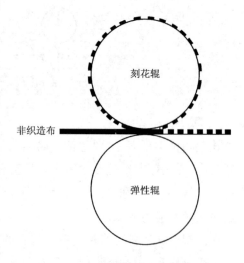

图4-2 轧花机示意图

轧花机一般采用花辊—棉辊—钢辊三辊式轧花方式。钢辊主要起对棉辊平整的作用。轧花的工艺条件与轧光基本相似,为了突出花纹效果,可使温度、压力略高些,布速略慢些。一般钢辊温度为 150~180℃,压力 2450~4900N/cm,布速 7~10m/min。纤维原料的组成也影响轧花效果,生产中应予以考虑。

☞ **思考题**

1. 轧光整理、均匀整理、轧花整理的目的是什么?

2. 哪些非织造产品需进行轧光整理和轧花整理?

第五章 剖层、磨绒、烧毛

本章知识点

1. 剖层的含义，非织造布剖层的目的。
2. 磨绒机理及工艺参数对磨绒效果的影响。
3. 非织造布烧毛的意义及应用。
4. 烧毛机理及烧毛过程中工艺参数的控制。
5. 气体烧毛机工作原理。

第一节 剖 层

天然皮革的加工过程中，由于制革原料皮各部位存在厚度差别，为了使全张皮具有均匀的厚度，同时为了节约原料皮，提高原料皮的利用率，实现"一皮变多皮"，需要对厚大的原料皮进行剖层。剖层又叫片皮，是在剖层机上按一定厚度将皮革剖成两层或多层。

一些非织造布也可以进行剖层，如涤纶用针刺加固并经胶乳浸渍的非织造布。这类非织造布中大多数混有高收缩性纤维，布身结构密实，强度高，并有一定硬度，经剖层加工，可制成皮鞋内底革、涂层底布、箱包革等。若对表面进行涂层上光整理，还可作为鞋面革使用。剖层是在剖层机上进行的，剖层机的工作原理如图5-1所示。

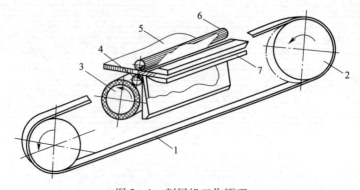

图5-1 剖层机工作原理

1—带刀 2—刀轮 3—胶辊 4—环辊 5—非织造布
6—花辊 7—带刀夹持和导向机构

　　剖层机上有一循环运动的带刀1,被剖材料由环辊4和花辊6握持而向前推进,当前端接触到带刀刀刃时,即被剖成上下两层。剖层厚度可以调节,定量为 $500\sim1000g/m^2$ 的针刺合成革基布,可剖成定量为 $150g/m^2$ 的薄层。

　　捷克 I. N. T. Radko 等人发明了一种新的非织造布剖层生产工艺,这一新技术是利用图5-2所示的装置对纤网进行垂直铺网,然后再进行剖层。

　　图5-2中,梳理机输出的纤网1连续送入导网板8与棘轮7之间,在棘爪5的作用下,纤网被曲折式铺叠而进入钢丝栅6与输送帘3之间,形成垂直纤网4,再将此网紧密压缩,通过热风室将含有热固纤维的纤网加固。

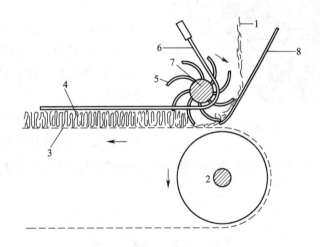

图5-2　垂直铺网工艺

1—纤网　2—回转滚筒　3—输送帘　4—垂直纤网

5—棘爪　6—钢丝栅　7—棘轮　8—导网板

　　剖层系统如图5-3所示,已固化的非织造布9由传送带1和2输送,在出口处被两把钢刀

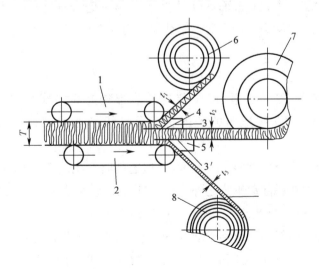

图5-3　剖层系统示意图

3 和 3′剖切,两块导板 4 和 5 配合导布辊 6、7、8 作用形成卷绕。传送带的速度一般为 1 ～ 2m/min,刀口到传送带的隔距可根据情况调节,调节范围是 ±20mm。

例如,由 80% 聚酯纤维与 20% 粘胶纤维组成的垂直铺网非织造布,加热固网后的厚度为 24mm,此时纤网的密度为 50kg/m³,将其喂入剖层机的传送带,可剖割成三层高蓬松且剖切面极为光洁的非织造布,每层厚约为 8mm。

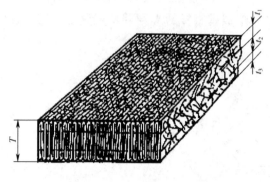

图 5 - 4 非织造布剖层示意图

这一新型剖层技术的产品如图 5 - 4 所示,该剖层布与传统铺网产品的最大区别是,纤维位于纤网厚度方向,产品具有非常好的耐压缩性能,可用于对压缩性能要求高的衬垫、坐垫等产品,也可用于层压加工,如层压家具布、汽车内饰衬和汽车坐垫用布等。另外,这种产品具有优良的高蓬松性、隔热、隔音功能,且表面极光滑,纤网的厚度范围在 20 ～ 120mm,最小厚度可达 2mm,用其取代发泡聚氨酯,不但有利于环保和卫生,而且产品性能相对稳定。对该非织造布施压,压缩到原厚度的 20%,反复压 30 万次之后放松,其原有厚度仅减少 3%。

第二节　磨　绒

非织造合成革经剖层后还须进行磨光或磨绒,这一过程是在辊上包有刚玉磨料的磨绒机上进行的。根据合成革表面效果的不同要求,可以选择不同号数的砂纸进行磨绒。一般采用数台磨绒机和多道工序加工。首先对表面进行粗磨,然后再细磨,即可得到麂皮绒外观。磨绒后需经过刷毛、拍打和吸尘,去除磨下的尘屑。磨绒加工后的产品,手感柔软、悬垂性好。

一、磨绒机

磨绒机由进布装置、磨绒装置、吸尘装置和落布装置等部分组成,其关键部分是砂磨辊或砂磨带。磨绒时,对非织造布的磨削状态可呈线接触或面接触状态,接触方式如图 5 - 5 所示。

辊式接触占用空间小,动力消耗小,速度高,但磨削时产生的大量热量不易散发,因此须通冷水冷却砂磨辊。辊式接触除单辊式之外,还有多辊式。多辊式一般采用 4～6 根磨绒辊,其分布状态有立式和卧式两种,接触方式如图 5 - 6、图 5 - 7 所示。

多辊磨绒机上的砂磨辊可以分别驱动,可正转和反转。在砂磨辊上下装有两根非织造布调节辊,以调节非织造布与砂磨辊之间的间隙。带式磨绒机虽便于散热,但不利于高速磨绒,且动力消耗大。

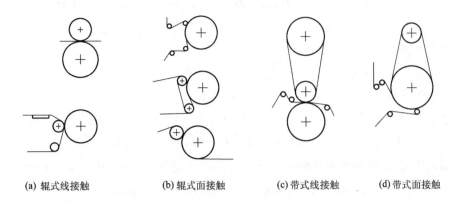

(a) 辊式线接触　　　(b) 辊式面接触　　　(c) 带式线接触　　　(d) 带式面接触

图 5 - 5　非织造布与磨削件的接触状态

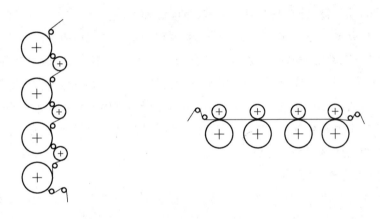

图 5 - 6　立式磨绒机砂磨辊排列　　　　图 5 - 7　卧式磨绒机砂磨辊排列

　　无论是磨绒辊上包覆的砂皮还是磨绒带上的磨粒(磨料),都是由硬度高、耐热性好并有适当韧性的磨料组成的。一般采用氧化物(刚玉)、碳化物和高硬磨料。刚玉的主要成分是 Al_2O_3,由于其纯度不同和加入的金属元素不同,又可分为棕刚玉、白刚玉、铬刚玉、锆刚玉等不同品种。碳化物类磨料的主要成分是碳化硅,根据纯度高低可分为黑碳化硅、绿碳化硅两种。高硬磨料主要是天然金刚石,人造金刚石等。

　　磨料的大小常以粒度或号数表示。对于小于 $40\mu m$ 的磨料以实测微粒的微米单位来表示磨料的粒度;若用号数表示,则号数越高,表示磨料粒子直径越小,粒度越小。

二、磨绒机理

　　在磨砂辊表面包覆的砂皮上密集排列着许多刚玉砂磨粒,这些磨石一面牢固的黏附在砂皮表面,另一面呈尖锐的刀锋和尖角状,大小不一。当磨绒辊高速运转时,磨粒与非织造布紧密接触,每一颗磨粒相当于一个微小的切削刀具。

　　在磨绒过程中,非织造布中的纤维被拉出并割断成 $1\sim2mm$ 的单根纤维,随着磨绒的继续进行,被拉出并割断的单根纤维进一步被磨粒磨削成绒面。由于粒度高低和形状不同,当非织造布与磨粒接触时,有些磨粒对非织造布的磨削作用大,有些磨粒的磨削作用小,有的仅与非织造布产生滑动摩擦。

三、影响磨绒效果的因素

磨绒整理是以牺牲强力等力学性能为前提条件的。因此,必须了解各因素对磨绒效果的影响,合理选择工艺参数,以平衡磨绒效果与强力等力学性能间的关系。

1. 纤维原料规格,纤网密度及树脂含量 纤维越短越粗,纤网密度越大,树脂含量越多,则起绒越困难;长而细的纤维起绒效果好,易形成短而密且手感柔软的绒面。

2. 成网方式 机械成网比气流成网方式的起绒效果好,因为合成革基布多采用交叉铺网,纤维排列以横向为主,易被纵向运动的磨料切削,磨料对纤维的抓取效果好。气流成网中纤维是随机排列的,磨料对纤维的抓取效果差,故磨绒效果差。

3. 磨料的粒度 由于非织造布是依靠磨砂辊上磨料的锋刃割断纤维而产生绒毛的,所以在相同条件下,不同粒度的磨料对磨绒效果有很大影响。一般来讲,磨料颗粒硬度越高,越耐磨。颗粒粗,起毛长而稀,但成品强力下降较大;颗粒细,起毛短而密,仿麂皮效果好,且强力下降小。所以,轻薄产品宜选用高号数粒度的磨料,而粗厚产品宜用低号数粒度的磨料。

4. 磨料的运行速度与非织造布速度差 磨绒时,一般磨料的线速度大大超过非织造布的运行速度,两者的速度差越大,容易生成短密匀的绒毛,且绒面较丰满;如速差小,则生成的绒毛长而稀,且手感也比较粗硬。

5. 砂磨辊(带)与非织造布的接触面积 磨绒时非织造布与磨料接触成包覆角,其包覆状态对磨绒效果与强力有较大的影响。一般来讲,包覆角越大,起绒程度越强烈,非织造布强力损失也越大。同时,橡胶握持辊产生线压力,对磨绒效果也有较大影响,弹性越好,压力越大,则效果越佳。

6. 磨绒次数 为了取得理想的磨绒效果,有些非织造布要采取多次磨绒,但随磨绒次数的增加,产品强力下降幅度增加,柔软性有所增加。磨绒次数为奇数为好,偶数磨绒可能会引起倒毛。

四、磨绒工艺举例

海岛纤维仿真皮革是目前市场上流行的产品,其生产一般要经过基布生成和基布成革两个过程,即打包→开松→精开松→气压棉箱→梳理→铺网→预刺→多道主刺→修面针刺→基布成品→热轧→热收缩→湿式处理→连续碱减量→刮涂 PU 树脂→干燥→磨绒→染色→皮革成品。

聚氨酯牛巴革一般采用柔软、吸湿性强的聚氨酯树脂并以非织造布或机织布为基布制成,生产流程为基布→预处理→涂敷 PU→凝固→水洗→干燥→磨绒→印花或轧花后处理。这种产品主要用作生产高档运动鞋、旅游鞋、时装鞋的面料及墙壁、门窗、沙发、汽车、航空等包覆材料,在国际市场上受到日益广泛的欢迎。

上述两种产品均需进行磨绒加工。在聚氨酯对基布涂敷形成含有无数微孔的连续性弹性体的基础上,再将表面致密层磨去,使革表面具有一层分布均匀、触感丰满细腻的短绒毛,使革产品具有光泽柔和,质地柔软,富有弹性和良好的透湿性等天然皮革的优良特性。磨绒工艺参数见表5-1。

表5-1 牛巴革成品磨毛参数

参数 遍数	速度(m/min)	砂带号	砂皮辊转速(转/min)	磨削面接触长度(mm)	磨削量(%)
第1遍	4~6	120	800	30	5
第2遍	3~5	150	800	35	10
第3遍	5~7	240	800	40	5

注 磨削量指皮革表膜厚度被磨削百分率。

磨绒效果是体现牛巴革风格的关键。半成品在一定张力下,以一定的速度通过运行的砂带,经接触摩擦后,将半成品表面致密层的部分聚氨酯磨削掉,制成表面有一层短绒毛、手感丰满的牛巴革产品。在磨绒过程中,对磨绒操作技术要求较高,特别是磨绒机前后张力调整是控制磨削程度的关键。同时,吸尘部位的风量、风门等对磨削均匀性也有影响。半成品与砂带接触时的张力,通过调节卷取张力来实现。

一种致密薄型非织造布的磨绒工艺是,采用200目的砂皮,车速10~15m/min,包覆角15°~20°。该工序难点在于如何选择好压力与车速,以及布面与砂皮之间的包覆角。选择好这三个关键的参数才能得到较好的磨绒效果及理想的强力。选用200目的细砂皮,是为了得到匀而密的绒毛效果,既保证布面良好的绒毛效果,又保证了成品的强力。

第三节 烧 毛

烧毛工艺是利用火焰的作用,去除凸起在布表面的浮起纤维,使非织造布获得光洁表面的一种整理方法。烧毛整理在非织造布中有很多应用。过滤材料经烧毛处理可以避免纤维脱落,提高过滤性能,还可使"滤饼"易于剥离,延长使用时间。医用卫生材料经过烧毛处理可减少纳污吸尘能力,防止细菌感染;采用印花制得的非织造布年历、地图、壁挂等经烧毛处理,可使花纹清晰,轮廓突出。除此之外,土工布、床单、桌布、沙发靠巾等也可进行烧毛整理。

一、烧毛机理

烧毛就是使非织造布快速通过火焰或擦过炽热的金属板表面,以去除表面的绒毛而获得光洁表面的工艺过程。非织造布表面的绒毛由伸露在布面的纤维末端或完全裸露在布表面的纤维组成。当布在火焰上迅速通过时,布面上分散存在的绒毛由于体积小、蓄热能力差,能很快升温,并发生燃烧;而布本身厚实紧密的产品,蓄热能力大,升温较慢,当布温未达到着火点时,已经离开了火焰,从而达到既烧去绒毛,又不损伤布本身的目的。通常认为绒毛与布本身的温度差越大,越有利于烧毛。因此,目前倾向于在使火焰具有足够强度的条件下,合理加快车速。在烧毛过程中,要把握以下几点关键问题。

(1)依据纤维本身的热熔性以及非织造布本身的膨松性,合理调节温度。一般,烧毛火焰温度,棉为800~850℃,涤纶为480~490℃(或560℃),羊毛为600℃(或720℃)。

(2)控制非织造布运行速度,尽量减小非织造布与火焰的接触时间,以高热能火焰迅速导向非织造布进行烧毛。

(3)烧毛后应迅速移除布本身所吸收的热量(一般采用吸冷风的方式),以防止不必要的热损伤。

(4)火焰的热量应均匀一致,防止烧斑产生。

二、烧毛机

烧毛设备分为气体烧毛机和热板式烧毛机两种。非织造布烧毛设备与普通纺织品的基本一致,常采用气体烧毛机,而热板式烧毛机由于与布直接接触摩擦,易使布面擦伤,且烧毛不匀,故不常用。

气体烧毛机具有结构简单、操作方便、劳动强度低、热能利用充分、烧毛质量好、适用性广的特点,所使用的可燃性气体主要有城市煤气、液化气、汽化汽油气、发生炉煤气、丙烷、丁烷等。

气体烧毛机通常由进布、刷毛、烧毛、灭火、冷却和落布等装置组成,如图5-8所示。

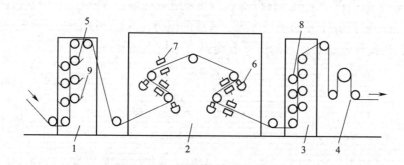

图5-8　气体烧毛机示意图
1—刷毛装置　2—烧毛装置　3—灭火装置　4—冷却装置
5—刷毛辊　6—烧毛火口　7—冷却风　8—灭火毛刷　9—刷毛辊

1.刷毛装置　刷毛装置主要刷立非织造布表面绒毛,使其利于灼除,同时刷除附着于非织造布表面的纤维屑及尘埃杂质。

刷毛箱内装有4~8个猪鬃毛或尼龙刷毛辊,非织造布在两排垂直排列的刷毛辊之间自下而上运动,毛刷则与非织造布逆向高速回转。为防止上辊刷下的绒毛尘埃杂质掉至下辊,上、下相邻的两辊间应隔有挡尘板,使绒毛等落入尘箱,并被除尘装置吸走。

2.烧毛装置　气体烧毛机一般为单层单幅烧毛,火口数量为2~6只,视产品品种、烧毛要求和火口烧毛效率而定。烧毛部分一般包括燃气输送管道、空气与燃气混合室及烧毛火口。可燃性气体必须与空气以适当比例混合后才能完全燃烧。在生产中,可通过观察火焰状态和颜色来判断燃烧是否正常。以城市煤气来说,火焰应为光亮有力的淡蓝色。

烧毛火口是气体烧毛机的关键部件,直接影响着烧毛效果和效率。优良的火口应满足下列要求:火焰温度高,能达到1300℃以上;火焰整齐有力,穿透力强;火口自身热损小,能耗低,维修容易,寿命长,操作方便。一般采用狭缝式火口,这种火口可利用几何尺寸的突然缩小产生高速输出的燃气,保证火焰力度。另外,还提供了小面积的燃烧,保证非织造布受热时间短,起到保护布的目的。狭缝式火口是一铸铁小箱体,如图5-9所示,可燃气体(含空气)由进气管2进入火口的混合室3中,利用涡流再一次混合后,由火口缝隙1喷出燃烧形成的高温窄条火焰。狭缝的宽度按可燃气体燃烧速度的快慢加以调节。为防止金属火口体上部温度过高而变形,一般都须采用流动冷却水来降温。

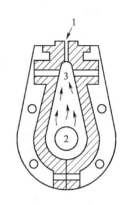

图5-9　狭缝式烧毛火口

火口间隙可根据燃料不同,事先进行调节。一般煤气烧毛火口的间隙为0.7~1mm,丙丁烷烧毛火口的间隙为1.2mm,汽油气烧毛火口的间隙为0.6~0.8mm。

合成纤维非织造布在烧毛时,必须充分考虑纤维的热性能及其较为蓬松的结构特点。如PET纤维在230~240℃时软化,255~260℃时熔融,而在480~490℃时燃烧,并且它虽能被火焰点燃,但一经离开火焰,就很快中止燃烧。所以必须有足够的热能迅速传给它,并迅速达到燃烧温度,才能使PET纤维材料表面的绒毛完全燃烧。否则,如果火口供给的热能不足或供给热能速度太慢,PET纤维将首先熔融,致使纤维收缩而不能完全燃烧,从而在非织造布表面产生熔球现象。

3. 灭火装置　非织造布经烧毛后沾有火星,如果不及时熄灭,往往引起焚烧。灭火装置的作用是灭除从烧毛装置出来的非织造布表面的残留火星。一般可选用毛刷、轧辊或蒸汽灭火方法。蒸汽灭火是利用向非织造布表面喷射水蒸气,达到灭火的目的。毛刷灭火是利用尼龙刷辊刷除残余火星,适宜刷除化纤布烧毛后的残余焦粒。

4. 冷却装置　为了防止烧毛后非织造布在干态折叠过程中产生折痕,需对非织造布进行降温。冷却装置可以是通有冷水的冷却辊,也可采用喷风冷却装置。

三、烧毛工艺及质量评定

决定烧毛效果的因素有车速、火焰温度、非织造布与火口的距离、非织造布与火口的接触形式及火口数量等。

1. 车速　车速的快慢与温度联系紧密。调节车速实际上就是控制非织造布与火焰接触的时间。车速越低,加热时间越长,非织造布幅宽收缩越大,纤维越容易受到损伤。合成纤维尤为明显。车速加快可提高生产效率,但也容易使非织造布受到较大张力,甚至被拉断。一般车速为40~80m/min。非织造布定量越小或布中合成纤维含量越高,则车速越快。在烧毛过程中还应注意车速要均匀,否则易造成与气压不匀类似的由烧毛不匀而产生的疵点。

此外,车速还应根据火焰强度及火焰与布的间距而定。如火焰强度高,火焰与布的间距小,车速应快些,反之可慢些。通常认为绒毛与布本身的温度差越大,越有利于烧毛。因此,目前倾向于在使火焰具有足够强度的条件下,合理加快车速。

2.火焰温度 火焰温度越高,烧毛效果越好。烧毛温度的高低要以绒毛烧掉而布面不受损为宜。这里所指的温度包括火焰温度和火口辐射热的总和,或者以布面温度为准。温度过高会损伤纤维。火焰温度的高低可用热电偶或其他无接触温度计测定。但一般也可以用目视的方法(色温)推断,火焰竖直有力,呈短波长色光(青蓝色),为 800 ~ 900℃;火焰软,呈长波长色光(橘红、金黄),为 650 ~ 750℃。火焰温度的高低由空气及可燃气的配比决定。

烧毛温度与纤维成分、非织造布结构、定量等有关,耐热性好的纤维可高些,反之,可低些,结构厚密时可高些,结构轻薄时可低些。

3.非织造布与火口间距离 距离越近,绒毛烧掉得越彻底,但非织造布不能距火口太近,更不能直接擦过火口,否则会引起非织造布损伤,强力下降。一般可将距离设定在 5 ~ 80mm 之间。

4.火焰与非织造布的接触形式 烧毛整理一般分为轻烧、中度烧、重烧三种,可通过调节火焰与非织造布的接触形式来实现,如图 5 - 10 所示。

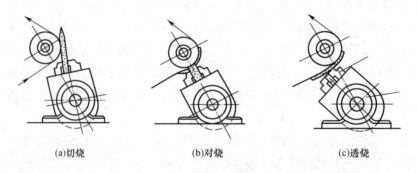

(a)切烧　　　　　　　(b)对烧　　　　　　　(c)透烧

图 5 - 10　火口与非织造布的接触形式

轻烧可采用切烧方式,适合于不耐温且轻薄的非织造布;中度烧可采用对烧的方式,适合于中等定量的化纤或混合纤维非织造布;重烧采用透烧的方式,适合于厚重且结构紧密的天然产品。新式烧毛机应该具有火口角度调整装置。

烧毛加工不当会造成烧毛过度,使非织造布强度降低。所以,需要有一些质量评定方法,对烧毛效果进行评定。烧毛质量的评定方法是在非织造布强度符合要求的前提下,将其平放在光线较充足的地方,观察布面上的绒毛情况,按五级制进行评定。1 级为原布未烧毛;2 级为布面上长毛较少;3 级为布面上基本无长毛;4 级为布面上仅有较整齐的短毛;5 级为长短毛全部烧净。针刺过滤材料的烧毛达到 3 ~ 4 级即可。

四、烧毛产品应用

针刺非织造布过滤材料系三维结构材料,孔隙小且分布均匀,总空隙率达 70% ~ 80%,其特点是除尘率高、透气性能好、清灰容量大、使用寿命长、对粉尘具有较强的截留和阻挡作用,比用机织物制成的二维结构滤料具有更加优越的过滤性能。它能快速形成"滤饼",增大过滤作用,遏制粉尘粒子向深层的渗透,同时提高了滤材的过滤效率和使用寿命。如果对滤材表面进行烧毛处理,使烟尘积集于滤材表面,便于清除"滤饼",又不会堵塞非织造布内部孔隙,从而延长了滤材的使用寿命。下面是针刺滤材进行烧毛整理的应用实例。

(一)涤纶易清灰针刺毡和耐高温美塔斯针刺毡

涤纶易清灰针刺毡是一种常温针刺滤材,其主要原料为聚酯纤维;美塔斯针刺毡是目前常用的耐高温针刺滤材。它主要原料是美塔斯纤维,其中还混合少量的涤纶(5%)和PPS纤维(5%)。美塔斯纤维是一种化学结构稳定,且具有优异的耐温性、耐燃性及高温尺寸稳定性的纤维。其玻璃化温度为220℃,而碳化温度为400~430℃。在烧毛过程中,滤材表面绒毛炭化变黄变焦,因此美塔斯针刺滤材烧毛前后色泽变化较大。

上述两种滤料整理前定量为500g/m²,采用先烧毛再轧光的整理方式。烧毛采用气体烧毛机,双喷射火口,热源为城市煤气,压力为0.66×10^5Pa,烧毛工艺见表5-2,轧光工艺见表5-3。

表5-2 两种针刺滤材的烧毛工艺

产品 \ 工艺	烧毛程度	烧毛温度 (℃)	滤材表面与火焰距离 (mm)	车速 (m/min)
涤纶易清灰针刺毡	轻烧	500~600	5~10	10~11
美塔斯针刺毡	重烧	600~800	5左右	10

表5-3 两种针刺滤材的轧光工艺

产品 \ 工艺	车速 (m/min)	上辊温度 (℃)	中辊温度 (℃)	下辊温度 (℃)	轧辊压力 (10^5Pa)
涤纶易清灰针刺毡	10~11	220	140	200	2.75
美塔斯针刺毡	10	250	160	180	3.30

注　1.整理工艺流程为烧毛→轧光。

　　2.由于烧毛车速要与轧光车速相匹配,所以车速较慢,因此烧毛温度选择较低,以免温度过高会导致布本身受高温时间过长而发生热损。

整理前后,针刺滤料的过滤性能分别采用尘埃粒子计数法和钠焰法测量,数据见表5-4。尘埃粒子计数法中尘埃的粒径分别为0.3μm、0.5μm、1μm、3μm、5μm和10μm六个级别,流量为2.83L/min;钠焰法粒径为0.07~0.26μm,流量为84L/min。

由表5-4数据可知,滤材经过烧毛、轧光整理后,过滤效率有所提高。以钠焰法测试的滤料效果尤其突出,提高达100%之多。这是因为在空气过滤过程中,尘粒除了在进入纤维层时被捕获外,在过滤材料的表面还能形成一层尘埃滤饼,它起着一种高效的过滤作用。经过烧毛、轧光整理后的针刺滤料表面平滑,迎尘面成致密状态,易形成滤饼,使其容量增大,捕尘效率高,过滤速度加快。因此，提高了针刺滤材的过滤效率。另外，从经济效益的角度来看，经过整理的滤材表面光滑，可使形成的滤饼容易剥离，并达到容易清灰的目的，清灰后的滤材可再次使用，从而提高了针刺滤材的使用寿命。

表5-4 两种针刺滤材整理前后的过滤性能

过滤性能 产品		粒子计数法过滤效率(%)						钠焰法	
		0.3μm	0.5μm	1μm	3μm	5μm	10μm	过滤阻力 (mmH₂O)	过滤效率 (%)
涤纶易 清灰针刺毡	整理前	89.78	91.34	92.48	92.69	93.13	94.56	9.4	30.7
	整理后	94.23	96.72	97.21	97.96	98.04	98.78	16.1	69.5
美塔斯 针刺毡	整理前	80.10	82.17	87.10	85.62	86.69	87.76	8.7	33.3
	整理后	85.47	87.03	90.51	93.47	94.22	94.82	34.6	72.5

整理前后针刺滤料的透气性能和拉伸性能见表5-5。

表5-5 两种针刺滤材整理前后的透气性能和拉伸性能

性能 产品		透气性能		拉伸性能			
		透气量 [L/(m²·s)]	离散系数 (%)	纵强 (N/5cm)	横强 (N/5cm)	纵向断裂伸长率 (%)	横向断裂伸长率 (%)
涤纶易 清灰针刺毡	整理前	24.2	4.74	781	1042	27	34
	整理后	15.1	10.85	814	1082	24	34
美塔斯 针刺毡	整理前	25.2	6.03	866	1030	33	39
	整理后	19.1	10.00	903	1086	29	35

由表5-5可知，两种滤材经过烧毛、轧光整理后，透气性能有所降低。一般未经整理的滤材，由于针刺后相互抱合的纤维自身弹性回复的作用，使纤维间保持一定的距离，相互间的缠结不太紧密而留有孔隙，因此，滤材相对蓬松，其透气性能远远好于经过整理的滤材。

在烧毛过程中，尽管烧毛时间短，由于火焰温度很高，不可避免地会使滤材表面部分纤维发生不均匀熔融，有可能形成熔结斑块。再经轧光，虽可以使厚度均匀，但熔融结块不可能消除，且滤材内部结构也变得紧密，纤维间空隙减小，因此，经过整理后，滤材的透气性能会有所下降。

另外，从反映试样性能均匀性的离散系数上也可发现，未经整理的滤材离散系数小，而经过整理的滤材离散系数大。这是因为，未经过整理的滤材，其均匀性主要受梳理机构的影响。当梳理成网及针刺工艺较为合理时，可保证滤材具有较高的均匀性，因而透气量的离散系数就比较小。而经过整理的滤材，由于其在整理过程中受诸多因素的影响，其产品的均匀性不易控制。如烧毛过程中，火焰的大小、进布速度及轧光中的温度、压力等，这些因素的作用使产品透气性能呈现出不均匀性。

总之，针刺滤材进行烧毛轧光整理是提高其过滤性能和使用性能的重要手段，经过整理的滤材表面平整光滑,过滤效率高,易于清灰,减少更换次数,提高滤材的使用寿命。特别是滤材的内部堵塞得到缓解,在使用气流反吹清灰时,反吹气流的压力不必过大,大大降低了能量消耗。

(二)涤纶针刺滤料和丙纶针刺滤料

对涤纶针刺滤料分别进行轧光,烧毛及烧毛—轧光的整理方式。对丙纶针刺滤料进行轧光,烧毛—轧光的整理方式。

整理后的滤料的过滤性能使用 LC 滤材静态过滤性能测试装置进行测定,过滤速度为 1.5m/min,采用 325 目(粒径范围为 2～43μm,主体粒径约 7.5μm)滑石粉作为标准粉尘,该粉尘密度为 2.82g/cm³,发尘量为 20g/8min,测试结果见表 5－6。

表 5－6　经过不同后整理滤材的透气性能和静态过滤效率

滤　　材	整理方法	透　气　性　能		过滤效率(%)
		透气量[L/(m²·s)]	离散系数(%)	
涤　纶	未整理	397.6	3.31	99.60
	轧　光	172.4	11.40	99.97
	烧　毛	328.2	11.63	99.97
	烧毛—轧光	314.2	8.2	99.99
丙　纶	轧　光	118.7	16.11	99.98
	烧毛—轧光	242.9	5.8	99.99

从表 5－6 中的数据可以看到,未经整理的滤材过滤效率为 99.6%,经整理后过滤效率均有提高,而且都保持在很高的水平上,尤以烧毛后轧光最为突出达 99.99%。所以烧毛、轧光整理提高了滤材的过滤效率,但必须牺牲滤材的一部分透气性能,考虑这一影响对滤材使用厂家提高设备负载能力并降低能耗是很有意义的。通过测试,经过整理和未经整理的滤材透气量 q 有如下关系:$q_{未整理} > q_{烧} > q_{烧-轧} > q_{轧}$。

☞ **思考题**

1. 剖层的含义?适宜加工的产品是什么?

2. 什么叫磨绒?叙述磨绒机理。

3. 磨绒加工中应控制哪些工艺参数?非织造布磨绒产品用途如何?

4. 什么叫烧毛?非织造布烧毛的意义是什么?

5. 阐述烧毛机理。

6. 试述气体烧毛机工作原理。

7. 分析烧毛过程中,工艺参数如何控制。

8. 讨论怎样根据合成纤维的热性能对合成纤维非织造布进行烧毛处理。

第六章 防水及拒水、拒油整理

本章知识点

1. 防水整理、拒水整理、拒油整理和易去污整理的概念和原理。
2. 拒水整理剂的分类以及各类拒水整理剂的结构特征、性能和加工工艺。
3. 各类易去污整理剂的结构特征、性能和加工工艺。
4. 常用防水整理剂及其性能特点。

　　防水与拒水整理的加工原理和整理效果是不同的。拒水整理主要利用低表面张力的物质使非织造布的表面张力远远低于水的表面张力，从而使非织造布表面具有拒水的效果，在这一过程中不影响非织造布的透气性能。而非织造布的防水整理通常是指通过浸轧焙烘、涂层、层压、复合等手段，使布的表面结合上一层既不透气又不透水的高分子薄膜材料，从而达到防水的目的，目前该方法主要用于产业用途的防水材料加工。

　　非织造布在许多应用场合都要求其经过防水或拒水拒油整理。例如建筑用防水材料、一次性医用防护品等。传统的建筑防水材料一直以纸胎沥青油毡为主。纸胎油毡存在抗拉强力低，伸长率小，弹性韧性差等缺点。从20世纪90年代开始，经过防水处理的非织造布在新型防水卷材中得到了广泛的应用。其中用量较大的有聚酯纤维和聚丙烯纤维基纺粘布、黏合法非织造布、短纤维针刺浸渍法非织造布，也有玻璃纤维非织造布、再生纤维非织造布以及再生纤维与机织玻璃纤维布的复合非织造布等，改变了油毡品种单一、使用寿命短、技术应用性能差的缺点。在这场建筑用防水材料的变革中，防水整理技术起到了关键的作用。

　　一次性医用防护产品能够保护专业人员不受血液和其他传染性液体的污染。产品包括手术室和急诊室用非织造布和隔离用品，医生和护理人员用帽子、面具、鞋套、防护服等。根据美国职业安全及保健条例（OSHA）的规定"凡有血液或其他潜在传染性物质喷溅可能性的场合，必须穿着阻液服（fluid - resistant clothing）"，"凡衣服有可能浸吸血液或其他潜在传染性物质的场合，必须穿着防液服（fluid - proof clothing）"。这些产品中多数需要经过防水或拒水、拒油污的整理。

第一节　拒水整理的原理

　　在1995年以前，人们对纺织品拒水整理原理的认识仍然仅仅是从表面张力的角度出发。

但是近十年来人们作了大量的研究,特别是德国科学家通过扫描电镜和原子力显微镜对荷叶等2万种植物的叶面微观结构进行观察,揭示了荷叶拒水自洁的原理。根据荷叶效应(Lotus - effect)原理,可以开发出具有荷叶效应的纺织品,这种纺织品具有优良的拒水性能。

荷叶效应的研究表明,荷叶的这种超级拒水能力的获得主要由于其表面具有微观结构(图6 - 1),一方面由细胞组成的乳瘤形成表面微观结构;另一方面在乳瘤表面有一层由表面蜡晶体形成的毛茸纳米结构。因此,超级拒水能力的获得决定于两方面,一是处理后物体的表面能的大小,它是拒水作用的基本条件;二是被处理物体表面的结构和状态,它对于加强拒水效果具有决定性的作用。下面将从传统的表面能拒水理论和非织造布表面的粗糙状态两方面对拒水作用的产生和原理进行分析。

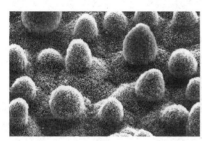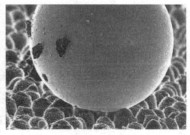

图6 - 1　荷叶的表面微观结构及其自洁作用

一、表面能与拒水理论

根据经典的润湿理论,当一滴液体滴在某一固体表面上时,有可能会出现两种情况。一种情况是液体完全铺展在固体表面,形成一层水膜,在这种情况下,液体完全润湿固体,如图2 - 4(a)所示。另一种情况是液体呈水滴状。由固体表面和液体边缘的切线方向形成一个接触角θ,当$0° < \theta < 90°$时,如图2 - 4(b)所示,液体部分湿润固体;当$90° < \theta < 180°$时,见图2 - 4(c)所示,液体不润湿固体。接触角越大,拒水的能力就越强。事实上,在自然界中,水的接触角等于$0°$或$180°$的情况是不存在的。

上述不同现象出现的基本原因是固体表面能不同,也就是说固体、液体、大气三种界面之间的界面张力大小及其相互之间的关系是影响液体在固体表面存在状态的因素之一。

当小水滴置于光滑均匀的纤维表面上时,液体和固体的表面张力(γ_{LG}和γ_{SG})同液—固间的界面张力(γ_{SL})相互作用,决定了液滴的铺展情况(从圆珠形到完全铺平)。除液体在固体表面迅速渗开而将固体完全润湿外[图2 - 4(a)],液滴会在固体表面上处于如图2 - 5所示的暂时平衡状态。此时接触角θ与液、气、固表面张力的作用关系如图2 - 5所示。

根据杨氏方程式,接触角θ与液、气、固表面张力之间存在如下所示的关系。

$$\gamma_{SG} - \gamma_{SL} = \gamma_{LG} \cos\theta$$

或

$$\cos\theta = (\gamma_{SG} - \gamma_{SL})/\gamma_{LG}$$

当织物经拒水整理产生拒水性能后,织物中纤维的表面性能发生了很大变化,由于大多数拒水整理剂含有疏水性的长链脂肪烃化合物,因此当纤维表面排满了具有疏水性分子基团的时候,在一定程度上减少或消除了纤维对水的吸附,即织物表面、空气、水三者相互间的表面或界面张力的关系发生了变化。而液体(水)的表面张力 γ_{LG} 并不受整理与否的影响,因此,可以看作是常数,故液体能否润湿固体表面,决定于固体的表面张力(γ_{SG})和液—固的界面张力(γ_{SL})。根据杨氏方程式,$\gamma_{SG} - \gamma_{SL}$ 若为负值,则 $\theta > 90°$,固体表面具有拒水效果。

可见,液—固间相互作用是导致拒水性大小的原因,这种作用的大小还可用附着功 W_A 来表示。所谓附着功是指分离单位液—固接触面积所需之功,它是液—固界面结合能力及两相分子间相互作用力大小的表征。

$$W_A = \gamma_{SG} + \gamma_{LG} - \gamma_{SL}$$

另根据杨氏方程: $$W_A = \gamma_{LG}(1 + \cos\theta)$$

上式表明附着功是接触角 θ 的函数。附着功越大,润湿性越强,附着功越小,拒水性越强。当 $\gamma_{SG} = \gamma_{LG}$,$\gamma_{SL} = 0$ 时,$W_A = 2\gamma_{LG} = W_C$。W_C 被定义为液体的内聚功,表示分离单位面积液柱所需之功,当附着功 W_A 等于内聚功 W_C 时,接触角为零,这时液体在固体表面完全铺开。由于 $\cos\theta$ 不可能超过1,因此即使附着功大于 $2\gamma_{LG}$(即 $W_A > W_C$),接触角仍保持零不变。如果 $W_A = \gamma_{LG}$,则 $\theta = 90°$,而当接触角为180°时,$W_A = 0$,表明液体和固体之间没有附着作用。但是自然界的两相间多少存在一些黏着作用,所以表观接触角最大也就是在160°左右,如拒水能力最强的荷叶表观接触角为160.4°,自然界并不存在表观接触角达到180°的情况。

在表面化学的研究中,表面或界面张力既可以被看作一种力,也可以被看作是物体的表面自由能。事实上,在讨论 W_A、W_C、γ_{LG}、γ_{SG}、γ_{SL} 与拒水性能关系时,已经将表面张力看作能量来进行讨论了。下面将从表面自由能的角度对拒水的原理进一步进行探讨。

表面能被定义为产生单位新表面所需的能量。将一个横截面面积为1的固体分为A、B两个部分时,产生两个新的单位表面积,所做的功称为固体的表面能。其意义与前述之附着功 W_A 相同。表面能是由多种引力引起的,可以分解为多种成分,如下式所示:

$$G = \gamma_d + \gamma_\rho + \gamma_i + \gamma_e + \gamma_m + \cdots$$

式中 G 为总表面能,γ_d、γ_ρ、γ_i、γ_e、γ_m 分别代表色散力、极性力、离子键力、共价键力、金属键力等。对于液体和固体间的界面,不可能存在离子力、共价键力和金属力等形式,一般只存在色散力和极性力,所以对于液体和固体来说可以认为 $G = \gamma_d + \gamma_\rho$。

从以上讨论中可知,当 $W_A \geq W_C$ 时,液体才能在固体表面铺展,也就是以固—液界面代替固—气界面。如果从能量的角度看,当铺展面积为单位值时,体系自由能的变化情况为:

$$-\Delta G = S = W_A - W_C$$

S 为铺展系数,它与界面张力之间的关系如下式所示:

$$S = \gamma_{SG} + \gamma_{LG} - \gamma_{SL} - 2\gamma_{LG} = \gamma_{SG} - (\gamma_{SL} + \gamma_{LG})$$

若 $S>0$，液体可以在固体表面自动展开，连续地从固体表面取代气体（即润湿或渗透）；若 $S<0$，液体在固体表面不能铺展（即成珠状）。由于 $\gamma_{LG}\gg\gamma_{SL}$，因此，$\gamma_{SL}$ 可以忽略不计，则上式可以变化为：

$$S\approx\gamma_{SG}-\gamma_{LG}$$

由上式可以看出，如果固体的表面张力（γ_{SG}）小于液体的表面张力（γ_{LG}）。而且 γ_{SG} 的值越小，拒水的效果越明显，接触角越大。即表面能低的固体平面不易被水所润湿。因此，拒水整理的方法应该是尽量使纤维具有很低的表面能。

固体材料的表面能至今无法直接测量，而现有的方法如 Owens 二液法、Owens 三液法、Neumann 法、Fowkes 法、Van Oss 法等都属于间接测定或是用与之成比例的量来表示。其中，齐斯曼（Zisman）等利用同系物液体在同一固体平面上的接触角随液体表面张力降低而变小的性质，以其 $\cos\theta$ 对液体表面张力作图，可得一直线；将直线延长至 $\cos\theta=1$ 处，相应的表面张力值称为此固体平面的临界表面张力，以此可以间接表示固体的表面能。各种纤维的临界表面张力与常见液体的表面张力比较见表6－1。

表6－1　各种纤维的临界表面张力与常见液体的表面张力

固体的表面	液体	临界表面张力 γ_c （10^{-5}N·cm^{-1}）	固体的表面	液体	临界表面张力 γ_c （10^{-5}N·cm^{-1}）
纤维素	—	200	聚乙烯	—	31
	水	72	聚丙烯	—	30
锦纶66	—	46	—	苯	26
羊毛	红葡萄酒	45	—CH$_3$	n—汽油	22~24
丙烯腈　涤纶		43	四氟乙烯		18
—	花生油	40	—CF$_2$H		15
聚氯乙烯	液体石蜡	39	—CF$_3$	—	6

上述间接测定固体表面能的方法有其测试范围，如果比较不同材料的表面能，必须采用相同的测试液体，并用同样的计算方法，否则会得出错误的结论。

在实际应用中，要研究材料的表面能通常采用液滴在其表面上的接触角来表征。但是，在测量纤维表面的接触角时尚存在许多不确定的因素。虽然测定接触角的实验方法并不难，但是得到的结果可能相当混乱，这主要是由于纤维的表面在微观上不仅凹凸不平而且表面不均匀，不仅影响接触角滞后，也影响接触角的数值，使得不同的测试者、不同条件所得到的结果不同。表6－2是不同测试者测定的各种纤维与水的接触角。不同测试者所测试的同一种纤维的接触角虽相差较大，但各种纤维本身具有的拒水性能的差异，在同一测试者所测得的不同种类纤维的接触角数据中却得到了充分反映。

表 6 - 2　不同测试者测定的各种纤维与水的接触角

纤　维	不同测试者测试的接触角(°)			
	立　花	根　本	Hollies 等	Stewart 等
棉	59	—	—	47
羊毛	81	78	85	—
粘胶纤维	38	—	—	39
锦纶	64	61	83	70
涤纶	67	64	79	75
腈纶	53	53	—	48

纤维表面在微观上的结构特点影响了接触角的测试。实际上,从荷叶效应的角度出发,纤维表面的粗糙程度对其拒水效果也有很大的影响。因此,在讨论拒水性能时,不仅要注意表面能、接触角,而且还要对纤维表面的粗糙程度进行分析。

二、表面粗糙度与拒水理论

表面完全光滑的物质在自然界很少见。在实际中,纤维的接触角见表 6 - 2,测量条件不同会产生不同的结果。当液滴滴在固体表面上时,固—液界面扩展从而取代固—气界面,这时测量的结果称为前进接触角以 θ_f 表示;当从液滴中吸走一些液体时,固—液界面缩小而被固—气界面所取代,这时测量的结果称为后退接触角以 θ_b 表示。通常两者的数值是不等的,$\theta_f > \theta_b$,两者的差值($\theta_f - \theta_b$)称接触角的滞后效应。产生这种效应的主要原因是固体表面的粗糙性及其表面的化学不均匀性造成的。

文泽尔(Wenzel)指出,在一个给定的几何面粗化以后,必具有较大的真实表面积。如果将粗糙因子 f 定义为固体与液体接触面之间的真实表面积与表观几何面积的比。f 越大,表面越不平。f 与接触角的关系可用文泽尔(Wenzel)方程表示即:

$$f = \cos\theta_r / \cos\theta \qquad (f \geq 1, \theta \text{ 不等于 } 90°)$$

式中:f——粗糙度或称为粗糙因子;

　　　θ_r——液体在粗糙表面的表观接触角;

　　　θ——液体在理想光滑表面上的真实接触角。

从公式中可以得知,当 $\theta > 90°$ 时,因为 $f \geq 1$,所以 $\theta_r > \theta$;当 $\theta < 90°$ 时,因为 $f \geq 1$,所以 $\theta_r < \theta$。这说明,当 $\theta > 90°$ 时,粗糙的表面可以使接触角 θ_r 增大,即粗糙因子增加有利于提高拒水效果;当 $\theta < 90°$ 时,粗糙的表面可以使接触角 θ_r 减小,即粗糙因子的增加有利于提高润湿效果。

实际上,非织造布是一个比单纯粗糙表面更为复杂的结构,这不仅表现在其表面凹凸不平,而且还具有大量的孔隙,特别是非织造布中纤维没有经过加捻纺纱且排列无规则,纤维间空隙较多,空隙间充满空气。因此,可以把这种情况近似于看作固体表面是一个复合表面,该面有两种元素 S_1 和 S_2,而且两种元素均匀分布,如图 6 - 2 所示。根据 Cassie 和 Baxtex 提出的适合于

复合表面的公式,一种液体在这种复合表面上的表观接触角 θ 符合下列关系式:

$$\cos\theta = X_1\cos\theta_1 + X_2\cos\theta_2 ; X_1 + X_2 = 1$$

式中:X_1——S_1 成分所占面积的分数;

　　　X_2——S_2 成分所占面积的分数;

　　　θ_1——S_1 成分的单材料接触角;

　　　θ_2——S_2 成分的单材料接触角。

如果设成分 S_1 为纤维,S_2 为空气,则由于空气的表面能为零,故接触角 $\theta_2 = 180°$ 此时公式变为:

$$\cos\theta = X_1\cos\theta_1 - X_2$$

因为 $X_1 + X_2 = 1$,$X_1 < 1$, $X_2 < 1$,所以 $\theta > \theta_1$。这个结果说明,当液体在光滑无孔的纤维材料表面的接触角大于90°时,则在布满均匀微孔或微坑(内有空气)的纤维表面可以使接触角增大。

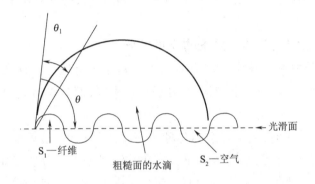

图 6 - 2　复合固体表面与接触角的关系示意图

由上述对粗糙程度和复合表面对拒水性能影响的讨论结果说明,具备拒水和粗糙这两个条件,可以使接触角有效增大。荷叶正是因为同时具备了上述两个条件,才具有优良的拒水性能。

目前江磊等人利用一种被称为二元协同纳米界面技术的新型工艺,使织物表面形成相对稳定的纳米级空气层,其表面结构类似于荷叶表面,再结合表面能处理技术,可以加工成超级疏水疏油纺织品。

三、毛细管效应与拒水理论

衡量拒水整理效果的好坏,除了以润湿难易的程度作为判断标准外,还要求对其防止水分透过的能力作定量的分析。防渗透能力除了取决于纤维的界面张力变化、几何形状和粗糙度以外,非织造布毛细管间隙的大小对水的渗透性也有很大的影响。当液态水存在于非织造布表面时,若液态水在非织造布两侧存在压差,则其可能通过毛细管透过,水在毛细管中的附加压力 ΔP 的大小和方向直接影响到织物的透水性。当附加压力大于零时,将驱使水进入毛细管,透过织物;当附加压力小于零时,将阻止水的进入。毛细管中的附加压力 ΔP 可由 Young – Laplace 公式计算。

$$\Delta P = 2\gamma_{LG}\cos\theta / r = 2(\gamma_{SG} - \gamma_{SL}) / r$$

假设毛细管具有半径相同的圆形直管,其半径为 r。当接触角 $0° < \theta < 90°$ 时,$\cos\theta$ 大于零,Δp 大于零,外界对水施加的压力和毛细管附加压力方向相同,水能顺利通过织物形成的毛细管透过织物。且毛细管愈细,毛细管附加压力愈大,水透过织物的推动力增加,但由于水的流动阻力与毛细管半径的四次方成反比,结果水的透过速率降低。

当接触角 $90° < \theta < 180°$ 时,$\cos\theta$ 小于零,Δp 小于零,毛细管附加压力阻止水流透过。毛细管附加压力的大小主要取决于接触角 θ 和毛细管半径 r 的大小。接触角 θ 愈大,毛细管半径 r 愈小,附加压力则愈大。对于一般的非织造布来讲,此时水是否能透过主要取决于外界对水施加的压力和毛细管附加压力的大小。当外界对水施加的压力小于毛细管附加压力时,水将无法自由通过。

通过上述分析可以得出:如能降低固体的表面张力 γ_{SG} 使 $\gamma_{SG} - \gamma_{SL} < 0$,使水对织物的接触角增大到 $90°$ 以上时,就可能阻止液态水通过毛细管而透过。因此,将非织造布原来的高表面能变为低表面能,是阻止液态水透过织物毛细管,达到拒水目的的重要途径。

四、纤维表面的特性与拒水整理剂的分布状态

天然纤维、化学纤维性能各异,这些特性的差异对拒水整理剂在纤维上的分布状态将会产生很大的影响。纤维之间不仅化学结构、超分子结构不同,而且在后续加工过程中还会伴随各种复杂的结构变化。

以水为介质进行加工时,关于纤维的各种表面状态指标中,最重要的是表面电位,即 ξ 电位。ξ 电位可以获得整理剂粒子在纤维表面的吸附状态,这对喷涂以及纤维加工非常重要。对纤维而言,主要采用流动电位法测定其表面电位,而防水防油剂的乳液粒子则采用电泳分析法测定。

从 ξ 电位来看,纤维可分为阴性纤维和两性纤维。阴性纤维包括棉、粘胶纤维、聚酯纤维等。棉和粘胶纤维由纤维素构成,由于漂白、空气氧化等原因而含有羧基,因此,在水中显负电性。聚酯纤维由对甲苯二甲酸与乙二醇聚合而成,因此,在链端含有羧基,在水中也显示负电性。两性纤维主要指羊毛、丝和锦纶等纤维,这是因为其酸性基团(羧基)和碱性基团(氨基)共存,具有两性行为,因此,这类纤维存在等电点,即在某 pH 时,显示出电荷相等的特性。

目前拒水整理剂大多采用乳化聚合的方法生产。与拒水加工过程有关的纤维、乳化聚合粒子等的尺寸关系如图 6-3 所示。

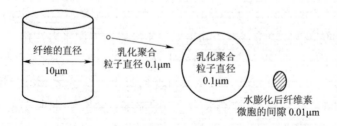

图 6-3　纤维、乳化聚合粒子等的尺寸关系

由上图可知,在拒水加工过程中,拒水整理剂的乳化粒子覆盖在纤维的表面,很难进入到纤维素纤维的内部。因此,在水为介质加工时,纤维和乳液粒子各自的表面电位将影响整理剂在纤维表面的覆盖效果。以阴性纤维棉为例,乳液粒子的 ξ 电位与防水处理效果以及各个阶段纤维表面的被覆盖状态如图 6-4 所示。

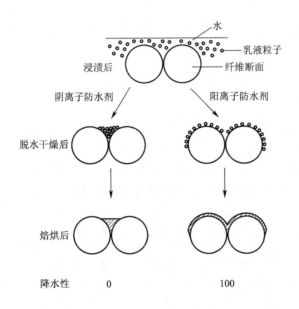

图6-4　不同离子性整理剂在纤维表面的覆盖状态

聚酯纤维在进行拒水整理时,如采用同棉一样的处理方法,可能也得不到高防水性能,因为拒水整理剂的 ξ 电位不恰当。有研究表明,如果整理剂的 ξ 电位在 +40mV 附近,那么对涤纶、锦纶、棉等纤维进行处理,不管任何场合都会显示出高的防水性能。而当 ξ 电位低于 +40mV 时,则对棉、锦纶等的整理将得不到较好的防水性能。

因此,由于纤维的特性不同,整理剂的乳化方式和乳化剂选择都会对拒水整理剂的分布状态以及最后的整理效果产生重要的影响。阳离子性或弱阳离子性的整理剂在纤维表面的分布状态优于阴离子性整理剂;ξ 电位高的整理剂优于 ξ 电位低的整理剂。

第二节　拒水整理剂及整理工艺

根据不同物质的表面能大小,可以选择石蜡、硅氧烷、含氟化合物等作为织物拒水整理剂,它们多数含具有低表面能的长链脂肪烃拒水基团,表 6-3 是一些拒水基团在气/固界面的临界表面张力与常见液体表面张力的比较。为了保证拒水效果及耐久性,整理剂应与织物之间形成较强的结合,目前,这种结合主要通过物理、化学或物理化学的方式实现。

表6-3 拒水基团在气/固界面的临界表面张力与液体表面张力的比较

（临界）表面张力（$10^{-5}N \cdot cm^{-1}$）	拒水基团种类	液体种类	（临界）表面张力（$10^{-5}N \cdot cm^{-1}$）	拒水基团种类	液体种类
470	—	水银	30	$-CF_2-CFCl-$	—
72	—	水	26	有机硅拒水剂	—
62	—	80℃的水	25	$-CF_2-CH_2-$	—
53	—	雨水	22	$-CF_2-CHF-$、$-CH_3$	—
45	—	红葡萄酒	18	$-CF_2-CF_2-$	—
43	$=CCl_2$	牛奶、可可	6	$-CF_3$	—
31	$-CH_2-CH_2-$				

根据表6-3所列数据,可以用作拒水整理剂的物质主要有金属皂—石蜡类、吡啶类化合物、有机硅类以及有机氟类化合物等物质。各类拒水整理剂的特性见表6-4。

表6-4 各类拒水整理剂的特性

拒水整理剂	拒水性	拒油性	耐久性	柔软性
石蜡类	较好	不好	不好	最好
吡啶类	较好	不好	不好	不好
有机硅类	最好	不好	一般	最好
含氟树脂类	最好	最好	较好	一般

一、金属皂—石蜡类拒水整理剂及其整理工艺

石蜡是最简单的拒水整理剂,也是最古老的防水整理剂之一。石蜡和蜡状物质能以固态形式涂于非织造布表面,加热后,可熔融;或以有机溶剂的溶液或乳液的形式应用。由于其使用方便、价格低廉,目前仍在使用。特别适用于不常洗涤的工业用布,如遮盖布和帷幕等,具有较好的拒水性能,但是耐久性较差。

在使用过程中,一般将石蜡与金属盐一同使用,常用的有铝皂和锆皂两种。其中以铝化合物应用较多,加工方法有单独醋酸铝法和铝皂法等。醋酸铝也是古老的拒水剂之一,醋酸铝在纤维上水解形成碱性醋酸铝和结构尚未确定的氢氧化物,这些成分具有拒水性能。但是这种方法存在许多缺点,如拒水成分与纤维的黏着力差,易起灰尘等。改进的方法是先以水溶性的肥皂施加于织物上,而后用铝盐,如醋酸铝、甲酸铝或硫酸铝使其形成铝皂,沉积于织物上,这也就是通常所说的铝皂法。

$$3C_{17}H_{35}COONa + (HCOO)_3Al \longrightarrow (C_{17}H_{35}COO)_3Al \downarrow + 3HCOONa$$

铝皂包括软脂酸铝或硬脂酸铝,虽不溶于水,但可溶解于碱性净洗剂溶液,因此,铝皂整理品的耐洗性较差。由于锆皂的疏水性和耐洗性都比铝皂好,因此,以醋酸锆或氯氧化锆代替铝盐,可有效地改善整理品的耐久性,后者以醋酸钠为缓冲剂,使织物免受氯氧化锆水解形成的盐

酸的影响。

金属皂—石蜡类拒水整理就是将铝皂法与石蜡一起构成拒水剂,按铝皂形成的步骤可分为一浴法和二浴法。一浴法是将醋酸铝和石蜡肥皂乳液混合在一起使用,为了防止直接混合常常发生的破乳现象,需要预先在乳液中加入适当的保护胶体,如明胶等。工作液组成是:0.5%硬脂酸,松香2%,石蜡5.6%,烧碱(300g/L)0.36%,明胶1.2%,醋酸铝(3~4°Bé)31%,甲醛1%。

具体工艺过程为:浸轧稀释的上述工作液(浓度为20g/L,调节pH至5左右,温度应低于70℃),再经烘干即可。在上述乳液中,明胶是亲水性蛋白质,用量越多,乳液越稳定,但整理品的拒水效果会降低,所以用量要适当。

用石蜡乳液和铝盐进行拒水整理不耐洗,如用氯化锆、醋酸锆、碳酸锆等锆盐代替铝盐(锆盐能与纤维素分子上的羟基络合形成螯合物,同时,氢氧化锆能吸收石蜡粒子),可改善整理效果的耐久性,但成本较高。

二浴法是先将非织造布用以肥皂为乳化剂的石蜡乳液浸轧、烘干(肥皂和石蜡沉积在织物上),再经醋酸铝溶液浸轧,织物上的肥皂与醋酸铝反应生成不溶性的铝皂,与石蜡一起发挥拒水作用。其拒水剂实际有效成分为$(C_{17}H_{35}COO)_3Al$和石蜡。多余的醋酸铝在烘干过程中会发生水解和脱水反应,生成不溶性的碱式铝盐或氧化铝等化合物,并和铝皂、石蜡共同沉积在非织造布上起到拒水作用,同时氧化铝还具有阻塞部分孔隙的作用。其工艺过程如下。

①石蜡皂液的组成和制备:混合液的组成主要包括石蜡(5%)、松香(3.5%)、硬脂酸(5%)、烧碱(300g/L,1.7%)、pH为7.5~8。将硬脂酸在80~85℃熔化,倒入适量热水(80~85℃)中,在循环搅拌条件下徐徐加入烧碱液,循环搅拌30min后倒入已熔化好的石蜡、松香混合液(温度90~95℃),继续循环40min,加温水(50~60℃)稀释至所需用量。取11份乳液,再加3份水稀释,制成整理用浸轧工作液。

②醋酸铝溶液的制备:混合液成分包括石灰(CaO 100%,3.7%)、硫酸铝(含结晶水,11.2%)、醋酸(6.8%)。将3.7%的石灰粉末放入陶瓷缸中,加冷水约20%,搅拌,保持50~55℃。用60目筛过滤,加30%左右的淡醋酸水溶液并搅拌。此反应为放热反应,温度升到60~75℃,控制pH7~8即停止加石灰液。待温度升到50~55℃时,将溶解的硫酸铝液(约30%,温度50~55℃)加入醋酸钙溶液中,搅拌均匀。置24h后,其上层清液即为醋酸铝溶液。其反应式为:

$$CaO + H_2O \longrightarrow Ca(OH)_2$$
$$Ca(OH)_2 + 2CH_3COOH \longrightarrow (CH_3COO)_2Ca + 2H_2O$$
$$3(CH_3COO)_2Ca + Al_2(SO_4)_3 \longrightarrow 2(CH_3COO)_3Al + 3CaSO_4 \downarrow$$

整理工艺过程:非织造布浸轧乳液(温度80~85℃,轧液率约65%)→烘干→浸轧醋酸铝溶液(温度60~65℃,轧液率65%)→烘干。整理后,在织物上生成石蜡和铝皂的涂层。

二浴法乳液容易制得,但过程比较复杂,目前已较少使用。实际生产过程中,在石蜡分散液中引入聚合物,可改善其稳定性和整理品的耐久性,如聚乙烯醇、聚乙烯、聚丙烯酸丁酯、硬脂酰丙烯酸酯或硬脂酰甲基丙烯酸酯—十二碳琥珀酸—丙烯酸或甲基丙烯酸的共聚物等。另外,可以通过引入交联剂改善整理效果的耐久性,并提高纤维素纤维制品的尺寸稳定性和抗皱性。一些含氟聚合物类拒水剂可用由蜡状物质和聚合物形成的拒水剂作为填充剂。

二、吡啶类拒水整理剂及其整理工艺

较早开发的专用拒水整理剂是由英国 ICI 公司发明的吡啶类拒水整理剂,商品牌号为 Velan PF,它的化学名称为硬脂酸酰胺亚甲基吡啶氯化物,分子式为:

$$\text{C}_{17}\text{H}_{35}\!-\!\overset{\overset{\displaystyle O}{\|}}{\text{C}}\!-\!\text{NH}\!-\!\text{CH}_2\!-\!\text{N}^+\!\!\bigcirc \cdot \text{Cl}^-$$

它能与纤维素和蛋白质纤维作用,与纤维素反应生成纤维素醚,因此具有良好而持久的拒水性。

$$\text{Cell}\!-\!\text{OH} + \text{C}_{17}\text{H}_{35}\!-\!\overset{\overset{\displaystyle O}{\|}}{\text{C}}\!-\!\text{NH}\!-\!\text{CH}_2\!-\!\text{N}^+\!\!\bigcirc \cdot \text{Cl}^- + \text{CH}_3\text{COONa} \xrightarrow{\text{焙烘}}$$

$$\text{Cell}\!-\!\text{O}\!-\!\text{CH}_2\!-\!\text{NHCOC}_{17}\text{H}_{35} + \text{CH}_3\text{COOH} + \text{Cl}^-\ \text{N}^+\!\!\bigcirc$$

Velan PF 中含有效成分约 60%,外观呈浅棕色膏状或灰白色浆状物,属于阳离子表面活性剂,能耐硬水和酸,不耐碱及大量的硫酸盐、磺酸盐和磷酸盐等无机盐类,100℃ 以上易变质或分解。

在实际生产过程中,需要在整理液中加入一定量的醋酸钠作中和剂,以中和高温焙烘过程中产生的盐酸,否则可能会引起纤维降解。由于整理剂容易水解,因此,烘干要充分,否则会因整理剂水解而影响拒水效果。

整理过程中,先将醋酸钠(2%)溶解于 40℃ 水中,同时将 Velan PF(6%)与酒精(6%)、45℃ 的水(25%)互相溶解,然后将溶解的醋酸钠加入溶解的 Velan PF 溶液中加水至 100%。工艺流程为:浸轧(40℃,轧液率 70%)→ 烘干(100℃ 以下)→ 焙烘(150℃,3min)→ 皂洗 → 水洗 → 烘干。

除吡啶类拒水整理剂外,还有一些化合物可以作为拒水整理剂使用,如羟甲基硬脂酸酰胺、长碳脂肪烷基乙烯脲等。这些整理剂拒水效果不及有机硅和含氟有机物,目前已较少使用。

三、有机硅类拒水整理剂及其整理工艺

有机硅类拒水剂是使用具有反应性的线形聚硅氧烷,一般是聚甲基含氢硅氧烷(MHPS)和聚二甲基硅氧烷的混合物。根据聚甲基含氢硅氧烷的含氢量不同,两者的比例为 40/60 ~ 60/40。一般用于拒水整理的聚甲基含氢硅氧烷的含氢量为 0.8% ~ 1.4%。

$$\begin{array}{c}\text{CH}_3\\ |\\ \text{H}_3\text{C}\!-\!\text{Si}\!-\!\\ |\\ \text{CH}_3\end{array}\!\!\left[\!\!\begin{array}{c}\text{H}_3\text{C}\\ |\\ \text{O}\!-\!\text{Si}\!-\!\\ |\\ \text{H}\end{array}\!\!\right]_n\!\!\begin{array}{c}\text{H}_3\text{C}\\ |\\ \text{O}\!-\!\text{Si}\!-\!\text{CH}_3\\ |\\ \text{H}_3\text{C}\end{array}\qquad\begin{array}{c}\text{CH}_3\\ |\\ \text{H}_3\text{C}\!-\!\text{Si}\!-\!\\ |\\ \text{CH}_3\end{array}\!\!\left[\!\!\begin{array}{c}\text{H}_3\text{C}\\ |\\ \text{O}\!-\!\text{Si}\!-\!\\ |\\ \text{H}_3\text{C}\end{array}\!\!\right]_n\!\!\begin{array}{c}\text{H}_3\text{C}\\ |\\ \text{O}\!-\!\text{Si}\!-\!\text{CH}_3\\ |\\ \text{H}_3\text{C}\end{array}$$

织物经处理后,经焙烘,Si—H 氧化而彼此缩合成防水膜:

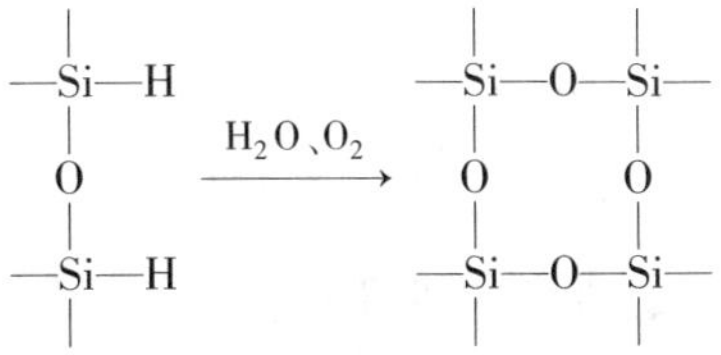

$$
\begin{array}{c}
-\overset{|}{\underset{\underset{|}{O}}{Si}}-H \\
-\overset{|}{\underset{|}{Si}}-H
\end{array}
\quad\xrightarrow{H_2O、O_2}\quad
\begin{array}{c}
-\overset{|}{\underset{\underset{|}{O}}{Si}}-O-\overset{|}{\underset{|}{Si}}- \\
-\overset{|}{\underset{|}{Si}}-O-\overset{|}{\underset{|}{Si}}-
\end{array}
$$

经有机硅拒水整理剂整理后,会在纤维的表面覆盖一层聚硅氧烷的薄膜,其氧原子指向纤维表面,而甲基则远离纤维表面呈定向排列状(图6-5)。研究表明,有机硅聚合物在纤维表面适当的定向排列是其具有拒水性的必要条件。一般情况下,拒水性会随着碳链的增长而增加。然而对有机硅来说,由于硅氧链具有很大键角和键长,这样使连接在硅原子上的甲基像张开的伞面,绕着硅原子转动,几乎将硅氧链蔽覆,并引起相邻分子间的距离增大。因此,聚甲基硅氧烷分子的表面张力比碳氢化合物小,且甲基排列紧密整齐,形成了连续排列的甲基层。所以,对有机硅来说,虽然其中的烷基仅是很短的甲基,但其分子表面仍具有较大的接触角。

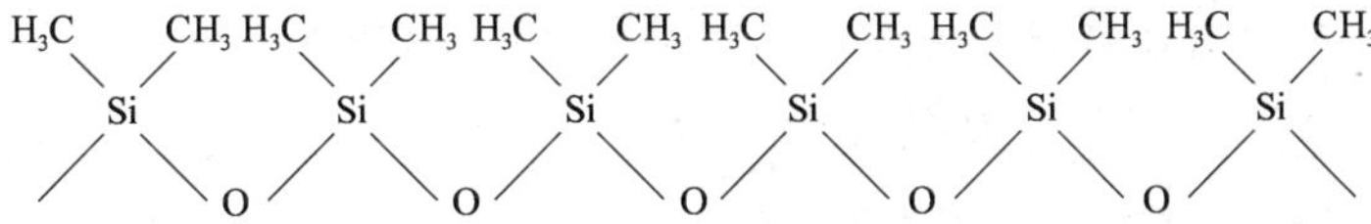

图6-5 聚二甲基硅氧烷在纤维表面的定向排列

除了彼此缩合成膜之外,聚甲基氢基硅氧烷还能与纤维表面的羟基形成氢键,使疏水的甲基基团密集定向地排列在纤维表面,从而获得满意的拒水性能,并且有一定的耐洗效果。

作为非织造布用防水整理剂,聚甲基氢硅氧烷通常被制成乳液状。为配制稳定的水包油型乳液,而又不影响其拒水性,乳化剂的选择非常关键。研究表明,暂时性复合型阳离子性乳化剂可以有效地将聚硅氧烷乳化为稳定的乳液,并且还能够在整理焙烘过程中分解,较好地解决了乳液稳定性与拒水性之间的矛盾。另外,聚甲基氢硅氧烷乳液中的含氢量直接影响拒水效果。在偏碱性条件下,硅氢键易断裂而释放氢气,导致其含氢量损失,拒水性下降。因此,必须在乳液中添加少量有机酸如柠檬酸、冰醋酸等,控制 pH 为 4~5 的偏酸性状态,以防止含氢量的损失。

聚甲基氢硅氧烷乳液作为防水整理剂虽可单独使用,但与端羟基聚二甲基硅氧烷乳液拼混使用则效果更好,两者的拼混比例为3:7或4:6,组成的复合型整理剂在热和催化剂作用下可形成硅橡胶弹性体,不仅使非织造布得到耐久的拒水性,而且还使其弹性得到较大程度的改善。在使用浸轧法进行整理时,烘干温度为 105~120℃,焙烘温度不能低于 150℃,否则乳化剂难以完全分解,也难以保证交联成膜反应充分进行,使拒水性受影响。

当使用未经乳化的有机硅拒水整理剂时,首先要进行乳化。例如202#含氢甲基硅油为透明无色油状物质,不溶于水,所以使用前应先制成由 2μm 以下的稳定颗粒组成的乳液。一般选择和纤维无亲和力的离子型乳化剂,制得40%有机硅含量的乳液备用。整理工艺为:浸轧(室温,pH6~6.5,轧液率65%)→ 烘干 → 焙烘(155~160℃,4min)→水洗 →烘干。

四、含氟类拒水整理剂及其整理工艺

早在20世纪50年代美国3M公司最先推出了"Scotchgard"氟烷基化合物产品应用在拒水整理工艺中。而后相继由杜邦、大金工业、旭硝子等公司各自进行了商品开发。这些含氟防水剂不仅具有拒水性,而且还具有防油性,并且不损害纤维原有的风格。因此,得到了迅速普及推广,成为当今拒水剂的主流。目前,在非织造布加工中使用的大多数是长链氟烷基丙烯酸酯类聚合物的乳液或溶液产品,全世界每年大约使用几万吨。

(一)含氟拒水整理剂的制备方法

含氟防水防油剂的工业生产方法可分为以下两种。

1. 调(节)聚(合)化法 日本的大金工业(商品名:Unidyne)、旭硝子公司(商品名:Asahi-gard)以及美国的杜邦(Dupont)公司(商品名:Teflon)都是采用此方法生产含氟拒水拒油剂。

2. 电解氟化法 美国的3M公司利用此方法生产商品牌号为Scotchgard的含氟拒水拒油整理剂。

(二)含氟拒水拒油整理剂结构与性能的关系

1. 氟原子的效果与表面特性 氟原子的原子半径小、极化率小,电负性在所有元素中最高,碳—氟键的极化率也小。因此,含有大量碳—氟键化合物的分子间凝聚力小,表面自由能较低,对各种液体很难润湿、很难附着。氟原子与氢及氯原子的有关物理常数的比较见表6-5。

表6-5 H、F、Cl原子的有关物理常数的比较

项 目	H	F	Cl
最外电子层的配置	$1s^1$	$2s^2 2p^5$	$3s^2 3p^5 3d^0$
范德华引力半径(m)	1.20×10^{-10}	1.35×10^{-10}	1.80×10^{-10}
电负性(Pauling)	2.1	4.0	3.0
极化率(X_2)(10^{-24}cc)	0.79	1.27	4.61
C—X 结合距离(m)	1.091×10^{-10}	1.317×10^{-10}	1.766×10^{-10}
C—X 结合能(kJ/mol)	416.1	485.1	326.2
C—X 极化率(10^{-24}cc)	0.66	0.68	2.58

2. 含氟拒水整理剂的结构与性能 在表6-1和表6-3中,已经列出了几种含氟化合物固体表面的临界表面张力。从中可以发现一个大致的规律,即化合物中的含氟量越高,由该化合物所构成表面的临界表面张力越低,拒水性能越好。

而当聚合物中的含氟量相近时,聚合物的拒水性能很大程度上取决于聚合物的微观结构。例如聚偏(二)氟乙烯(PVDF)和聚十五氟庚烷基甲基丙烯酸乙酯(PPFMA)的氟含量分别为59.3%和59%。但PVDF的临界表面张力是2.5×10^{-4}N/cm,PPFMA是1.1×10^{-4}N/cm。两者相差一倍多,可见支链氟烷基对聚合物的拒水性能具有很大影响。

PVDF: $\pm CH_2 CF_2 \mp_n$

PPFMA：

$$\begin{array}{c}\vdash CH_2C(CH_3)\dashv_m\\ |\\ COOCH_2CH_2C_7F_{15}\end{array}$$

Pittman 等对氟烷基链长对临界表面张力的影响进行了研究,所得结果的部分数据列于表 6-6。研究结果表明,临界表面张力的大小由氟烷基的结构所决定,而丙烯酸酯与甲基丙烯酸酯没有差异,两者的主链结构对临界表面张力影响有限。

表 6-6　部分含氟聚合物的临界表面张力

聚 合 物	临界表面张力 γ_C ($10^{-5}N \cdot cm^{-1}$)	聚 合 物	临界表面张力 γ_C ($10^{-5}N \cdot cm^{-1}$)
$F_3C\vdash CF_2\dashv_6CH_2-A$	10.4	$HCF_2\vdash CF_2\dashv_7CH_2-A$	13.0
$F_3C\vdash CF_2\dashv_6CH_2-M$	10.6	$(CF_3)_2CH-A$	15.0 ~ 15.4
$F_3C\vdash CF_2\dashv_7SO_2N(C_3H_7)C_2H_4-A$	11.1	$F_3C\vdash CF_2\dashv_2CH_2-A$	15.2

注　A：$\vdash CH_2CH\dashv_n$ ；M：$\vdash CH_2C(CH_3)\dashv_n$ 。
　　　　　 | 　　　　　　　 |
　　　　 COO⁻ 　　　　　 COO⁻

由全氟烷基聚合物覆盖的表面,由于其临界表面张力远远小于大多数液体的表面张力,因此,表现出非常优异的拒水性能甚至拒油性能。

（三）含氟拒水整理剂的整理工艺

商品化的含氟拒水整理剂的固含量一般为 15% ~ 30% ,含氟量为 5% ~ 15% 。一般情况下,可采用浸轧→烘干→焙烘工艺,对过分轻薄不耐轧的产品或厚重的非织造布采用喷雾或泡沫整理的方法较好。在将整理剂施加到纤维上后,要先经过烘干以去除水分,然后进行焙烘,焙烘温度视整理剂品种不同设定在 120℃ ~170℃ 之间,经过焙烘可以使整理剂发生交联并且和纤维黏着,同时分散的分子交联成膜,氟化丙烯酸酯的全氟支链向外取向,在表面形成了一层—CF₃基团组成的低表面张力层,如图 6-6 所示。在全氟支链碳原子数小于 7 时,能得到最佳的低表面张力基团取向。

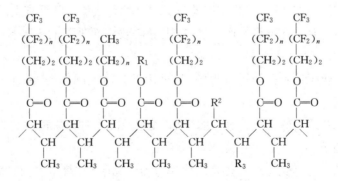

图 6-6　氟化丙烯酸酯成膜后在理论上的结构

一些含有羟甲基或环氧基的共聚物同含氟整理剂一起使用时,会产生化学交联,达到提高非织造布耐洗性的作用。但这种化学交联也和纤维类型有关,如棉织物含有较多—OH,能与含有羟甲基的化合物反应,而涤纶几乎没有可以反应的官能团,因此,并没有很好效果。

浸轧整理液中可以加入部分添加剂。但应该选择对拒水性不产生消极影响的试剂,或者选用专门的拒水整理剂。整理前非织造布的清洁状态对拒水效果有一定的影响,被处理的织物要求尽量不含有化学残留物,可进行一次酸性清洗。对于不易润湿的产品,在整理中可加入 10 ~ 30g/L 酒精。大多数含氟整理剂溶液需要在酸性介质中(pH = 5)保持稳定,可用醋酸或甲酸来保证整理浴的稳定,并能有效抵抗来自织物上的任何碱性。

下面以用于手术衣面料的水刺非织造布为例,介绍它的后整理工艺。基布原料组成为全涤纶或涤纶/粘胶纤维混合(粘胶纤维含量30% ~ 80%),基布定量为 40 ~ 100g/m²。整理液包括颜料(0.1% ~ 3%)、拒水剂(1% ~ 5%)、交联剂(0.5% ~ 2%)。采用一浸一轧的整理工艺(带液率115%),烘干温度120℃(2min),焙烘温度165℃(1min)。

第三节　拒油与易去污整理

拒污整理用于那些不需洗涤的非织造布,如装饰织物、汽车内装饰材料和地毯等。这些污垢通常由粒子和各种液体(如水和油)组成。因此,污物可以是流体也可以是固体粒子。室内家具和汽车的装饰用布所用的防污剂应是拒水和拒油剂,这样可以减少织物对水性和油性污物的吸收,使拒污整理织物上的液体污物在洒落后可立即去除。而对地毯及毡类进行防污整理可减少污垢的积累,主要减少从鞋靴底的固体粒污物向地毯转移,由于地毯会反复经受机械力的作用,因此,拒污剂必须具有耐磨性。可见,对于不同的产品和不同的使用环境需要采取不同的拒污整理方法。

一、沾污分析

按照现代人们对沾污的认识,污物主要通过下面三种方式沾污到纤维上。

1. 静电作用　由于合成纤维容易产生静电,因静电效应而吸附的干微粒、尘埃等造成的沾污非常严重。

2. 物理性接触　非织造布在使用过程中,通过接触会沾上固体的、油性的(动、植物油脂)和水性污物(污水)等。

3. 再沾污　由于纤维表面张力在水中的增加,而导致洗涤时容易再沾上那些已经被洗脱的固体和油性的胶体粒子。

污垢主要依靠机械力、化学力(主要是范德华力和油黏附)和静电引力黏附在纤维上,而且主要分布在纤维之间、纤维表面的凹凸不平凹陷处、缝隙和毛细孔中。当然也有颗粒状污物黏附在纤维表面的光滑部分,但这种黏附的污粒很大一部分是属于"油黏附"。

根据这些沾污的特点,改变纤维的表面状态和表面能量的大小,就可以改善纤维的沾污性能。例如,增加合成纤维的抗静电性能的同时也可以改善其防沾污能力;通过对纤维进行低表面能处理也可以提高其抗液体污物的能力。可见针对不同的沾污机理,也有相应不同的防污整理方法。目前,主要有拒油整理和易去污整理两种方法。

二、防污整理方法

(一)拒油整理

液体污物主要通过润湿先在纤维表面沾污,然后通过毛细管作用向织物内部、纤维之间和纱线之间沾污。其原理与水对纤维表面的润湿和渗透相似,只是通常油性液体污物的表面张力比水小,因此,液体污物对非织造布的润湿能力更强。表5－1中列出了苯、汽油、花生油、液体石蜡以及红葡萄酒等液体的表面张力在$(22 \sim 45) \times 10^{-5} N/cm$之间,比水的表面张力$(72 \times 10^{-5} N/cm)$要小很多。为了防止此类物质在纤维表面的润湿、铺展,纤维表面的临界表面张力至少要低于上述污物的表面张力,才能具有拒油性能,从而对上述污物产生抵抗能力,防止其黏附在纤维表面。

目前,能够使纤维表面能量达到上述水平的整理剂还只有含氟聚合物一类,而聚硅氧烷等其他整理剂则难以达到上述拒油污的水平。具体拒油整理的工艺参见本章第二节中关于含氟拒水整理剂的整理工艺等内容。

(二)易去污整理

非织造布上实际沾污的污垢一般是由液体和颗粒所组成。易去污整理的目的主要是使疏水性纤维上的油性液体污垢易于被去除,又因为液体污物常常作为颗粒的载体和胶结剂,若液体污物易于洗去,则颗粒也随之易于去除。

1. 易去污整理原理　污垢脱离非织造布的表面,除与洗涤条件等因素有关外,主要决定于纤维表面的临界表面张力,即与非织造布的表面能有关。若设纤维上为水所包围的油的界面能为E_1:

$$E_1 = A_F \gamma_{FO} + A_S \gamma_{OW}$$

式中:A_F——油和纤维之间的界面积;

　　A_S——停留在纤维上的油和水之间的界面积;

　　γ_{FO}——油和纤维的界面张力;

　　γ_{OW}——油和水的界面张力。

当油污从纤维上剥离后,其界面能E_2为:

$$E_2 = A_F \gamma_{FW} + A_O \gamma_{OW}$$

式中:A_O——水中的微小油滴的面积;

　　γ_{FW}——水/纤维的界面张力。

在去污过程中,当去污的作用为自发进行时,去污后的能量必定要低于去污前的能量,即去污前后能量的变化$\Delta E = E_2 - E_1 < 0$,将上面两式带入得:

$$\Delta E = E_2 - E_1 = A_F(\gamma_{FW} - \gamma_{FO}) + \gamma_{OW}(A_O - A_S) < 0$$

假设从纤维上去除的油污是球形,则 A_O 最小,若 γ_{FW}、γ_{OW} 减小,γ_{FO} 增大,就可以满足上式的要求。

γ_{OW} 的大小决定于洗涤剂的品种和浓度,一般情况下其值较小。对于极性纤维而言,由于它与水有强烈的相互作用,γ_{FW} 的值也小,而 γ_{FO} 值较大,满足上述分析中对易去污整理的要求。对非极性纤维如涤纶等而言,则与水的相互作用仅有色散力,故 γ_{FO} 值低,而 γ_{FW} 值高。因此,在洗涤时要使油性污物易于洗掉,纤维表面必须具有低的 γ_{FW} 值和高的 γ_{FO} 值,这是易去污整理技术的关键。也就是说非极性纤维表面引进亲水性基团或用亲水性聚合物进行表面整理,可提高纤维的易去污性能。

由上述的原理还可以推断,湿再沾污的产生是由于"水/纤维"与"水/污"界面的破坏,而形成了"纤维/污"界面。这也只有在 γ_{FW} 与 γ_{OW} 大,而 γ_{FO} 小的条件下,才有可能。也就是经过亲水性整理后将不会出现很严重的湿沾污。

总之,织物既要易去污又具有能抗湿再沾污性能,它在液相介质中要有很高的可湿性,而在空气介质中又对常见的油性污物有很低的界面能。这样才能有很好的防污效果。

2. 易去污整理剂及整理工艺

(1)根据对易去污整理原理的分析,易去污整理剂应具备下列性能。

①干态下具有低的表面能,表现出良好的拒水拒油性能。

②在湿态下具有良好的可湿性能。

③耐水洗性能。这决定于整理剂的化学结构和纤维的性质,通常要求整理后经过 20~50 次洗涤,整理效果不应有明显的下降。

④耐干洗性。由于易去污整理属于亲水性整理,因此有较好的耐干洗性能。

⑤不影响非织造布原有性能,无毒,对环境和人体友好。

(2)商品化的易去污整理剂一般是乳液、分散液或水溶液,大多数既具有亲水性基团,又具有亲油性基团。根据其化学结构和加工工艺不同大致可以分为以下几种。

①聚丙烯酸阴离子型易去污整理剂及其整理工艺。聚丙烯酸型易去污整理剂一般为共聚乳液,亲水基团由丙烯酸、甲基丙烯酸等构成,疏水基团由丙烯酸乙酯等丙烯基单体构成,具有良好的低温成膜性能,对纤维有良好的黏着力。其分子式如下所示。

$$\left(\!\!\begin{array}{c}\mathrm{CH_2CR_1}\\|\\\mathrm{COOR_2}\end{array}\!\!\right)_{\!x}\!\!\left(\!\!\begin{array}{c}\mathrm{CH_2CR_3}\\|\\\mathrm{COOH}\end{array}\!\!\right)_{\!y}$$

$$R_1, R_3 = H, CH_3; R_2 = CH_3, C_2H_5, C_4H_9\cdots$$

整理中多采用轧烘焙工艺。整理液组成由聚丙烯酸型易去污整理剂(3%~5%)和防凝胶剂组成。工艺过程是:二浸二轧→烘干→焙烘(155~165℃,3~5min)→平洗→烘干。

②嵌段共聚醚酯型非离子易去污整理剂及其整理工艺。嵌段共聚醚酯型易去污剂(简称聚醚酯)是最早应用于涤纶制品的耐久性易去污剂,它能使涤纶及其混纺织物具有优良的抗湿再沾污、防静电性能。聚醚酯类易去污整理剂的耐洗性好,与涤纶有类似的结构,在整理时的热

处理过程中,能够与涤纶形成共结晶或共熔物。

聚醚酯由对苯二甲酸乙二醇酯和聚氧乙烯缩聚而成,其结构通式如下所示。

$$HO\{CO-\langle\bigcirc\rangle-COO\{CH_2CH_2O\}_{\overline{n}}CH_2CH_2O\}_{\overline{m}}H$$

整理完成后,由于嵌段共聚物均匀地分布在疏水性涤纶的表面,嵌段共聚物中的聚氧乙烯基中的氧原子能与水分子形成氢键,从而使之产生亲水性能,因此,具备了一定的易去污性能。另外,非离子的整理剂也不会吸附带有电荷的污垢,而且还可以赋予纤维更柔软的手感。

具体的工艺流程是:浸轧(轧液率70%)→烘干(120～130℃)→热处理(190℃,30s)→平洗→烘干。

浸轧液中整理剂含量为50～100g/L,若与 DMDHEU、PU 等树脂混用,以氯化镁为催化剂,可获得耐久压烫与易去污两种功能。

③含氟易去污整理剂及其整理工艺。油在纤维表面形成的接触角在水与空气中显示出不同的变化倾向。在空气中显示出高防水防油性的表面,在水中却表现为亲油性。因此,理想的兼具有拒污和易去污整理效果的非织造布应该具有如下特征:不仅纤维的表面能极低从而具有抑制油性污垢的特性,而且纤维表面应具有良好的亲水性,从而具备良好的易去污性能。但是,降低纤维的表面能与增加纤维表面的亲水性是相互矛盾的,因为亲水性是以高表面能为条件的。常用的含氟拒水拒油整理剂在干态下虽然拒油,但是在水中却具有亲油性,因而难以达到上述的要求。

含氟易去污整理剂是由具有低表面能的含氟链段和具有高表面能的氧乙烯链段嵌段共聚而成。其典型结构如下所示。

$$\begin{array}{ccc} & OCH_2CH_2NO_2SC_8F_{17} & & OCH_2CH_2NO_2SC_8F_{17} \\ OC & | & CO & | \\ | & CH_3 & | & CH_3 \\ H\{CHCH_2\}_3S\{CH_2CHCOO\{CH_2CH_2O\}_4COCHCH_2S\}_{10}CH_2CH\}_3H \\ | & | \\ CH_3 & CH_3 \end{array}$$

在空气中,含氟链段在非织造布表面定向排列,形成低表面能表面,产生拒油性;在水中,亲水性的聚氧乙烯链段在非织造布表面定向排列,使非织造布表面亲水性提高,防止湿沾污。用此类易去污整理剂整理后的非织造布,具有好的干抗污性和优良的易去污性,但成本较高。

Scotchgard FC-248 是一种含氟易去污整理剂,经它整理的织物对大多数污渍可以一次洗净。FC-248 在织物上的施加量为 1.35%。织物施加处理液后,烘干和焙烘可一步法或二步法处理。焙烘温度一般在 149～177℃之间。

大多数的含氟易去污整理工艺与含氟拒水拒油整理工艺相似,请参考本章第二节相关内容。

第四节 防水整理

防水整理的原理主要是利用高分子材料在非织造布表面形成一层不透水的连续薄膜,将纤维之间的微孔及织物孔隙堵塞,水和空气都不能透过。

防水整理所用的防水剂不论是疏水性的还是亲水性的,都是以堵塞织物孔隙的方法而达到防水的目的,前者如油脂、蜡和石蜡等,后者为各种橡胶或多种热塑性树脂。

1. 油脂、蜡和石蜡 应用某些油脂进行不透气整理的方法目前还有应用,如帐篷布、船帆上油及皮革的上蜡等。油脂类中的快干油,如亚麻籽油、桐油等加入金属干燥剂涂布于织物上,经空气氧化和充分干燥后便形成一层柔软的、不透水的透明薄膜,为防止织物与其他物体黏着,可再涂上一层虫胶的稀氨水溶液。用上述油类涂层的缺点是干燥慢、泛黄和有时有难闻的气味。

牛油、马油和羊油含有甘油三油酸酯和甘油三硬脂酸酯,可单独使用或与烃类化合物如蜡和石蜡混合使用。油脂、蜡和石蜡的天然固体物应用于防水整理时常用熔融涂层法,即将它们加热共熔,用上蜡或喷雾法涂在织物上,再经烘箱加热,使渗入织物内。石蜡可与动物油脂混合应用,也可单独使用,一般采用乳化法。乳化剂可选用肥皂、油酸酯、硬脂酸酯、月桂酸酯,特别是三乙醇胺的硬脂酸酯。例如,石蜡可与甘油三硬脂酸酯(2:1)并加 0.06% 的三乙醇胺熔化在一起,使用时用热水加热,使之乳化成乳液。石蜡涂层的缺点是熔点低,在 56~60℃ 时石蜡便熔化。石蜡乳液还可与铝盐等同时进行整理。

2. 橡胶 用天然橡胶或合成橡胶、乳胶配以填充剂、颜料、硫化剂、抗老化剂等涂于织物后进行硫化。由于天然橡胶易老化,已逐渐为合成橡胶所取代。目前使用的合成橡胶有氯丁橡胶、丁腈橡胶、丁苯橡胶、异丁烯橡胶、丁基橡胶及氯磺化聚乙烯等,可根据不同要求选用。

由于聚异丁烯中无双键结构,难以硫化,需加入少量(3% 以下)异戊二烯进行共聚而成丁基橡胶。该橡胶最不易透水、透气,被大量用作防水橡胶。丁苯橡胶为合成豫胶中价格最便宜的一种,但与织物的粘接性较差。而氯磺化聚乙烯可任意着色,耐光性好,特别适用于防水帆布的橡胶涂层。

3. 热塑性树脂 乙烯系树脂可制成溶液型或乳液型,产量大,价格低,加工方便,所以应用面广,一般可采用涂刮、挤压或薄膜熔接等加工方式。

聚氯乙烯(PVC)一般不使用溶液型,而用浆状物以挤压法涂层。聚氯乙烯可与其他树脂(如聚醋酸乙烯酯或聚丙烯酸乙烯酯)混用或形成共聚物应用,以改善其性能,广泛用作防水剂。

聚氯乙烯(PVC)树脂是由氯乙烯单体(VCM)聚合而成的一种热塑性高分子化合物。聚氯乙烯塑化温度与其分子量的高低有关,塑化温度随分子量增高而增高,随分子量降低而降低。目前国内 PVC(乳液法)树脂分子量(K 值)的划分为低分子量树脂(K 值为 55~62)、中分子量树脂(K 值为 62~68)和高分子量树脂(K 值为 68~85)。在实际使用中选择 PVC 树脂应注意以下几个问题。

（1）塑化温度高低与加工产品品种和纤维性能的适应。

（2）糊黏度大小与加工工艺、设备的配合。

（3）选择恰当增塑剂。

增塑剂选择合适就能够降低树脂分子间的作用力从而降低树脂的软化温度和熔融温度，提高树脂成型的流动性及制品的柔软性。目前，理想的增塑剂需要满足下列要求：与树脂的相容性好，即增塑效率高；挥发性低；耐水抽提；迁移性小；具有良好的光、热稳定性；具有良好的低温柔韧性；具有阻燃性；电绝缘性好；具有防霉性；无色、无臭、无毒。

聚氯乙烯（PVC）防水整理的工艺流程为：配料→搅拌→研磨→双面浸轧→塑化→冷却→检验→成卷→成品。整理过程中，其塑化温度为 $100 \sim 120\text{℃}$，塑化时间为 $3 \sim 5\text{min}$。基本原料是：PVC（乳液法）、增塑剂、热稳定剂、光稳定剂、防霉剂、颜料、填料。

聚丙烯酸酯具有耐热性及耐溶剂性的特点，常可代替氯乙烯和橡胶而用于织物的防水涂层。聚甲基丙烯酸酯俗称有机玻璃，透明度高，且耐日晒，但较脆，故常需添加增塑剂。聚丙烯酸酯涂层后，经烘干可提高其耐水性；加入氨基树脂后可提高其耐磨性；加入聚氯乙烯可改善其柔软性。

近年来，在防水整理加工方面已开发了多种加工方法，如多孔性薄膜黏合方法、聚氨酯湿式涂布法、干式涂布法等。用上述新方法加工的产品既防水又透湿、透气，可作衣料用，是目前较好的防水加工方法。

☞ 思考题

1. 分别从气－液－固间界面张力的关系和表面自由能的角度出发，解释拒水整理的原理。

2. 根据所学知识，全面地解释荷叶的超拒水现象。

3. 拒水整理剂的类型有哪些？各自有什么特性？

4. 简述有机硅拒水整理剂的拒水原理。

5. 简述含氟拒水拒油整理剂结构与性能的关系。

6. 污物沾污纤维有几种方式？

7. 根据易去污整理的原理，分析易去污整理剂应具有哪些性能？

第七章　亲水整理

本章知识点

1. 亲水整理、高吸水整理的概念和原理以及性能评价。
2. 亲水整理剂的分类以及各类亲水整理剂的结构特征、性能和加工工艺。
3. 各类高吸水整理剂的结构特征、性能和加工工艺。

最初的纺织品进行亲水整理主要是为了解决合成纤维的穿着舒适性。研究表明,人体皮肤表面的水分分成两种形式,即气态的湿气和液态的汗水,相应地作为服用纺织品,纤维的亲水性能包含吸湿性和吸水性两方面含义。因此,纤维的亲水性机理也涉及吸湿和吸水两方面。

吸湿、吸水甚至高吸水非织造布作为一次性用品,具有传统纺织品无法比拟的经济和性能优势。近年来,这一类非织造布发展较快,品种也多。它在医疗卫生领域用于制作代替药棉棒的微型吸血海绵棒、擦拭伤口、清洁皮肤的消毒湿巾、注射止血贴等;农业领域用于园艺材料、育苗用料、种子被覆材料等,它对改善农作物的生长,提高产量有重要作用;工业领域用于制作非织造布复合材料、抗静电材料、防露材料、工业吸水布、滤材等;日常生活用品,包括人造革底布、化妆品材料、揩布、餐巾、桌布、纸巾等;其他方面如防护材料、隔绝材料、各类包装材料等。

目前大部分的非织造布产品都是由聚酯、聚丙烯等具有非极性结构以及结晶性的纤维材料制成的,因此吸湿性很差或者几乎不吸湿。为了改善非织造布制品的吸湿性,可以通过共混、共聚改性、混纺改性甚至可以直接选用具有高吸湿、吸水的纤维来制得,但是由于此类原材料的其他性能达不到要求而较难实现规模化的生产,因此通过后整理的途径来生产亲水类产品也是非常重要的方法。特别是亲水整理具有效果明显、加工灵活方便等突出优点。

在对非织造布进行亲水整理时,应注意满足以下的要求。

1. 保持纤维原有特性　在保持涤纶、丙纶等纤维的原有优良性能的基础上改善其亲水性,使其性能更加完善。

2. 耐久性　为了获得高附加值的商品,满足实际使用的需要,通常要求具有耐久性的亲水整理效果,整理过程中处理剂与纤维牢固结合。为了获得耐久的效果,整理剂的选择和整理方法的选用非常重要。

3. 均匀性　为了提高纤维及其织物的亲水性,整理剂在纤维或织物表面的均匀分布是极为重要的。否则,会影响到它以后的加工和使用。

严格意义上讲,亲水整理与高吸水性整理是不同的。从表面上看,两者仅仅是在对水分的吸收量上有差异,但是量变可以引起质变,实际上两种整理无论是在原理方面还是在整理剂的选择以及测试方法、衡量产品性能的技术指标等许多方面都是完全不相同的。

除了单纯的亲水整理之外,大多数亲水吸湿整理往往与合成纤维的抗静电整理、易去污整理等联系在一起。相关内容请参阅本书有关章节。本章我们将对亲水整理和高吸水整理的性能评价、整理原理和工艺分别加以介绍。

第一节　亲水整理的原理及方法

一、亲水原理

亲水整理的目的就是使疏水化的纤维表面产生亲水的效果,根据第六章中介绍的润湿理论,只有当接触角小于90°时,液体(这里主要指水)才能够润湿固体的表面,进而完全铺展在固体表面。所谓润湿,就是固体表面吸附的气体为液体所取代的现象。发生润湿时,固气界面消失,形成新的固液界面。此过程中能量(自由能 E)必定发生变化,自由能 E 大小可作为润湿作用的尺度。对于不同类型的润湿,自由能变化(ΔE)的计算公式有所不同。

(1)铺展润湿: $\Delta E = \gamma_{GL} + \gamma_{SL} + \gamma_{SG} < 0$(式中: γ_{SG} 为固体的表面张力, γ_{GL} 为液体的表面张力, γ_{SL} 为固—液表面张力)。

(2)浸渍润湿: $\Delta E = \gamma_{SL} - \gamma_{SG} < 0$。

(3)附着润湿: $\Delta E = \gamma_{SL} - \gamma_{SG} - \gamma_{GL} < 0$。

由上式可以看出,当 $\Delta E < 0$ 时,润湿即可发生。根据杨式方程: $\gamma_{SG} - \gamma_{SL} = \gamma_{GL}\cos\theta$ 可知,接触角越小,表示液体对固体的润湿性能越好;固体表面能越高,即 γ_{SG} 越大,越易润湿。故高表面能固体比低表面能的固体易于润湿。由于水的表面张力在30℃条件下是个定值71.15(10^{-5}N/cm)。而聚丙烯的临界表面张力是35(10^{-5}N/cm),聚酯纤维的临界表面张力是43(10^{-5}N/cm)。所以,水在一般情况下对属于低表面能的固体表面难以润湿。

二、亲水整理的方法

纤维表面的润湿性以及吸水性主要决定于纤维大分子的化学结构和结晶状态,即大分子上是否存在亲水性基团及亲水性基团的数量。纤维大分子在结晶区紧密地聚集而形成有规则的排列,水分子不容易渗入结晶区。纤维的吸水性则主要取决于纤维内微孔、缝隙和纤维之间的毛细孔隙。由于非织造布原料中大部分为合成纤维,纤维的表面几乎没有亲水性基团,因此必须在纤维的表面引入亲水性基团。

最简单的方法是用表面活性剂来处理合成纤维(如丙纶等)非织造布,由于改变了纤维表面的性质,因此可以改善其润湿性能。表面活性剂是既有亲水基团又有亲油基团的"两亲"分子,它的亲油基团通过范德华力被吸附于纤维表面,亲水基团伸向空气,形成了定向排布的吸附层。这种带有吸附层的表面裸露的是离子型或非离子型的亲水基团,具有高能表面特性,从而有效地改善了非织造布的润湿性能,当然这种改善是不耐久的。

事实上改善纤维表面润湿性能的方法很多,大体上可以分为两类,一类是通过纺丝阶段的纤维改性获得吸湿润湿性能;第二类是通过后整理的办法对纤维的表面进行改性,从而获得吸湿润湿性能。详细分类见表7-1。

表7-1 纤维获得亲水性的加工方法分类

分　　类	纤维获得亲水性的加工方法	综 合 性 能
纺丝阶段的纤维改性	聚合物分子结构的亲水化	吸水、吸湿、防污、抗静电
	加入亲水性成分,共聚、接枝聚合	吸水、吸湿、防污、抗静电
	与亲水性聚合物复合纺丝	吸水、吸湿
	使表面粗糙、异形化	吸水、吸湿
纤维表面的后整理改性	亲水性高聚物在纤维表面的吸附、固着、成膜	吸水、吸湿、抗湿沾污
	亲水性单体的接枝聚合	吸水、吸湿、抗湿沾污

(一)纺丝阶段的纤维改性

纺丝阶段的改性大多是纤维的整体改性,而后整理阶段的改性则大多是纤维表面层的改性,两者各有优缺点。

纺丝改性是在合成纤维制造过程中使纤维具有亲水性能。纤维改性后一般都会有较好的亲水性能,而且效果均匀持久,应用方便。但有时会对纤维的物理性能影响很大,有时会改变纺丝的工艺过程,加大了纺丝的技术难度。

1. 聚合物分子结构亲水化法 大分子结构亲水化的方法是通过聚合或共聚的途径,在纤维大分子的基本结构中引进大量亲水性的极性基团,同时提高纤维的吸湿性和吸水性。但是此方法可能会导致纤维的性能发生变化,比如当丙烯与极性化合物共聚时,效率较低,共聚强烈削弱了聚丙烯的结晶能力,并使其熔点降低,对纤维的力学性能产生不良影响。所以亲水性单体的加入要适量,此种方法对纤维吸湿量的提高也是十分有限的。

2. 与亲水化单体接枝共聚法 选择具有亲水性的单体或聚合物作为支链,在纤维大分子上接枝,可赋予纤维亲水性能。

例如丙纶经 Co_{60} 或电子辐照后,与丙烯酸接枝,而聚丙烯分子主链的化学结构没有发生显著变化,纤维变细,扩大了比表面积,吸水性大幅度提高。辐照接枝法工艺简单,节约能源,无污染,可实现非液相低温加工。也常采用过氧化苯甲酰胺乳液引发丙烯酸或甲基丙烯酸,接枝到聚丙烯上,导入亲水性单体,提高织物润湿性。另外,还可以通过大气低温等离子体处理引发丙烯酰胺对丙纶进行接枝聚合,产生亲水性基团,形成吸湿中心,改善纤维的吸湿性。而且整个化学反应不可逆,吸湿性较耐久。

3. 与亲水性聚合物复合纺丝 在纺丝之前,把亲水性物质混入高聚物熔体中,然后按常规纺丝方法进行纺丝,得到亲水性纤维。例如可以将聚丙烯酸酯类衍生物、聚乙二醇衍生物等与丙烯共混,也可以将聚丙烯与某些改性聚丙烯共混,得到亲水性纤维。

4. 纤维表面粗糙、异形化 纤维结构微孔化着眼于改变纤维的形态结构,使它具有许多内外贯通的微孔,利用毛细现象吸水。这种方法只是在纤维表面张力适当的情况下,改善纤维的吸水性,对纤维的吸湿性没有改善。多孔聚丙烯纤维的制造方法是将聚丙烯与流动石蜡混合,熔融纺丝,拉伸热处理后浸渍在己烷中,熔去石蜡。用这种工艺制得的多孔性微孔聚丙烯纤维的孔隙率高,表面积大,极大地提高了纤维的吸水性。也可以在聚丙烯纤维成形时,利用聚合物晶形变化过程中体积的缩小(由 α 型转变为 β 型)来产生微孔。杜邦(Dupont)公司的coolmax® 纤维就是一种横截面为三角形的异形聚酯纤维。

(二)纤维表面的后整理改性

第二类改善纤维表面亲水性能的方法是通过后整理对纤维的表面进行亲水改性。选择适当的亲水整理剂进行后整理,如丙烯酸系单体,通过引发游离基与纤维表面的大分子进行接枝共聚。或者用聚醚类或表面活性剂使它的疏水基部分吸附在纤维表面,亲水基部分伸入空气中,形成一层紧密而连续的亲水基膜,从而使织物变得易为润湿和渗透,以提高纤维的亲水性。

纤维表面亲水改性后整理处理法是对纤维或织物的表面进行亲水性整理,处理的实质是要在纤维或织物的表面加上一层亲水性化合物,在基本保持纤维原有特性的情况下,能够增加纤维的吸湿性和吸水性,达到提高纤维表面亲水性能的目的。这种方法生产工艺简单,成本低廉,但耐久性相对较差。这种整理方法是本章着重讨论的内容。

目前经常使用的后整理方法主要包括亲水性整理剂的吸附固着成膜、亲水性单体的表面接枝聚合以及纤维表面的一些其他处理等。

1. 亲水整理剂的吸附固着成膜法 这是一种将亲水整理剂均匀而牢固地附着在纤维表面从而形成亲水性的整理方法,是近年来对合成纤维织物进行亲水性整理的主要加工方法。

在这种方法中,一般是选择既含有亲水基团又含有交联反应官能团的整理剂进行整理,其中的亲水链段提供亲水性能,而交联反应官能团则在纤维表面形成薄膜,从而提高整理剂的耐久性能。

此外,也可以选择含有亲水基团的水溶性聚合物与一个合适的交联剂组成一个体系,控制交联剂与水溶性高聚物的反应程度,从而使水溶性高聚物的一部分亲水基团保留在纤维表面,使纤维的亲水性得到改善。常用水溶性聚合物一般为聚丙烯酸、聚乙烯醇、水溶性纤维素、可溶性淀粉等。而交联剂则是一些能够与活泼性基团如氨基、羟基等发生反应而交联的物质,如2D树脂等。这种方法除了用于常规亲水整理之外,更多则用于高吸水性产品的整理加工。

2. 表面接枝聚合法 表面接枝共聚法利用各种方法使亲水性单体在合成纤维的表面进行接枝聚合,以改善合成纤维的亲水性。接枝聚合是利用引发剂或高能辐射(电子束、紫外线)照射,或用等离子体处理,使纤维表面产生游离基,然后亲水性单体在游离基上进行接枝聚合,从而形成持久的具有吸水性和抗静电性能的新表面层。

三、高吸水剂的吸水机理

过去人们所使用的吸水材料有纸、棉、麻等纤维制品,这类材料的吸水过程是依靠其毛细作用,吸水能力只有自重的 10~20 倍,且保水性能很差。而高吸水剂是由高分子电解质组成的离子网络,具有大量的亲水基团且适度交联而不溶于水。它不但吸水能力高,而且吸水后生成的凝胶即使加压,水也不会离析而去。高吸水性剂的吸水机理可用高分子电解质的离子网络理论来说明。

以阴离子型高吸水性剂为例,当高吸水剂与水接触时,水分子渗入材料内部,高分子链上的阴离子基团如—COONa 离解为—COO⁻和 Na⁺离子,由于高分子链上的—COO⁻基团不能向水中扩散,为了维持电中性,Na⁺也不能自由地渗透到材料外部的水中,显然,Na⁺离子的浓度在高吸水剂的内部较外部要高,产生渗透压而使水进一步渗入材料内部。随着水分子的渗入,一部分 Na⁺脱离高分子链向材料内部的水中扩散,使高分子链上产生静电荷,高分子链由于静电斥力而伸展,高分子材料膨胀,从而为吸水提供了必要的空间条件,使得大量水分子封存于高分子网内。而交联点之间的高分子链扩展则引起高分子网的弹性收缩力,又力图使高分子网收缩。当这两个方面的作用达到平衡时,便决定了高分子材料的吸水能力。

高吸水剂所含的亲水基团可以是羧酸基、磺酸基、磷酸基、叔胺基和季铵等离子性基团,也可以是酰氨基、羟基等非离子性基团,前者称为离子性高吸水剂,而后者则称为非离子性高吸水剂。

不同基团的亲水性能不同,因此,高分子链上亲水基团的种类和数量将显著影响它的吸水能力。此外,交联程度也同样影响到高分子链的扩展能力,交链密度大,高分子链的扩展能力低,吸水能力降低。但交联密度过小,会导致吸水后凝胶的强度下降,甚至材料溶解而丧失吸水性能,所以应有一定的交联密度。

四、高吸水非织造布的整理加工方法

高吸水剂种类繁多,产品形态各异。分类方法也很多,一般都是按照所用原料、亲水化方法、交联方法和产品形态四种方式进行分类。按原料来源可分为以下三类。

(1)改性淀粉类:改性淀粉类包括淀粉接枝丙烯腈水解物、淀粉接枝丙烯酸盐、淀粉接枝丙烯酰胺、淀粉羧甲基化物等。

(2)改性纤维素类:主要包括纤维素接枝丙烯腈水解物、纤维素接枝丙烯酸盐、纤维素接枝丙烯酰胺、纤维素的羧甲基化物等。

(3)合成高聚物类:主要包括交联聚丙烯酸盐、交联聚丙烯酰胺、丙烯酸酯与醋酸乙烯共聚水解物、聚乙烯醇与酸酐交联共聚物、聚乙烯醇与丙烯酸盐接枝共聚物等。

如果按亲水化方法分类,则可分为亲水性单体的聚合,疏水性单体与亲水性单体的共聚、氰基和酯基的水解;按交联方法可分为交联剂交联、本体交联、辐射交联和向亲水性聚合物中导入疏水基团或结晶物结构;按产品形态可分为粉末状、纤维状、片状、薄膜状和泡沫状。

高吸水剂具有优秀的吸水能力和保水性能,但目前也还存在着一些缺点。因此,如何进一步提高它的各种性能已成为近年来的研究方向之一。例如,阴离子型高吸水剂的吸水倍数虽高,但耐盐性较差,吸水速度较低,而非离子型高吸水剂的吸水速度轻快,耐盐性也较好,但吸水能力较低。在实际应用中用于吸收纯水的场合几乎是不存在的,多数被吸收液体是比较复杂的

混合液,并且要求有较快的吸收速度,因此,在实际生产中希望得到耐盐性好且吸收速度快的高吸水剂。可以采用共聚和聚合体反应等方法,使亲水基团多样化,或通过混合和复合的方法,达到同时兼顾耐盐性、吸收速度和吸收倍数的目的。目前制造高吸水剂的原料主要有乙烯类的合成原料以及淀粉、纤维素等。

开发具有高吸水性能的非织造布产品就是采用适当的方式,将高吸水剂结合到非织造布上。由于高吸水剂为交联型物质,故不能采用加热熔化和溶剂溶解的加工方式。到目前为止,比较成熟的加工方式是先将高吸水剂研碎成粉末,然后均匀分布于基料的表面,再用一层基料盖住,使高吸水剂夹在两层基料之间,例如尿布、卫生巾、医用垫子等产品的生产就可以采用这种方法。还有一种加工方式是浸渍法,即先将高吸水剂制成分散液,然后通过涂刷或喷涂方式涂在织物表面,或将织物放在这种分散液中浸渍,使高吸水剂固定在织物的孔隙中。由于此法简单,加工方便,是很有发展前途的方法。

如将高吸水剂的制造过程和吸水性纺织品的加工过程结合起来,也是一种非常方便、简单的加工方法。例如,淀粉接枝丙烯酸型高吸水剂在水解之后,可以比较容易地涂到纤维类基质上,且烘干后不溶,因而可以采用类似于经纱上浆的浸轧加工方式。又如交联聚丙烯酸类高吸水剂,若在聚合时不加交联剂,而在浸渍、涂层加工时再加入交联剂和促化剂,然后在烘燥过程中进行化学反应完成交联。这种加工方式可省去分离、烘干、粉碎和制取分散液等工序,从而降低了生产成本。

第二节 常用亲水整理剂及应用工艺

一、常规亲水整理

亲水整理剂的种类很多,大多数的亲水整理剂由作为聚合物骨架的主链结构以及在骨架上的反应性基团和亲水性基团组成。主链结构可选用乙烯基、吸水性硅酮、异氰酸酯(氨基甲酸乙酯)、聚酯聚合物、聚酰胺、含氟聚合物、环氧基等,其主链结构尽可能为亲水性的,而后在骨架上再结合、反应或组合亲水性基团。亲水性成分和亲水基团一般包括乙二醇、二甘醇、三甘醇、环氧聚合物、PEG(聚乙二醇)、PPG(聚丙二醇)、PEG 嵌段聚合物、聚醚、甘油、山梨糖醇等。如果兼作交联基使用时,应该使分子的两末端成为乙烯基、环氧丙基、芳基等形式。下面按照主链结构的不同分别介绍各种类型的亲水整理剂及其应用工艺。

(一)聚酯类亲水整理剂及其整理工艺

聚酯类亲水整理剂包括嵌段聚醚型聚酯和磺化聚酯两类。

1.嵌段聚醚型聚酯 嵌段聚醚型聚酯亲水整理剂是第一代水系聚酯整理剂,应用最为广泛。其化学结构中含有聚酯链段和聚醚链段。聚酯链段部分多为由二元羧酸(如 HOOC—⟨⟩—COOH)形成的低醇(R″)酯(如 R″OOC—⟨⟩—COOR″);聚醚链段多为分子量为 1500～4000 的聚乙二醇或聚丙二醇(R′)等。其合成反应包括二步:酯化(包括酯化反应、酯交换反应)和缩聚反应。

酯化反应:

$$\text{HOOC}\!-\!\!\bigcirc\!\!-\!\text{COOH} + \text{HO}\!-\!\text{R}'\!-\!\text{OH} \xrightarrow{\text{催化剂}} \text{HO}\!-\!\text{R}'\text{OOC}\!-\!\!\bigcirc\!\!-\!\text{COOR}'\!-\!\text{OH} + 水$$

酯交换反应:

$$\text{R}''\text{OOC}\!-\!\!\bigcirc\!\!-\!\text{COOR}'' + \text{HO}\!-\!\text{R}'\!-\!\text{OH} \xrightarrow{\text{催化剂}} \text{HO}\!-\!\text{R}'\text{OOC}\!-\!\!\bigcirc\!\!-\!\text{COOR}'\!-\!\text{OH} + \text{R}''\text{OH}$$

缩聚反应:

$$\text{HO}\!-\!\text{R}'\text{OOC}\!-\!\!\bigcirc\!\!-\!\text{OH} \xrightarrow{\text{催化剂、真空}} \text{H}\!\!-\!\!\left[\text{O}\!-\!\text{R}'\text{OOC}\!-\!\!\bigcirc\!\!-\!\text{CO}\right]_n + 小分子$$

最后将此聚醚型聚酯经乳化、分散,加工成水系聚酯类亲水整理剂。在上述嵌段共聚物中,聚酯链段和聚醚链段分别称为共晶链段和亲水链段,其中共晶链段使整理剂具有耐久性能。因此两者比例的大小会直接影响亲水整理剂的亲水性、耐洗性和分散性。若亲水链段的比例增大,虽然亲水性和分散性有所提高,但是整理织物的耐洗性降低。反之,共晶链段的比例增大,亲水性和分散性变差,耐洗性增高。如果共晶链段的比例过大,则整个聚合物的熔点上升,织物焙烘温度难以达到聚合物的黏流温度,共晶链段与涤纶织物之间难以产生很好的共结晶作用,耐洗性同样不理想。所以,聚酯链段和聚醚链段的比例要适当,一般在(2∶1)~(5∶1)的范围之内,此外两种链段的排列亦要合理,只有这样,才能使整理剂的亲水性、耐洗性和分散性之间达到平衡。

这类整理剂的整理工艺一般采用轧—烘—焙法,烘干条件105℃,3min,焙烘条件为180℃,30s。也有个别品种的整理剂采用浸渍工艺。

2. 磺化聚酯 合成最简单的磺化聚酯的反应如下:

$$\underset{\substack{\\ \text{SO}_3\text{H}}}{\text{HOOC}\!-\!\!\bigcirc\!\!-\!\overset{\text{COOH}}{}} + \text{HO}(\text{PAG})_n\text{H} \longrightarrow \left[\text{OC}\!-\!\!\bigcirc\!\!-\!\text{COO}(\text{PAG})_n\text{H}\right]_m$$

$$\text{PAG} = \text{CH}_2\!-\!\overset{\text{R}}{\underset{}{\text{CH}}}\!-\!\text{O}\!-\!\quad \text{R} = \text{H}, \text{CH}_3$$

在聚酯中引入磺酸基芳香族二羧酸,不仅对亲水性有利,更重要的是可以提高产物的水溶性,使其后分散处理容易进行,而要较大程度提高其亲水性,则要加入含有亲水基的脂肪族多元醇,如2-磺酸钠-1,4-丁二醇。其工艺过程大都采用轧—烘—焙的方法。

(二)丙烯酸酯类亲水整理剂

丙烯酸共聚物中可以引入的各种亲水基很多,例如PEG(聚乙二醇)烯丙基缩水甘油醚与丙烯酸甲酯接枝共聚物为主要成分制备丙烯酸酯类亲水整理剂,其中的PEG作为亲水基团,聚丙烯酸酯部分与纤维形成牢固的结合,提高亲水整理剂的耐久性。

此类亲水整理剂还可以采用丙烯酸酯类单体、交联单体以及引发剂的混合液,以吸尽法或轧—烘—汽蒸法加工织物,在纤维上发生聚合反应。所用单体如下所示:

$$H_2C\!=\!\underset{\underset{H}{|}}{C}\!-\!COOH$$

$$H_2C\!=\!\underset{\underset{CH_3}{|}}{C}\!-\!COOC_2H_4NH_2$$

$$H_2C\!=\!\underset{\underset{H}{|}}{C}\!-\!COONHCH_2OH$$

$$H_2C\!=\!\underset{\underset{CH_3}{|}}{C}\!-\!COO(PAG)_n\!-\!X\!-\!(PAG)_nOC\!-\!\underset{\underset{CH_3}{|}}{C}\!=\!CH_2 \quad X=\!-\!\underset{\underset{O}{\overset{O}{\|}}}{S}\!-\!,\;-\!CH_2\!-\!\underset{\underset{CH_3}{|}}{\overset{CH_3}{|}}{C}\!-$$

$$K_2S_2O_8$$

将上述单体和引发剂的混合物通过吸尽法或轧蒸法整理于织物上,在热作用下发生聚合,从而在纤维上形成耐久性的亲水整理效果。其工艺过程主要采用轧—烘—焙的方法。应该注意的是,此法难以使各种单体在纤维上均匀分布,而且在纤维上形成的聚合物再现性差,亲水性易于波动,为此,在生产中要严格控制反应条件和整理过程。

(三)聚氨酯类亲水整理剂

在二异氰酸酯上组合以醚化物、聚醚、烷氧化合物,可制成亲水性很高的聚氨酯。用亲水性基团氨基甲酸乙酯交联,也能形成耐久性很好的聚合物。另外,二异氰酸酯还可与氟醇、亲水性乙烯基等结合,是一种性能多变的交联性聚合物。

此类整理剂的制法是,先将摩尔比为1∶2的聚乙二醇与二异氰酸酯在80℃下进行反应,生成预聚体,然后在预聚体中加入咪唑,将异氰酸酯基封闭而获得暂时稳定的聚氨酯。在使用中需要将整理液与多官能团的胺类水溶液混合,其中的咪唑基发生解离,异氰酸酯基复出,在纤维上相互交联,形成表面能较高的薄膜,亲水性得到很大的提高。

该类整理剂往往会与抗静电、拒污、易去污等其他整理目的相结合,形成多功能的亲水整理剂,如将六亚甲基二异氰酸酯均聚物、$CF_3(CF_2)_8CH_2CH_2OH$、PEG 甲基醚、$CH_2CHCOO(CH_2CH_2O)_nH$、溶剂等反应,生成共聚物,该共聚物具有亲水、防污、易去污等多种功能。其工艺过程多采用轧—烘—焙的方法。

(四)聚胺类亲水整理剂

由聚乙二醇与多乙烯多胺反应可合成聚胺类亲水整理剂。首先在聚乙二醇两端接上环氧乙基团,得到高反应活性的环氧醚,然后再与多乙烯多胺缩合,反应式如下:

$$H_2C\!\!-\!\!\underset{O}{\overset{}{\triangle}}\!\!CHCH_2(OC_2H_4)_nOCH_2CH\!\!-\!\!\underset{O}{\overset{}{\triangle}}\!\!CH_2 + H_2N(C_2H_4NH)_mH \longrightarrow$$

$$H_2N \overline{} (C_2H_4NH)_m CH_2 \underset{\underset{OH}{|}}{C}HCH_2 (OC_2H_4)_n OCH_2 \underset{\underset{OH}{|}}{C}HCH_2 \overline{}_p$$

由于聚胺类亲水整理剂是通过成膜和渗透作用固着在纤维织物的表面,所以要求其分子量分布面宽。分子量大者利于成膜,分子量小者利于渗透,对提高织物的耐洗性均有好处。具有上述化学结构的亲水整理剂主要用于腈纶及其混纺织物的亲水整理,国外产品如 Aston 123. Antistat GL、Nonax 975 .1166(Henkel)等整理剂,国内产品如 XFZ – 03 整理剂等。多采用轧—烘—焙工艺流程。

(五)聚硅氧烷类亲水柔软剂

聚硅氧烷类亲水柔软剂是织物亲水整理剂中的新产品,不仅适合聚酯等合成纤维,而且适合于天然纤维和人造纤维的整理。在赋予纤维柔软手感的同时,还能使其具有吸水吸汗、防污易去污、抗静电等多种功能。

这种整理剂与纤维的结合包括两方面,一是通过自身缩合在纤维表面成膜;其二是若含有交联基团则与纤维交联,耐久性可以进一步提高。聚硅氧烷类亲水柔软剂都含有亲水基团或链段,主要包括以下几种结构。

1. 聚醚类

$$H_3C \underset{\underset{CH_3}{|}}{\overset{\overset{CH_3}{|}}{Si}} - O \underline{} \underset{\underset{CH_3}{|}}{\overset{\overset{CH_3}{|}}{Si}} - O \underline{}_{n_1} \underset{\underset{CH_3}{|}}{\overset{\overset{CH_3}{|}}{Si}} - O \underline{}_{n_2} \underset{\underset{CH_2CH_2CH_2O(C_2H_4O)_{m_1}(C_3H_6O)_{m_2}R}{|}}{\overset{\overset{CH_3}{|}}{Si}} - O \underline{}_{n_3} \underset{\underset{CH_3}{|}}{\overset{\overset{CH_3}{|}}{Si}} - CH_3$$

聚醚改性硅油通常由甲基含氢硅油与末端带有不饱和键的聚乙二醇、聚丙二醇等聚醚进行硅氢加成反应制得。在聚硅氧烷的侧链上引入水溶性不饱和聚醚,可以使疏水性有机硅变为亲水性有机硅。它从根本上避免了一般有机硅乳液在使用过程中出现破乳漂油的现象,而且改善了织物亲水性、防沾污和抗静电性,使整理后的棉、麻、丝仍保持天然纤维原有的亲水风格,合成纤维经过整理后具有良好手感和天然织物的风格,克服了其易带静电、吸尘、起球等缺点。

由于聚醚改性有机硅属于非反应型改性硅,分子中反应基团较少,故耐洗性较差,为此又开发了含有反应性基团的环氧聚醚类整理剂。

2. 环氧聚醚类

$$H_3C \underset{\underset{CH_3}{|}}{\overset{\overset{CH_3}{|}}{Si}} - O \underline{} \underset{\underset{CH_3}{|}}{\overset{\overset{CH_3}{|}}{Si}} - O \underline{}_n \underset{\underset{C_xH_{2x}C \underset{O}{\diagdown} CH_2}{|}}{\overset{\overset{C_3H_6O(C_2H_4O)_{m_1}(C_3H_6O)_{m_2}R}{\overset{|}{CH_3}}}{Si}} - O \underline{}_{n_2} \underset{\underset{CH_3}{|}}{\overset{\overset{CH_3}{|}}{Si}} - CH_3$$

由于环氧基能与纤维表面中的羟基、氨基、羧基等形成共价键,因此该整理剂特点在于活性高,可与纤维素纤维和其他纤维牢固结合,提高了整理效果的耐久性。处理后织物高温不泛黄,纤维膨松,且使无机盐的稳定性提高,但光滑感较差;若与氨基改性硅油混用,可起到非常理想的柔软效果。

3. 氨基聚醚类

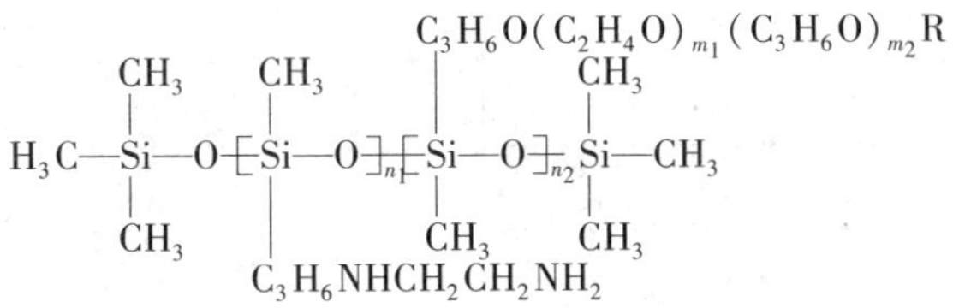

$$C_3H_6O(C_2H_4O)_{m_1}(C_3H_6O)_{m_2}R$$

$$H_3C-Si-O\text{[}Si-O\text{]}_n\text{[}Si-O\text{]}_{n_2}Si-CH_3$$

（结构式中含 CH₃、CH₃、CH₃、CH₃、CH₃ 及 C₃H₆NHCH₂CH₂NH₂ 等基团）

用于织物整理的硅油产品的相对分子质量应该适当。相对分子质量过大则黏度高,不易分散,且产品中有机硅含量偏低,使柔软度受到影响。过低则亲水性不够,不易溶解和乳化,使整理效果不佳。一般控制在 5000 ~ 10000。

（六）其他整理方法

在对合成纤维进行亲水整理时,还可以利用 PEG 与 2D 树脂作用生成 PEG – 2D 交联产物,从而改变纤维的亲水性能。如下图所示。

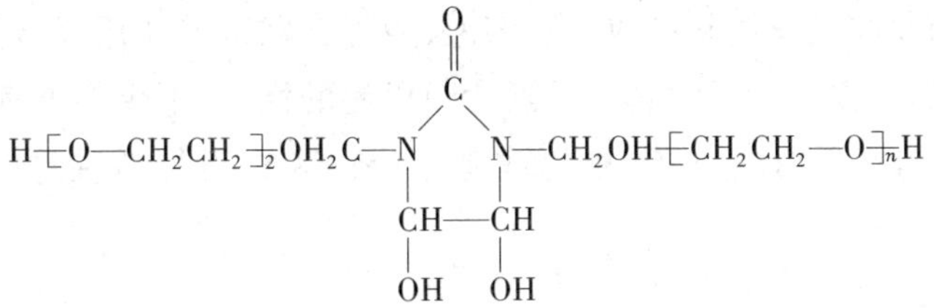

$$H\text{[}O-CH_2CH_2\text{]}_2OH_2C-N\overset{\overset{\displaystyle O}{\overset{\displaystyle \|}{C}}}{\underset{}{}}N-CH_2OH\text{[}CH_2CH_2-O\text{]}_nH$$

（下方含 CH—CH、OH、OH 基团）

这种 PEG—2D 交联物可沉积在纤维之间,形成网状结构而使被整理织物增重率较高,PEG—2D 交联物中的醚键和羟基具有较强的亲水性,从而使得合成纤维的亲水性得到较大提高。

不同规格的 PEG 对整理效果影响较大,特别是不同相对分子质量的 PEG 导致交联反应后的增重量也不相同。随着相对分子质量的增加,能与 2D 发生交联反应的末端羟基的克分子数减少,使交联程度发生变化。相对分子质量在 1000 时,交联程度较高,产生较大增重,亲水效果提高较大;相对分子质量过低(如小于 400),则会导致水溶性增大。相对分子质量过高(如高于 3350),交联程度反而降低,只产生较少的增重量。

另外,聚乙二醇的浓度对整理效果也有较大的影响。表 7 – 2 是 PEG – 1000 的用量对涤纶纤维亲水性的影响。

随着 PEG 浓度的升高,回潮率相应增大,增重率增加,织物手感变硬。而毛细管效应在 PEG – 1000 的用量达 100g/L 以上却呈现下降趋势,这是由于过多的整理剂反应物堵塞了纤维毛细管,影响了水滴的扩散。比较而言,PEG – 1000 用量为 100g/L 时,其毛效较高,亲水效果较好。2D 树脂的用量对整理的耐久性影响较大,一般用量至少应在 80g/L 以上。

表7-2　PEG-1000用量对涤纶亲水性的影响

PEG-1000用量(g/L)	增重率(%)	毛效(mm)	回潮率(%)
50	1.12	26	0.93
100	5.86	43	1.38
125	7.14	38	1.45
250	14.63	37	2.02
500	23.57	35	2.78

下面是合成纤维的PEG亲水整理工艺配方：

PEG-1000 100g/L;2D树脂80g/L;柠檬酸 x g/L(调节整理液pH为4);$MgCl_2 \cdot 6H_2O$ 20g/L;焙烘条件170℃×2min。

近些年来,利用天然丝素对合成纤维的整理研究有了很大发展。涤纶经氨解改性后其纤维上可引入氨基,有利于与丝素蛋白质分子结合,从而在涤纶表面包覆一层天然蛋白质分子,大大提高涤纶的亲水性。

丝素涂膜整理就是将蚕丝屑料制成丝素溶液,通过交联剂的作用,将丝素分子固着在涤纶表面及微隙内,形成薄而柔软的丝素膜。丝素涂膜以后的涤纶,不仅能发挥涤纶自身的优良服用性能,而且其表层具有蛋白质分子,可以改善吸湿性和穿着舒适性,并且具有一定的保健作用。

二、高吸水整理

高吸水剂有很多品种,各品种之间的性能有较大的差异。表7-3是各种类型高吸水剂的性能比较。

表7-3　各种类型高吸水剂的性能比较

种　类	聚丙烯酸类	聚乙二醇类	淀粉与丙烯酸接枝共聚物	羧甲基纤维素交联体
形　状	粉末状	粉末状	粉末状	粉末状、细纤维状
吸水倍数	300~1000	150	300~800	200
吸水速度	快	慢	快	快
吸水后强度	良好	良好	差	差

纤维原料在高吸水整理过程中对产品性能影响较大,因此整理时要根据所开发产品的具体要求和现有的纤维品种,进行细致的对比分析。常规合成纤维的吸湿性较差。而吸水性较好、适宜于开发高吸水产品的原料主要为粘胶纤维和脱脂棉。高吸水非织造布的吸液性能除了与所选择的工艺路线、主体纤维配比有关外,与高吸水剂的浓度也有很大的关系。试验证明高吸水剂的浓度不宜低于0.05%。

高吸水剂与纤维网的化学黏合要靠黏合剂来完成。选择黏合剂首先应根据产品的用途而定,然后考虑黏合剂对不同纤维的渗透性及黏附力。同时,还要考虑成本、助剂相溶性、浸渍部位易清洗等因素。适用于非织造布的黏合剂品种很多,黏合剂的选择也要考虑产品本身的要求。如医用产品要考虑对生物体的良好适应性,包括对组织不产生物理影响、没有化学活性、不产生变态反应等过敏症状、没有致癌作用及毒性等。又如淀粉、阿拉伯树胶等虽然价格便宜、使用方便、无毒,但用它们作黏合剂制成的产品耐水性差,手感硬。

第三节　亲水性能的评价

经过亲水和高吸水整理之后,需要对整理效果进行评价。目前评价亲水整理的方法和指标主要有毛细管效应、回潮率、水滴扩散时间和面积。评价高吸水整理的指标主要是吸水率和相对吸水率。下面介绍几种测试方法。

1. 毛细管效应(简称毛效)的测试方法　将试样剪成经向 20cm、纬向 5cm 的布条,在平均温度为 10℃、平均相对湿度 80% 的空气中平衡 24h 后,再在毛细管效应测定装置上测试,毛细管效应以 30min 内水位上升高度(mm)表示。

2. 回潮率测定方法　将试样在平均温度为 10℃、平均相对湿度 80% 的空气中平衡 24h,称重后置于烘箱中 110℃ 烘至恒重,计算出回潮率。

3. 水滴扩散时间和面积测试　在平均温度为 10℃、平均相对湿度 80% 的条件下,将布平铺绷紧在一个烧杯上,在距布面约 1cm 处滴一滴水(约 0.05mL),开始计时,直到水滴在布面上扩散至无镜面反射时为止。该时间为水滴扩散时间,同时记录水滴扩散的面积。

4. 吸水率及相对吸水率的测定方法　称取一小块制备好的质量为 m_1 的非织造布,放入 250mL 烧杯中,加入 100mL 去离子水,10min 后取出,用一定力挤压,排出吸附水,而后称其质量为 m_2。再称取同样大小质量为 m_3 的非吸水性非织造布,使其充分吸水,取出后,用同样大小的力挤压,称其质量为 m_4。然后按下列公式计算。

$$相对吸水率 = A - B$$
$$A = (m_2 - m_1)/m_1$$
$$B = (m_4 - m_3)/m_3$$

其中,A 和 B 均为吸水率。

5. 保水性测试方法　织物具有高吸湿性,即人体一旦出汗,织物能很快吸收,使皮肤保持相对干燥。根据这一现象,许多学者认为,优良的织物应具有较高的保水率。测定保水量的方法如 DIN 53814。该法是将纤维浸泡 2h 以上,使之充分吸水后挤干,在离心机上以 3500r/min 的速度脱水 10min,迅速称重记为 W_1,然后在 105℃ 下干燥 1h,再称重记为 W_0。

$$保水率 = (W_1 - W_0)/W_0 \times 100\%$$

☞ 思考题

1. 评价亲水整理的方法和指标主要有哪些？请分别论述。
2. 评价高吸水整理的指标主要是哪些？请分别论述。
3. 简述高吸水剂的吸水机理。
4. 常用亲水整理剂有哪些类型？各自有什么特点？

第八章 抗静电整理

第一节 静电的危害与解决方法

一、静电的危害

非织造布与众多的纺织品一样,由于使用的纤维材料是电的不良导体,具有很高的比电阻,在使用过程中常常会受到静电现象的困扰。如人们行走在针刺、缝编地毯上时,会由于摩擦造成静电集聚,引起轻微的电击感;手术服、手术帽、手术鞋、口罩等制品携带静电,会干扰医疗仪器正常运行或在乙醚麻醉手术时引起爆炸事故。

大量的非织造过滤材料尤其是空气过滤用滤材,纤维易带电,瞬间的带电量高达3000V以上,其放电火花可能造成危害,严重时会引起爆炸和火灾;非织造汽车内饰材料与人体摩擦后,立即接触金属门把手,就会有一定程度的电击感。用于医药、食品、精密电子、精密仪器等行业的非织造无尘、无菌工作服,更要求材料具有优良的抗静电性,以免因积聚静电而吸引灰尘和细菌。此外,医用卫生材料、装饰材料、擦拭材料、隔音材料、绝缘材料等非织造材料,均有不同程度的抗静电要求。静电现象的危害集中表现在以下几个方面。

1. 非织造布与人体接触产生吸附、电击现象使人体有刺痛感　随着非织造布产品与人体的频繁接触、摩擦和分离,产生静电荷,会出现材料之间互相排斥或相互吸引纠缠的现象,有时还会产生局部性的小火花放电现象,这是因为在两者接触摩擦过程中静电荷不断积聚的缘故。当材料与人体脱离的瞬间,电荷击穿空气小空隙,出现小火花,这种带电的电压高、电量小,所以人体的感觉只是一种刺痛感。虽然不会直接带来生命危险,但人们对突然产生的电击不免有点恐惧感,但也有可能间接地带来事故。

2. 非织造布带静电后易吸尘、易沾污　由于异性电荷相吸的作用,使非织造布易于吸附空气中带异性电荷的尘埃微粒。尘埃吸附以后,不易掉落,使非织造布产品沾污不易脱落。

3. 非织造布带静电后引起意外事故 人们穿着合成纤维制品并在周围存在易燃易爆气体的环境中活动时,存在一定的危险性。因为在某种条件下,静电放电的小火花的能量足够使周围易燃易爆气体着火或闪爆,引起事故。如果人体对地电容为 $200 \times 10^{-6} \mu F$ 时,人体带电电压为 2000V,则人体的带电能量为 0.4mJ,这比汽油和空气混合物的发光极限 0.2mJ 高一倍。人在针刺、缝编、簇绒等化纤地毯上行走,身体就会带上 3000 ~ 5000V 的静电,相对湿度低时,可达 5000 ~ 18000V。在适当场合当人体发生静电放电时,产生的能量(2.5 ~ 32mJ)足以点燃可燃性气体。爆炸物及气体的最低点燃能见表 8 - 1。

表 8 - 1　爆炸物及气体的最低点燃能

物　料	点燃能(mJ)	物体静电(kV)	物　料	点燃能(mJ)	物体静电(kV)
碳氢化合物(煤油)/空气混合物	0.25	1.58	收敛酸铅	0.003	0.17
氢/空气混合物	0.02	0.45	天然气/空气	0.3	1.73
乙醚/空气混合物	0.20	1.41	城市煤气/空气	0.03	0.55
叠氮化铅	0.004	0.20			

4. 静电现象对人体健康的影响 静电对人体的危害性,已逐渐被人们重视,但基本理论的研究还不系统深入。有人提出,过于频繁的放电作用,会使皮肤产生一定的过敏反应,甚至发生皮疹。近年来静电对心脏病、精神分裂症、重度神经衰弱等不能承受强烈刺激的患者是一种潜在的威胁,它能诱发心律失常;静电促使人体血液的 pH 上升,血中含钙量降低。但并不是所有的静电荷都是有害的,正电荷会使人血压升高并感到厌烦等,而负电荷对人体生理有利,感到舒适。

二、静电的消除方式

解决非织造布加工和使用过程中的静电问题要从抑制电荷的产生和加快电荷的逸散两方面进行。具体可分为物理方法和化学方法两种。

1. 物理方法

(1)利用纤维的电序列,加入能产生相反电荷的材料,使产生的电荷相互抵消,或尽可能使用电序列相接近的材料。越接近者,产生的电荷量越小。例如涤纶和棉混合,涤纶与钢摩擦带负电荷,棉与钢摩擦则带正电荷,涤/棉混合时便可让正电荷和负电荷中和。

(2)用油剂减少加工过程中的静电。

(3)静电荷的大小取决于纤维间介质的介电常数,介电常数的数值越大,越易逸散静电。所以,增加工作环境的相对湿度可以提高介电常数,减小带电量。

(4)通过接地以导去纤维上的静电。

(5)与导电纤维混用,一般加入 0.05% ~ 2% 的导电纤维,就能获得持久性的抗静电效果。

2. 化学方法 可采用材料表面改性法和用抗静电剂进行整理的方法。材料表面改性法是在材料表面形成有抗静电作用的亲水性高聚物层。例如,在聚酯纤维上用聚乙二醇与 PET 的共聚物作皮层,可以用接枝方法将亲水性官能团接于纤维表面,以达到提高其吸湿率的目的;对于已经加工成型的非织造布而言,采用抗静电剂整理是最为便捷、经济、实用、有效的方法。

第二节　非织造布静电的产生及影响因素

一、产生静电的机理

静电的产生是一个很复杂的物理过程,目前对于静电产生机理方面的研究还不成熟,有各种各样的假说,被完全认同的观点是:两个不同的物体接触或摩擦后分离,就会产生静电。

两种不同的固体接触时,一般认为在接触面的距离达到 25×10^{-8} cm 或更小时,一物体就会把电子转移给另一物体。非织造布在使用过程中的摩擦作用主要在于增加两种物体达到 25×10^{-8} cm 以下距离的接触面积。其次,拉伸、压缩、电场感应、热风干燥、气流摩擦、辐射等均有助于材料之间的摩擦。非织造材料接触、分离及摩擦时,电荷量在不断产生、不断泄漏,其最终携带的电荷量是这两个过程的动态平衡值。如图 8 - 1 表示静电的产生与消失。

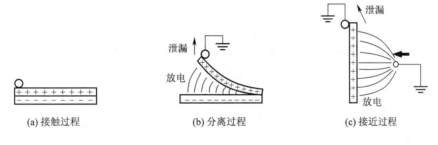

图 8 - 1　静电的产生与消失

两物体互相接触摩擦后,物体表面的电荷特性取决于电子流和摩擦静电序列,简称电序列。表 8 - 2 是不同科学家研究发表的电序列。

当表 8 - 2 中的两种材料相互摩擦时,在电序列中靠上边的纤维带正电,而靠下边的纤维带等量负电。如棉与涤纶摩擦,棉一般带正电,涤纶带负电。而棉与蚕丝摩擦时,则棉带负电,蚕丝带正电。

从表 8 - 2 看出,由于测试条件及使用的材料不尽相同,不同人发表的电序列有所不同。利用电序列表,不仅可以预测两种材料相互摩擦时产生电荷的情况,而且在一定程度上也决定其带电量大小。相隔位置越远,则带电量大,接触电位差也大。如穿着衣服时,皮肤与衣服摩擦,羊毛服装带正电荷,皮肤带负电荷,而锦纶以外的其他合成纤维带负电荷,皮肤带正电荷。据报道,人体带上负电荷对生理机能有利,而且感到舒适,带正电荷时感到烦躁。

表8-2 不同科学家研究发表的静电序列

研究者 序 列	Blake - more	Disher	Moore	Hecsh	Ballou	Lehmicke
+		聚氨酯 锦纶				玻璃 人发 锦纶
	玻璃 羊毛 锦纶6 锦纶66	羊毛 真丝 粘胶纤维 皮肤	玻璃 羊毛 真丝	羊毛 锦纶 粘胶纤维	羊毛 锦纶 真丝 粘胶纤维 皮肤	羊毛 真丝 粘胶纤维
	棉 皮革	棉	棉 木材	棉 真丝	棉 玻璃纤维 苎麻	棉 纸 苎麻 钢 硬橡胶
	醋酯纤维 皮肤 生丝 聚酯纤维 聚丙烯	醋酯纤维 聚丙烯 聚酯纤维 腈纶 聚氯乙烯 聚四氯乙烯	聚苯乙烯 聚乙烯 聚四氯乙烯 醋酯纤维	醋酯纤维 聚乙烯醇 涤纶 腈纶 聚氯乙烯 聚乙烯 聚四氯乙烯	醋酯纤维 涤纶 腈纶 聚偏氯乙烯纤维	醋酯纤维 合成橡胶 腈纶 聚偏氯乙烯纤维
−						

二、影响静电效应的主要因素

(一)介电常数

按照柯恩(Coehn)法则,静电序列中任何两种材料接触摩擦时,总是上端的(介电常数较大者)带正电,下端的(介电常数较小者)带负电。其摩擦后所带静电量 Q 与两个物体的介电常数 ε_1 和 ε_2 有如下关系。

$$Q = K(\varepsilon_1 - \varepsilon_2)$$

式中:K——常数。

静电量随两个物体的介电常数差值的增大而增大。

(二)表面比电阻

两种纤维材料摩擦产生的电位,会随着时间的推移,通过对地传导和向空气逸散而衰减,电荷逸散过程方程式是:

$$V_t = V_0 \mathrm{e}^{-t/R_s C} \tag{8-1}$$

式中:V_t——时刻电压;

  V_0——起始电压;

  t——逸散时间;

  R_s——纤维表面电阻;

  C——纤维对地电容。

式(8-1)也可写成如下形式:

$$\ln V_t = \ln V_0 - \frac{t}{R_s C} \tag{8-2}$$

由上两式可知,表面电阻越高,电荷逸散越慢。常见纤维的比电阻见表8-3。同一种材料在不同湿度条件的比电阻不同,湿度越大,比电阻越小。由于比电阻对湿度等大气条件比介电常数敏感得多,所以比电阻对材料静电效应的影响要比介电常数大得多。

表8-3　常见纤维的比电阻

纤维种类	回潮率(%)	比电阻(Ω·cm)	纤维种类	回潮率(%)	比电阻(Ω·cm)
聚烯烃纤维	0	10^{15}	醋酯纤维	6.5	10^{12}
氯纶	0	10^{15}	棉	8	10^{7}
涤纶	0.4	10^{14}	粘胶纤维	11	10^{7}
腈纶	2	10^{14}	羊毛	16	10^{9}
锦纶	4.5	10^{12}			

(三)环境条件

纤维材料的静电性能受大气环境的影响很大,对周围温、湿度的影响极其敏感。

1.相对湿度　环境相对湿度高时,电荷向外界的散失速度变快,纤维的吸湿率增高,导致纤维本身的比电阻降低,静电衰减加快,静电电压降低。图8-2为几种纤维的比电阻与相对湿度的关系,所有纤维的比电阻都随着相对湿度的增高而降低。在一定的范围内,表面比电阻与相

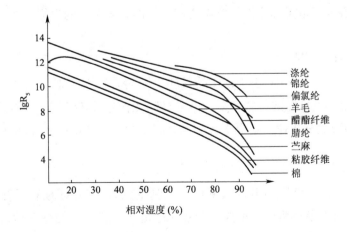

图8-2　各种纤维比电阻与相对湿度的关系

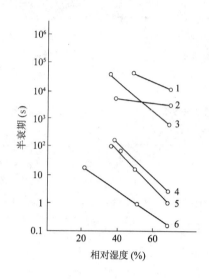

图 8-3 某些纤维的静电半衰期与
相对湿度的关系

1—涤纶 2—腈纶 3—锦纶 4—棉

5—羊毛 6—玻璃纸

对湿度间近似直线关系,即纤维比电阻在一定相对湿度范围内,随着湿度的提高,按指数规律下降。图 8-3 为几种纤维的静电半衰期与相对湿度的关系。与比电阻相同,随着相对湿度的提高,静电半衰期按指数规律降低。总之,环境的相对湿度以及纤维本身的吸水率,对纤维材料静电性能的影响是比较显著的。

2. 温度 环境温度的改变会引起纤维材料比电阻的改变,但是这一变化呈指数关系。有研究表明:温度升高 10℃,比电阻降低 20% 。因此,温度对纤维静电性能的影响比起相对湿度的影响要小得多。

3. 空气中离子化程度 空气中离子的存在对纺织材料的静电性能有重要影响。空气中带有正、负离子,影响物体的带电程度。在其他条件相同的情况下,纺织材料的带电程度会随空气离子化程度的增加而减小。空气的离子化程度不仅因场所而异,还受太阳辐射作用的影响,季节和昼夜之间也有很大差异。根据 R. IO. 列涅特的资料,对苏联某地区测定,一年当中,大气中的正、负离子数有很大差异,夏季最多,冬季最少,因而纤维带电现象夏季比冬季轻。一昼夜中,中午和午夜时最少。

第三节 静电性能指标

评定非织造布的导电和静电性能,主要是通过测量非织造布的摩擦电压、摩擦电荷密度、起始电晕放电电位、静电半衰期、比电阻等数据描述的。由于非织造布的形状、物理力学性能和使用场合与纤维不同,因此测定方法有所区别,主要为静电半衰期、摩擦带电电压、比电阻等三种测量方法,一般将表面比电阻和摩擦带电电荷密度等作为参考性的表征参数和测试项目。

一、静电半衰期及测试方法

在物体的带电、放电过程中,由于物体的材料不同而有很大差别。绝缘材料放电困难而容易积累带电,有一定导电性能的材料容易放电,但带电困难。物体带电后,内部电荷的逸散符合式(8-1)所示的指数衰减规律。将电量衰减的时间常数 $\tau = R_s C$ 代入式(8-1),得:

$$V_t = V_0 \mathrm{e}^{-t/\tau} \tag{8-3}$$

电量衰减时间常数 τ 可用静电衰减测量仪来测量,而在实际纤维和纤维制品的静电测试中,难以操作,因而引入半衰期这一参数。半衰期是指非织造布上的静电荷衰减至原始值一半

$(V_t = \dfrac{1}{2}V_0)$时所用的时间,用$t_{\frac{1}{2}}$表示,如图8-4所示。将式(8-3)加以变换,

$$\tau = t/\ln(V_0/V_t) \qquad (8-4)$$

以$V_t = \dfrac{1}{2}V_0$代入上式,得到静电半衰期$t_{\frac{1}{2}}$与电量

衰减时间常数τ之间的关系:

$$t_{\frac{1}{2}} = \tau/1.44 = 0.69\tau \qquad (8-5)$$

测试时,只要将试样放在强静电场中,使其带电之后,去掉外加电场,测定其所带电压衰减至一半的时间,即为半衰期值。

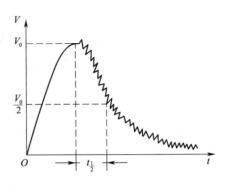

图8-4 纤维静电电压衰减波形

二、比电阻

纤维的导电性能可用表面比电阻、质量比电阻、体积比电阻表示。纺织品或非织造布多用表面比电阻表示。

电流通过材料表面时的电阻称为表面比电阻ρ_s,即材料表面长度、宽度各为1cm时的电阻值,单位是Ω。质量比电阻ρ_m数值上等于试样长1cm、质量为1g时的电阻值,单位是$\Omega \cdot g/cm^2$。体积比电阻ρ_v数值上等于材料长1cm、截面积为1cm^{2}时的电阻值,单位是$\Omega \cdot cm$,体积比电阻ρ_v与质量比电阻ρ_m的关系为:

$$\rho_m = d \cdot \rho_v$$

式中:d——材料的密度,g/cm^3。

用上述几个指标衡量材料静电性能的优劣时,可参考表8-4进行。

表8-4 不同指标所表示的材料抗静电效果

静电性能指标	抗静电效果				备　　　注
	好	较好	较差	差	
摩擦带电压(V)	<500	500~1000	1000~2000	>3000	人体带电压2kV时有缠贴、吸附感;3kV时手指有刺痛感;4~5kV时有电击感,可见放电火花;6~7kV手指痛感剧烈,电击感强烈
表面比电阻(Ω)	<10^9	10^{10}	10^{11}~10^{12}	>10^{13}	
半衰期(s)	<0.5	0.5~10	10~60	>60	

由于测试条件对各指标的测试结果影响较大。对此,各国均有严格的测试标准,以确保测试结果的真实性、可比性。如美国AATCC标准规定,测试的环境温度为24℃,相对湿度为20%或40%;日本JIS标准规定,温度为(20±2)℃,相对湿度为(40±2)%;德国DIN标准规定,温度为(23±1)℃,相对湿度为(25±2)%。

非织造布静电性能测试方法,可参照我国纺织品静电性能测试方法相关标准进行,具体标

准如下所示。

（1）GB/T 12703—1991 纺织品静电测试方法（A 法半衰期法、B 法摩擦带电电压法、C 法电荷面密度法、D 法脱衣时的衣物带电量法、E 法工作服摩擦带电量法、F 法极间等效电阻法）。

（2）FZ/T 01042—1996 纺织材料静电性能静电压半衰期的测定。

（3）FZ/T 01044—1996 纺织材料静电性能纤维泄漏电阻的测定。

（4）FZ/T 01059—1999 织物摩擦静电性吸附测定方法。

（5）FZ/T 01060—1999 织物摩擦带电电荷密度测定方法。

（6）FZ/T 01061—1999 织物摩擦起电电压测定方法。

第四节　抗静电剂

一、抗静电剂的分类及作用机理

抗静电剂使用时必须满足用量少、效果好，使用方便、价格适宜、成本低、不腐蚀设备、不污染环境、对纤维不产生物理或化学的不良影响等条件。在低温和低湿状况下也要求有显著效果，且无臭味、对人体无毒无害。对于暂时性需求的产品可在使用后清除，对于要求具有耐久性抗静电性能的产品应具有耐摩擦、耐洗涤和耐干洗等性能。

抗静电剂的类别很多，按化学结构可分为阴离子型、阳离子型、非离子型、两性型抗静电剂；按分子量大小可分为低分子和高分子抗静电剂；按作用的耐久性分为暂时性和耐久性抗静电剂；按使用部位分内部添加型和纤维外用型；按纤维加工工序分为纤维加工用抗静电剂（多为暂时性的）和产品后整理用抗静电剂（多为耐久性的）。使用抗静电剂对非织造布进行整理的作用原理，大致可归纳为以下三个方面。

1. 减少静电的产生　利用抗静电剂的柔软平滑作用，降低纤维的摩擦系数，相应减少了因摩擦而产生的自由电子移动，从而抑制了静电的产生。如阴离子型抗静电剂就是由于优良的滑爽柔软性和对纤维的吸附性而起到抗静电效果。

2. 加快静电荷的逸散速率　提高纤维的吸湿性这是大多数抗静电剂发挥作用的主要方式。水的导电能力很高，如纯水的体积比电阻为 $10^6\Omega$，含有可溶性电解质的水的体积比电阻为 $10^3\Omega$，而一般疏水性合成纤维的体积比电阻达 $10^{14}\Omega$。正由于水具有相当高的导电性能，所以只要吸收少量的水就能明显地改善聚合物材料的静电荷逸散速率。因此，抗静电整理的作用主要是提高纤维材料的吸湿能力，改善导电性能，减少静电现象。

用具有亲水性的非离子表面活性剂或高分子物质进行整理。表面活性剂的抗静电作用是由于它能在纤维表面形成定向吸附层，在吸附层中表面活性剂的疏水端与疏水性纤维相吸引，而亲水端则指向空气，在纤维表面形成一层亲水性薄膜。从而提高了纤维的吸湿性，加速了电荷逸散速率，减少了静电积聚，降低了纤维的表面电阻，达到抗静电效果。但这类整理剂会因空气中湿度的降低而影响其抗静电性能。

此外，还可用离子型表面活性剂或离子型高分子物质进行整理。这类离子型整理剂受纤维表层含水的作用,发生电离,具有导电性能,从而降低其静电积聚。此外,离子型抗静电剂还可通过中和表层电荷的方式消除静电。这种整理剂也具有吸水性能,因此,其抗静电能力也受空气中的相对湿度的影响。

3. 双电层原理 两种物质接触时,因不同原子得失电子的能力不同、其外层电子的能级不同,故发生电子的转移,并包含着能量的传递。两种物质的界面两侧会出现大小相等、符号相反的两层电荷,这两层电荷即为双电层,其间的电位差即称为接触电位差。只有当两种物质紧密接触,其间距小于 25×10^{-8} cm 时,才会出现双电层和接触电位差,如图 8-5 所示。实验测出金属与绝缘材料紧密接触时,界面上电荷密度为 $10^{-9} \sim 10^{-8}$ C/cm^2。金属与金属、金属与半导体、金属与电介质、电介质与电介质等固体物质的界面上都会出现双电层。固体与液体、液体与液体、甚至固体或液体与气体的界面上也会出现双电层。

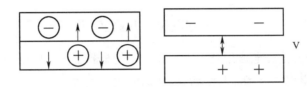

图 8-5 界面接触引起的双电层模型

双电层起电实质上是界面极化作用引起的电离和吸附,或由电子的亲和力引起的电动现象,在极薄的表层中形成电荷层。一般说来,酸性高聚物易丢失正离子而形成负电荷表面,碱性高聚物相反。

由抗静电剂产生的电荷与纤维摩擦时所带的电荷相反,因此发生电性中和现象,使纤维表面电荷量减少,提高了抗静电性。具有这种特殊消电作用的抗静电剂有聚氨酯树脂、640 油剂等。

二、抗静电剂品种

(一)暂时性的抗静电剂

1. 吸湿剂和电解质 利用它们的吸湿作用增加纤维表面水分,从而增加其导电率,以迅速逸散电荷。常用的有甘油与醋酸钾共混物、无机盐(如氯化锂)、胺类(如三乙醇胺)等。抗静电剂溶液的配比如下所示。

①$Ca(NO_3)_2 \cdot 4H_2O$ 20 份

  三乙醇胺醋酸盐   8 份

  水   972 份

②$Ca(NO_3)_2 \cdot 4H_2O$ 20 份

  三乙烯四胺甲酸盐   8 份

  水   972 份

③$Mg(NO_3)_2 \cdot 6H_2O$ 20 份

二甲基乙醇胺丙二酸盐　　　　10 份

水　　　　　　　　　　　　970 份

上述三种抗静电液,可用作涤纶、锦纶、二醋酯纤维或三醋酯纤维及其与棉、毛、丝混合物的外用抗静电剂。能使纤维或非织造布的面电阻率从 $10^{14}\Omega$ 降到 $10^9\Omega$。

2. 阴离子表面活性剂　烷基(苯)磺酸钠、烷基硫酸钠、烷基硫酸酯、烷基苯酚聚氧乙烯醚硫酸酯和烷基磷酸酯都具有抗静电作用,而烷基磷酸酯和烷基苯酚聚氯乙烯醚硫酸酯的效果最好,在合纤纺丝油剂中常使用烷基磷酸酯,它在浓度低时就有很好的抗静电作用。用烷基苯磺酸钠做整理剂时其浓度要达到 4% 时才有抗静电效果。国产的抗静电剂 P(相应于美国的 Vict-awet P)即为磷酸酯的二乙醇胺盐:

$$R-O-\overset{\overset{\displaystyle O}{\|}}{P}\begin{matrix}OH \cdot NH(CH_2CH_2OH)_2\\ \\OH \cdot NH(CH_2CH_2OH)_2\end{matrix}$$

阴离子表面活性剂的抗静电作用是由于它在高聚物材料上定向吸附,它的亲油性基朝向高聚物,而亲水性基朝向空气。后者能与水缔合,从而能改善表面电导率,达到抗静电的效果。若其亲油性基朝向空气,非但无抗静电作用,反而会增加静电。所以,阴离子表面活性剂不适宜用作亲水性纤维的抗静电剂。处理非织造布时,不同浓度会出现不同现象:最初加入时,表面活性剂分子的亲水基指向空气取向,随着浓度增加,第二层分子的憎水基指向空气。如此反复多次,最末几层分子处于无取向状态,抗静电作用反而下降。试验证明,在临界胶束(CMC)浓度时,往往表现抗静电的极大值。因此,无机电解质能提高抗静电效果,因为它们能降低表面活性剂的 CMC。同一种抗静电剂在不同高聚物上的抗静电效果差别很大,甚至会出现相反效果。有的抗静电剂在涤纶上效果很好,但在 T/C 混合非织造布上却没有效果。

3. 阳离子表面活性剂　阳离子表面活性剂是抗静电剂的大类品种,在低浓度时就具有优良的抗静电性能。由于大多数高分子材料都带负电荷,因此最有效的抗静电剂是阳离子和两性表面活性剂。

对塑料和合成纤维而言,季铵盐是性能优良的抗静电剂。如抗静电剂 TM(国外相应品种 Temas TM)、国产抗静电剂 SN、美国 ACY 公司的 Catanic SN 抗静电剂,其结构式分别为:

$$\left[CH_3-\overset{\overset{\displaystyle CH_2CH_2OH}{|}}{\underset{\underset{\displaystyle CH_2CH_2OH}{|}}{N}}-CH_2CH_2OH\right]^+ CH_3SO_4^-$$

$$\left[C_{18}H_{37}-\overset{\overset{\displaystyle CH_3}{|}}{\underset{\underset{\displaystyle CH_3}{|}}{N}}-CH_2CH_2OH\right]^+ \cdot NO_3^-$$

$$\left[C_{17}H_{35}CONHCH_2CH_2\overset{\overset{\displaystyle CH_3}{|}}{\underset{\underset{\displaystyle CH_3}{|}}{N}}-CH_2CH_2OH \right]^+ \cdot NO_3^-$$

具有 2 个长链烷基如二(十二烷基)二甲基氯化铵或二(十八酰基)二甲基氯化铵都是很好的抗静电剂。但当含三个以上长链烷基时,抗静电效果明显减弱,有机酸季铵盐的抗静电效果最好,如三甲基十八烷基乙酸铵、丁酸铵及戊酸铵等。

以吡啶作为阳离子基的烷基吡啶盐,如 *N*—十六烷基吡啶硝酸盐抗静电效果相当优良。碳链增长效果更好,但当具有苯环时,效果减弱。以喹啉作为阳离子基的烷基喹啉盐也作为抗静电剂,其中以十六烷基效果最好。在氮原子上具有羟乙基取代基时,抗静电作用增大。此外,烷基咪唑(1,3 - 二氮杂茂)也常用作抗静电剂。

上述阳离子抗静电剂中,氮原子上的取代烷基若 $\leqslant C_8$ 时,抗静电效果较差。取代基变化时,其抗静电性随之变化。同时,季铵盐的阴离子也影响其抗静电性。例如,三甲基十八烷基季铵盐其抗静电性按下列顺序减弱:

$$(CH_3)_2PO_4^- > Cl^- \text{、}(C_2H_5O)_2 \text{、} PO_4^- \text{、} NO_3^-$$
$$CH_3SO_4^- > Br^- > ClO_4^- \text{、} I^-$$

而 *N*—十六烷基吡啶盐的抗静电性按下列顺序减弱:

$$NO_3^- > Br^- > I^- > ClO_4^-$$

阳离子抗静电剂在纤维上的耐洗性比阴离子型好,还具有优良的柔软性、平滑性,但不能与阴离子助剂、染料、增白剂同浴使用。

4. 两性表面活性剂　两性表面活性剂中 $R—NH_2CH_2COONa$(氨基酸型)、甜菜碱型及咪唑啉型都可用作抗静电剂。每一类型中的阴离子部分可以是羧酸,也可以是磷酸基、硫酸基或磺酸基。两性表面活性剂是一类优良的抗静电剂。其中氨基酸型及咪唑啉型在 pH 低于其等电点时呈阳性,高于等电点时为阴性;甜菜碱型在 pH 低于等电点时呈阳荷性,高于等电点时则成"内盐",而不表现阴离子性,如阴离子为磺酸盐或硫酸盐时,因季铵的碱强度与阴离子的酸强度相当,其"内盐"则呈中性,在任何 pH 下,都处于电离状态。

$$R—\overset{\overset{\displaystyle CH_3}{|}}{\underset{\underset{\displaystyle CH_3}{|}}{N^+}}-CH_2COO^-$$

$$R—C\overset{\displaystyle N—CH_2}{\underset{\displaystyle N^+—CH_2}{\Big\langle}}$$

甜菜碱型抗静电剂　　　　　　　咪唑啉型抗静电剂

两性表面活性剂的抗静电作用是因为它能在纤维表面形成定向吸附层,提高表面电导率。与阳离子表面活性剂一样,两性表面活性剂上的取代基,如烷基的碳原子数、阴离子基团及其碳原子数都会影响抗静电性能。在咪唑啉型抗静电剂中,带磺酸基的抗静电剂效果较好。同样,两性表面活性剂的抗静电性能也与相对湿度有关。相对湿度提高,抗静电性好。与阴、阳离子表面活性剂一样,由于表面上的抗静电剂能向材料内部迁移,而逐渐降低其抗静电性。因此,经处理过的材料,其抗静电性能会随储存时间的延长而逐渐降低。阴离子、阳离子、两性抗静电剂都是在材料表面形成吸附层,经摩擦也会被破坏,所以其耐摩擦性能不好。

5. 非离子表面活性剂　非离子表面活性剂有多元醇类和聚氧乙烯醚两大类。后者又有脂肪醇、烷基酚聚氧乙烯醚、脂肪酸聚氧乙烯酯及脂肪胺、脂肪酰胺聚氧乙烯缩合物。非离子表面活性剂的抗静电性能比离子型表面活性剂差。它的抗静电作用是由于其吸附在材料表面形成一吸附层,使材料与摩擦物体的表面距离增加,减少了材料表面的摩擦,使起电量降低。另外,非离子表面活性剂中的羟基或氧乙烯基能与水形成氢键,增加了材料的吸湿性,降低了材料的表面电阻,使静电易于逸散。

非离子表面活性剂常与离子型表面活性剂拼用,兼有润湿、乳化、柔软和抗静电作用。同样,非离子抗静电剂的效果与相对湿度关系密切,湿度大时,效果增加。非离子型抗静电剂的耐洗性和耐摩擦性不如离子型抗静电剂。

6. 有机硅　有机硅高分子链具有弹性的螺旋形结构,在热处理后甲基向空气定向排列,因此具有柔软、润滑和防水功能。若在有机硅中引进亲水基团,则具有抗静电功能。目前有机硅抗静电剂主要有硅氧烷与聚氧乙烯醚共聚物、氨丙基聚二甲基硅氧烷与环氧氯丙烷的反应物、复合型有机硅、末端为磺酸(或盐)的有机硅氧烷等。

(二)耐久性抗静电剂

除阳离子、两性表面活性剂的抗静电剂有一定的耐久性外,其他表面活性剂都不耐储存(因向纤维内部迁移)和洗涤,解决此问题的有效办法是将整理剂制成高分子物或具有交联成网状特性的结构。

1. 聚丙烯酸酯类　常用丙烯酸酯与亲水性单体共聚。其抗静电性能主要取决于亲水性单体的性质及其在高聚物中的比例。一般用量为总单体的 $20\% \sim 50\%$。耐洗性取决于皮膜的坚牢度,一般常用甲基丙烯酸、甲基丙烯酸甲酯共聚或再加羟甲基丙烯酰胺制成自交联的抗静电剂。

2. 聚酯聚醚类　如国产抗静电剂 CAS、F_4,国外的 Permalose T 等。其基本结构如下所示,与涤纶相似,区别在于含氧乙烯基(相对分子质量在 600 以上)增加,提高了它的吸湿性而降低了表面电阻。其耐洗性决定于聚酯分子量及抗静电剂的成膜情况。因为它的结构与涤纶相似,可以与涤纶相容与共结晶。其相对分子质量越高则耐洗性越好,是针对涤纶的有效抗静电剂。

$$HO\!-\!(CH_2CH_2O\!-\!\overset{\overset{\displaystyle O}{\|}}{C}\!-\!\underset{}{\bigcirc}\!-\!\overset{\overset{\displaystyle O}{\|}}{C}\!-\!O)_n\,(CH_2CH_2O)_m\!-\!]_x\,H$$

3. 聚胺类　如国产抗静电剂 XFZ—03,分子结构如下所示。

$$H_2N\!-\!(\!-\!C_2H_4NH\!-\!)_m\,CH_2\underset{\underset{\displaystyle OH}{|}}{CH}(OC_2H_4)_n\,OCH_2\underset{\underset{\displaystyle OH}{|}}{CH}CH_2\!-\!]_p$$

XF2－03 抗静电剂由多乙烯多胺与聚乙二醇嵌段而得,在两端还可接上环氧基以增加其反应性。抗静电性来自聚醚的亲水性,耐洗性缘于它的高分子量与反应性基团。其可用作腈纶和涤纶等合成纤维的抗静电剂。

4. 三嗪类抗静电剂 结构式如下所示。

$$R\text{—}\underset{}{\bigcirc}\text{—}(OCH_2CH_2)_nOH_2C\qquad\qquad CH_2OCH_3$$

A ＝—OC—◯—COOC$_2$H$_4$

三嗪类抗静电剂以三聚氰胺为骨架,接上聚酯、聚醚基团,能形成良好的抗静电性和耐洗性,适用于涤纶、腈纶等合成纤维。

5. 交联类抗静电剂 凡结构中含有可反应的基团,如羟基等,则可以在整理时加入交联剂将其交联成网状高聚物,以提高其耐洗性。在酸性介质中,交联剂可以选用六羟甲基三聚氰胺(HMM)树脂或 2D 树脂,在碱性介质中则宜选用三甲氧基丙酰三嗪(TMPT)为交联剂。但交联密度不宜过高,否则会使抗静电性和易去污性下降,手感变硬。

各类抗静电剂的抗静电效果与分子结构密切相关,特别是与大分子中氧化乙烯的聚合度、烷基的链长或季铵盐的种类密切相关。表 8－5 列出了抗静电剂分子中的官能团与抗静电效果的关系。

表 8－5　聚合物高分子链中官能团的抗静电作用

抗静电性优的基团	抗静电性中等的基团	抗静电性差的基团
—CON(CH$_3$)$_2$	—CONH$_2$	—Cl
—CON(C$_2$H$_5$)$_2$	—COOH	—CN
—CONHCH$_3$	—SO$_3$H	—OH
—COONa	—COOC$_2$H$_4$N(CH$_3$)$_2$	—COOCH$_3$
—SO$_3$Na	—N(CH$_3$)$_2$	—CONHC(CH$_3$)$_2$
吡咯烷酮基	吡啶酮基	—CON◇
⁅OCH$_2$CH$_2$⁆$_n$		—CON◯O
—PO[N(CH$_3$)$_2$]$_2$		
—CONCH$_2$NHCON(CH$_3$)$_2$		

三、抗静电剂在非织造布中的应用

1. 薄型丙纶非织造布抗静电整理 薄型丙纶非织造布在一次性医疗卫生用品中得到广泛应用,但因丙纶非织造布吸湿性极低,使其在使用过程中由于自身或与设备等的摩擦引起静电,且不易排除,故需改善其抗静电性能。

宋会芬等人用水溶性壳聚糖(脱乙酰度为80%)(抗静电剂A),和阳离子表面活性剂(抗静电剂B),对 $12g/m^2$ 的丙纶非织造布进行抗静电整理。壳聚糖是近年新开发的阳离子功能整理剂,其分子结构中含有大量的羟基和氨基强极性基团,使得壳聚糖分子具有较高的吸湿性,能够有效防止静电荷积聚。壳聚糖无毒、无害,易于生物降解,还具有良好的抗菌性,是理想的环保型功能整理剂。两种抗静电剂整理后丙纶非织造布的抗静电效果见表8-6。

表8-6 两种抗静电剂整理后丙纶非织造布的抗静电性能

浓度(%)	抗静电剂A		抗静电剂B	
	初始静电压(V)	衰减后静电压(V)	初始静电压(V)	半衰期(s)
0.00	257	267	257	—
0.25	190	160	257	2.8
0.50	187	153	207	2.0
0.75	178	140	188	1.2
1.00	133	87	177	2.4

注 抗静电剂A整理后的抗静电性按GB/T12703—1991标准测定;抗静电剂B整理后的抗静电性按FZ/T01042—1996标准测定。

在0.25%~1.00%浓度范围内,使用抗静电剂A整理后,布样的初始静电压随浓度升高而下降,经60s衰减后布样静电压也随浓度升高而明显降低。而未经整理的布样60s衰减后的静电压会由于静电感应而略有增加。这表明抗静电剂A对减少静电荷的产生和加快静电荷的逸散具有一定作用。使用抗静电剂B整理后,当整理液浓度≤0.50%时,布样初始静电压与原布样相比变化较小;浓度>0.50%时,布样初始静电压相对未经整理的布样略有下降。但经过抗静电剂B整理后布样的半衰期明显缩短(<3s)。这说明抗静电剂B对阻止静电荷的产生作用不大,但对静电荷的快速逸散具有较大作用。

如果将抗静电剂A与B复合使用,有可能得到高性能的抗静电整理剂。抗静电剂A和B均是阳离子物质,施加于丙纶非织造布上后,正负离子通过化学结合及相关物理作用,可以快速吸附在非织造布表面,增加丙纶非织造布的吸水性。抗静电剂的疏水基朝外,且疏水基团较长,尾端之间形成滑移面,可以有效降低非织造布表面的摩擦系数,减少静电荷的产生,并使细小纤维回复到纤维的主体上来,从而使干燥后的非织造布具有柔软和滑爽的手感。丙纶非织造布的吸水性提高后,能够快速地逸散静电荷从而达到抗静电的效果。表8-7是将抗静电剂A与B按不同比例复配,对非织造布初始静电压及半衰期的影响。

表 8-7 复合抗静电剂配比对抗静电性能的影响

配比(A：B)	初始电压(V)	半衰期(s)	配比(A：B)	初始电压(V)	半衰期(s)
1：4	62	1.0	2：3	47	1.2
3：2	48	1.3	4：1	63	3.0

注 浓度为1%。

由表 8-7 可得知：复合抗静电剂不仅明显降低了布样的初始静电压，同时半衰期也很小，说明复合抗静电剂不仅可减少非织造布上静电荷的产生，还可以快速逸散非织造布上的静电荷，是理想的丙纶非织造布抗静电整理剂。考虑成本因素，适宜的复配比例选择为抗静电剂 A：B = 1：4。

此外，复合抗静电剂在 0.25% 这样的较低浓度下，非织造布就表现出优良的抗静电性能，初始静电压为 90V，下降为未整理前的 35%，半衰期仅为 1.3s。浓度为 0.5% 时，初始静电压为 43V，半衰期仅 1.6s。比单独使用的效果有明显提高。由此可知：复合抗静电剂可明显提高丙纶非织造布的抗静电性能，且对非织造布的其他性能影响不大。

2. 涤纶针刺非织造布过滤材料抗静电整理 王玉梅等人采用由聚对苯二甲酸乙二醇酯和聚乙二醇缩聚而成的缩聚物作为抗静电剂，对 $300g/m^2$ 涤纶针刺非织造布过滤材料（厚度为 2.2mm）进行整理。由于这种缩聚物与涤纶的化学结构相似，与涤纶具有较好的吸附性，并且它的酯组分与涤纶共熔，而醚组分在涤纶表面形成亲水性薄膜导电层，增加了纤维的吸湿性，降低了纤维表面电阻，达到了抗静电效果。

具体的工艺流程是：涤纶针刺非织造布→浸轧抗静电剂(二浸二轧)→烘干→定形。整理过程中抗静电整理剂的浓度为 0~160(g/L)，增强剂 2g/L，轧液率为 130%，烘干时间和定形时间分别为 4min 和 1min，烘干温度和定形温度分别为 105℃ 和 180℃。

表 8-8 是不同浓度抗静电剂整理后的抗静电指标。在未经整理时，涤纶针刺非织造布的静电压及静电半衰期均很高，随着抗静电剂浓度的增大，静电压及静电半衰期值都随之减小。当抗静电剂浓度达到 100g/L 时，静电半衰期已达到国家标准(≤2s)。当抗静电剂浓度超过 100g/L 时，它的抗静电效果随抗静电剂浓度增加呈缓慢增加，但成本增大。因此该种抗静电剂的浓度采用 100g/L 为宜。

表 8-8 不同浓度抗静电剂整理后的抗静电指标

指标	整理剂用量(g/L)								
	0	20	40	60	80	100	120	140	160
静电压(V)	3400	2000	1100	500	100	70	60	55	55
半衰期(s)	无限大	8.8	5.2	3.3	2.4	1.49	1.24	1.1	1

整理过程中轧液率、轧车车速、定形温度和时间亦会影响整理效果。轧液率过低时，抗静电剂很难在纤维表面形成连续的亲水导电层，抗静电效果差；轧液率过高，整理后不易烘干，定形

效果不好,且抗静电疏水基未与纤维发生共熔,易导致电荷积聚,从而降低或影响抗静电效果。因此应根据非织造布的结构特征,合理选择轧液率。

车速过快,会导致非织造布未被抗静电剂完全浸透,两者不能充分共熔,不能在其表面形成连续完整且相对均匀的亲水导电层。另外,定形温度过低,时间过短,抗静电剂不能与涤纶充分共熔,难于形成良好亲水导电层,达不到良好的抗静电效果;反之,则易造成基布的热损失进而造成其他性能的恶化及能源的浪费。

思考题

1. 试阐述非织造材料产生静电的机理。
2. 阐述抗静电剂对非织造布进行整理的作用原理。
3. 静电性能如何测试?具体指标有哪些?
4. 抗静电剂如何分类?常用抗静电剂品种及性能是什么?
5. 举例说明抗静电剂在非织造布整理中的应用。
6. 请思考抗静电整理与亲水整理、柔软整理的联系与区别。

第九章　涂层整理

本章知识点

1.非织造布涂层整理的定义、分类以及涂层形成机理。

2.常用涂层整理剂的性能特点。

3.常用的非织造布涂层方法、各自特点以及适用产品。

第一节　涂层整理的目的和机理

涂层整理是近年来发展很快的一项技术,目前已广泛应用到纺织、印刷、造纸、照相、合成板、汽车和建筑涂装等国民经济的各个领域。

最接近现代涂层技术的涂层织物是15世纪末印第安人用橡胶树的天然胶乳涂在布上制作的防雨布。在人类发明了用硫黄硫化橡胶的方法后,天然橡胶防雨布遇冷变硬、遇热发黏的性能得到改善,进一步推动了橡胶的使用。20世纪初,在两次世界大战中,由于军事上需要大量的防雨篷布,欧美出现了聚氯乙烯防水布。到了20世纪50年代初,聚氯乙烯涂层产品从手感、强度和光泽上都已近似于天然皮革,成为天然皮革的代用品。

与传统的浸轧—烘—焙整理工艺相比,涂层整理最显著特点是多功能性。由于在涂层产品的聚合物层中,可以容纳许多功能性的物质,因此通常的方法是在涂层剂中添加各种功能整理剂,使织物具有后整理技术达不到的特殊性能与功能。如防雨、防风、防寒、防污、防火、防辐射、耐热、耐化学药品、杀菌消炎等功能,从而大大增加了织物的附加值。

一、涂层定义

涂层应用领域广泛,广义的涂层可以定义为:用物理的、化学的,或者其他的方法,在金属或非金属基体表面形成的一层具有一定厚度、不同于基体材料且具有一定的强化、防护或特殊功能的覆盖层。

由于非织造布的涂层多数采用有机合成树脂类材料作为涂层剂,而基体仅仅是各种各样的非织造布,因此在非织造布加工的范畴内,我们可以把涂层定义为:合成树脂以熔融的状态或溶解于溶剂或以乳胶状态,涂于非织造布表面的加工方法。本书所说涂层仅指非织造布的涂层。

虽然涂层剂形成的薄膜与基体并没有完全融合在一起,但涂层还是可部分渗入非织造布表面凹凹的内部,这样可以富于涂层耐久性,但是由于涂层后产品厚度增加,因而多数涂层产品的手感易变硬。

二、涂层分类

涂层加工技术可以有多种分类方法。经常使用的分类方法是按照涂层加工方式、涂层剂种类和涂层产品的功能等分类。按涂层加工方式可以分为两类:直接涂层和转移涂层。直接涂层包括:刮刀涂层、圆网涂层、罗拉涂层、浸渍涂层、撒粉涂层、粉点涂层、喷丝涂层、泡沫涂层、热熔涂层等。转移涂层包括离型纸涂层和钢带涂层。

按照涂层剂的化学结构可分为聚氨酯、聚丙烯酸酯、硅橡胶、聚氯乙烯树脂等;按照涂层剂的性状可分为溶剂型涂层、水乳型涂层和固体热熔胶涂层;按照涂层剂的成膜方式可分为干法成膜和湿法成膜涂层;按照涂层剂的功能可分为防水透湿、防风、防寒、防污、阻燃、防辐射、耐热、耐化学药品、杀菌消炎等功能涂层。

三、涂层形成机理

不同的涂层剂,在非织造布表面形成薄膜的机理也不相同。而且涂层产品的质量除了与涂层剂的种类和品质有关外,还与涂层剂成膜的质量有关。因此,涂层剂成膜的过程和机理对于涂层加工来说,是一个非常重要的问题。归纳起来,非织造布涂层形成机理主要包括以下几方面。

1.溶剂挥发物理成膜机理 当含有高分子成膜物质的液态涂层剂被涂在基体表面后,一般会形成可流动的液态薄层——"湿膜",湿膜在一定的条件下可变成连续的固态膜——"干膜"。这个过程多数以溶剂或分散介质的挥发等物理方式成膜。

当涂层剂为溶剂型和水乳型时,在"湿膜"向干膜转化的过程中,随着水分或溶剂挥发到大气中,黏度会逐渐增加,当黏度增加到一定程度后便形成固态的涂膜。因此,成膜过程就是成膜物质的黏度变化过程。对于水乳型的涂层剂而言,其成膜过程也是由分散相成为连续相的过程。常用的聚氯乙烯以及某些聚丙烯酸酯等涂层剂就是通过此过程成膜的。整个过程可分为三个阶段。

(1)水分(或溶剂)蒸发阶段:随着水分的蒸发,涂层剂中高聚物粒子由相互接近到相互接触。

(2)聚合物粒子变形阶段:互相接近的聚合物粒子之间产生毛细管现象,出现毛细管压强,促使毛细管进一步变细。毛细管越细,压强越大,当毛细管压强大于聚合物粒子抗变形力时,粒子变形聚集起来。

(3)分子扩散阶段:受毛细管压强作用而变形的高聚物粒子之间产生高聚物分子间的相互扩散,导致分子相互间聚集形成连续的固态膜。

涂层时成膜速率与聚合物本身性能、粒子大小、涂层剂黏度、烘干温度、时间等有关。各种聚合物都有它的最低成膜温度(MFT),一般最低成膜温度基本接近于成膜物质的玻璃化温度。

2. 化学成膜机理 一些涂层剂是在其以预成膜形式施加到基体上后,通过化学作用形成高聚物的涂膜。其成膜过程属高分子合成反应。聚合反应成膜必须具备两个条件,一是预成膜物质分子链上有可反应的官能团,能进行缩聚反应、聚合反应或外加交联剂进行的固化反应。二是靠引发剂或其他能量进行聚合反应。其中,能量引发聚合反应是一种新技术,如以紫外光引发成膜的涂层剂称为光固化涂层剂,涂层剂可在几分钟内成膜。利用电子辐射成膜的涂层剂称电子束固化涂层剂。电子具有更大的能量,能直接激化聚合反应,在几秒钟内就可以固化成膜,是最快的成膜方式。

在常规的涂层剂中,聚氨酯涂层剂和聚丙烯酸酯类涂层剂可以通过外加交联剂实现固化反应,或引入交联官能团变为热固性聚合物。这样能形成网状结构,加速固化成膜,提高了膜的耐水性和耐溶剂性。

对于水分散体型聚氨酯涂层剂而言,在烘干过程中容易出现粒子间结合不良现象,使膜的强力受到严重影响。因此,为了改善其应用性能,可适当加入交联剂。如氮丙啶、甲氧基羟甲基三聚氰胺、脲醛树脂、多异氰酸酯等。其中的三官能团氮丙啶应用很广泛,在室温下可以进行反应,其作用主要是聚氨酯分子的羧基反应。除此之外,还应注意烘干条件的影响。

3. 热熔成膜机理 热熔涂层所用的涂层剂属于低熔点、热塑性的固体聚合物,当加热到熔点温度时,热熔高聚物粒子受热熔胀、熔融而被刮涂到织物上形成液膜,当冷却后,液膜便凝固成固态膜。

由于热熔涂层使用固态涂层剂,采用圆网印花或刻花滚筒等涂层方法,使涂层结构与通常涂层成膜结构有所不同,涂层形成了有规律的点状、块状和网状等花纹结构,而不是连续的膜。影响热熔涂层成膜的因素主要有以下几种。

(1)固体粉末粒度:热熔聚合物的粒度很宽,外观形态有粒状、粉状和膜片状等,粒径尺寸一般小于 $800\mu m$。

(2)热熔温度和压力:温度和压力是热熔涂层的重要工艺参数。一般涂膜的强力随着温度的增加而增加,但到一定温度(熔点范围)后,随着温度的增加,强力会下降。在其他参数不变的情况下,增大压辊压力,会使织物强力提高,但过大会使涂膜变硬,影响涂层织物的手感。

(3)涂布速率:增大涂布速率,等于缩短了固化时间,会使涂布强力下降,因为涂层的强力基本上是随速度的增加而下降。但是,也不能过慢,过慢会影响产品的强力、弹性和产量。

4. 凝固成膜机理(湿法成膜机理) 某些溶剂型(主要指聚氨酯)涂层剂,除了采用挥发溶剂的物理成膜方式外,还可以采用湿法成膜的方式。当聚氨酯涂层湿膜进入由 $25\% \sim 30\%$ 的二甲基甲酰胺(DMF)水溶液组成的凝固浴后,水渗入涂层膜,与涂层膜中的 DMF 互溶,从而稀释了涂层膜上下两表面的 DMF,或称为萃取 DMF,使涂膜中的 DMF 的浓度下降,尤其使涂膜两面 MDF 的浓度显著下降。这时,内层的 DMF 由于水的吸引向外扩散,凝固浴中的水由于 DMF 的吸引向内扩散,从而形成双向扩散。在不断扩散过程中,涂膜层由澄清状态的溶液逐渐变为聚氨酯—DMF—水的浑浊凝胶状态。双向扩散继续进行,则在凝胶中产生了相的分离,固态聚氨酯析出沉淀,缓慢地完成了凝固过程。

当涂膜进入凝固浴后,DMF 在涂层的表面迅速扩散,在液膜表面形成了组织较致密、且有小孔的固体膜。当聚氨酯含量较高时,生成的表面微孔膜厚度较大,使内部的 DMF 扩散缓慢,在内部易形成海绵结构的膜。当凝固浴中的 DMF 浓度低,表面的 DMF 迅速扩散到凝固浴中,在液膜表面很快形成组织致密的固体膜。较薄的固体膜在形成过程中要产生脱液收缩趋向,在收缩中产生的应力,由于已呈凝胶状态,不可能通过聚合物的流动而转移,只能靠聚合物大分子的蠕动来消除。当产生的收缩应力过快,聚合物胶体大分子的蠕动来不及消除应力时,便在生成聚合物膜的应力集中处产生裂缝。这个裂缝是形成指形结构孔的初始状态,一旦形成裂缝,这个裂缝就会随着固体膜的收缩而逐渐长大。随着内膜的不断向内扩散,直到涂层膜的底端,形成了如手指形的指形结构。在指与指之间,由于表面层的阻碍,固体膜收缩缓慢,生成海绵状孔隙。总之,由于 DMF 的扩散和固体膜形成过程中脱液收缩产生的应力,集中形成了各种不同形状的孔隙。这种孔隙给涂层织物带来了透气、透湿性能,这是湿法成膜的一大特点。

四、涂层附着机理

由于涂层剂的种类很多,涂层与基体附着的机理也不尽相同,综合起来,主要有以下几种附着方式。

1. 物理机械附着　无论是机织物、针织物还是非织造布,其表面通常是粗糙的,这种粗糙化的表面对于涂层加工而言,既能增大涂层薄膜与纤维的接触面积,又能增加涂层薄膜与基体表面的嵌合或锚合作用,从而加强了涂层与基体的附着力。对于大多数非织造布涂层与基体的结合,都能够用物理机械附着原理作较好的解释。

2. 吸附结合　从表面化学理论可知,固体表面的分子与内层分子受力不同,表面分子与其他物质如气体、液体等的交界处受力不平衡。因此,固体表面有表面能,对于涂层有吸引力,表面能越高,则吸附力越大;表面能越低,则吸附力亦越低。

固体表面的吸附分为分子吸附(物理吸附)和化学吸附。分子吸附由分子间作用力——范德华力引起,化学吸附由共价键力引起。

(1)色散力:非极性分子内的电子和原子核在运动过程中会产生相对位移,使分子的正、负电荷重心不重合,产生瞬时偶极。相邻的分子也会产生瞬时偶极,并且同性相斥异性相吸。两个接近的异性偶极之间产生的相互吸引力称色散力。

(2)诱导力:当极性分子与非极性分子靠近时,非极性分子受极性分子影响产生诱导偶极,诱导偶极与极性分子间产生的力称诱导力。

(3)取向力:两个极性分子靠近时,由于偶极的取向而引起的分子间的引力叫取向力。

化学共价键力比分子吸附力大得多,一般相当于分子吸附力的 100 倍以上,为 41.8 ~ 418kJ/mol。对于化学粘接涂层,化学吸附理论可以解释为:涂层剂分子通过分子运动迁移至纤维表面,其中大分子的极性基团向基体纤维表面的极性基团靠近,当距离小于 0.5nm 时,产生分子间引力,这个引力就是范德华力和氢键的作用力。通常认为,对粘接涂层来说,分子间作用力是粘接力最主要的来源。

3. 化学结合　当涂层剂中含有交联基团时,如果基体表面的纤维也含有可以参加反应的基团,则在涂层薄膜与基体之间就会产生化学键合,从而使薄膜在基体表面结合得更稳定,附着力大为提高。

第二节 涂层整理剂

一、涂层整理剂的发展

涂层整理剂主要由成膜物质、溶剂或稀释剂、助剂、颜料和其他辅助材料组成。其主要成分是成膜物质,成膜物质决定了涂层剂的性能。因此,涂层剂的分类通常是按照成膜物质的不同来分类,从人类最初开始使用涂层方法以来,所使用的涂层剂成膜物质见表9-1。

表9-1 成膜物质分类

成膜物质	天然树脂	植物胶类	松香、琥珀、桐油、天然橡胶等
		动物胶类	虫胶、干酪素等
		沥青类	天然沥青、石油沥青、炼焦沥青、硬脂沥青等
	人造树脂	松香衍生物	石灰松香、甘油松香、醇松香等
		纤维衍生物	硝酸纤维酯、醋酸纤维酯、乙基纤维等
		合成橡胶类	丁苯橡胶、丁腈橡胶、丁基橡胶、氯丁橡胶以及有机硅橡胶等
	合成树脂	热固性	酚醛、脲醛、三聚氰胺甲醛、丙烯酸低聚物
		热塑性	聚酰胺、聚氨酯、硅橡胶、聚酯、聚乙烯、聚氯乙烯、聚丙烯酸酯、聚醋酸乙烯、聚乙烯醇等

在现代涂层技术中,使用最多的是合成树脂类涂层剂。其中的热固性树脂多数在成膜过程中伴随着化学反应,由带有反应官能团的预成膜物质,在热或其他作用下发生聚合反应,生成不熔或不溶的网状高聚物,从而转化成成膜物质,其成膜方式是化学成膜。

热塑性树脂在成膜过程中化学结构不发生变化,其成膜方式是热熔成膜或溶剂挥发物理成膜。表9-2是几种常用涂层剂的综合性能比较。

表9-2 几种常用涂层剂的综合性能比较

涂层剂	柔顺性	温度影响	透湿透气性	耐久性	生产工艺	成本
聚丙烯酸酯	好	耐高、低温性能较差	较差	较好	简单	低
聚氯乙烯	好	耐高、低温性能较差,易老化	差	差	简单	低
聚氨酯	好	耐高、低温性能好	好(经特殊处理)	较好	较复杂	高

在合成树脂中,聚氨酯、硅橡胶、聚酯、聚氯乙烯、聚乙烯以及聚丙烯酸酯等为最常用涂层整理剂。其中聚酯和聚乙烯是固体形式,需采用热熔成膜方式使用;聚氨酯、聚氯乙烯、硅橡胶以及聚丙烯酸酯等常用溶剂溶解或制成水乳分散液使用。因此,热熔型、溶剂型和水分散型是目

前绝大多数涂层剂采用的分散方式,因涂层剂中成膜物质的性质不同,可以选择适合的形式。

我国目前生产的聚氨酯涂层剂以溶剂型为主,多用于大型转移涂层生产线和湿法涂层。其突出优点是成膜性好,涂膜平整滑爽,又由于溶剂汽化潜热大大小于水的汽化潜热,所以车速快,生产效率高。但其缺点也显而易见,大量溶剂挥发,污染环境,车间操作条件差,易燃易爆,安全隐患严重,且性能上比较单一,改性余地小,溶剂的回收等环节还增加了成本。

水分散型聚氨酯开始多作为皮革涂饰剂使用,作为涂层剂使用性能差异较大。经过最近几年的研究,水分散型聚氨酯涂层胶,在性能和质量上已经有了很大的提高。与溶剂型材料相比,水性涂层胶具有操作清洁简便、不污染环境、性能风格变化大、产品覆盖面广等优点。尤其是其在环保和安全上的优势,替代溶剂型产品势在必行。

对于水分散涂层剂而言,乳液粒径的大小也会影响涂层薄膜的性质。乳液粒径越大,最低成膜温度越高。研究表明,平均粒径增大一倍,最低成膜温度增高 2.8℃。粒径越大,膜的致密性与光洁性也越差。因此采用微乳液合成技术,使涂层剂乳液平均直径在 50 nm 以下,才能在室温条件下形成光洁滑爽的皮膜。

二、聚氯乙烯(PVC)涂层整理剂

聚氯乙烯树脂是世界上产量最大的树脂品种之一,它由氯乙烯单体聚合而成,分子式为$\left[CH_2—CHCl\right]_n$,聚合反应发生时单体分子结合方式不同,使得聚合后分子排列不同,可分为头尾结合方式和头头尾尾结合,如下所示。

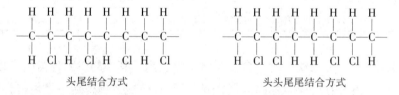

头尾结合方式　　　　　　　　　　头头尾尾结合方式

在涂层剂中使用的聚氯乙烯高聚物主要是以头尾结合的方式。聚合方法可以采用悬浮聚合、乳液聚合、本体聚合和溶液聚合,不同聚合方法得到的树脂性能也不同,表9-3是普遍采用的悬浮聚合和乳液聚合两种方法所生产聚氯乙烯树脂的性能和规格比较。

表9-3　悬浮和乳液聚合两种方法生产聚氯乙烯树脂的性能和规格比较

项　目	悬浮聚合	乳液聚合	项　目	悬浮聚合	乳液聚合
平均分子量	25000~66000	12500~125000	挥发物含量(%)	0.4 以下	1 以下
粒径(μm)	20~200	0.2~20	成糊性	不好	较好
表面密度(g/mL)	0.45~0.60	0.25~0.40	热稳定性	稳定	不稳定

悬浮聚合的聚氯乙烯树脂,虽然具有较高的机械强度和耐光、耐热性能,但是,它和增塑剂不相溶,不能形成悬浮分散液,所以涂层加工时的可施工性差,不能采用常用的浸渍刮涂法,只能采用喷丝、压延等方法进行涂层施工。乳液聚合的聚氯乙烯分散性好、成糊性好,可采用浸渍

刮涂法进行涂层施工,无溶剂,不污染环境,非常适合用作非织造布的涂层整理。

为了增加聚氯乙烯的可塑性、柔韧性,降低其熔融温度和熔融体黏度,提高可施工性及成膜的弹性模量,需要在聚氯乙烯涂层剂中加入适当的增塑剂。增塑剂不但可以满足上述作用,还可以使聚氯乙烯涂层剂分子间距加大,降低分子链间连接力,使分子链间易于相对运动,使材料塑性增加。表9-4为常用增塑剂的性能。

表9-4　常用增塑剂的性能

名　称	代号	性　能
苯二甲酸二丁酯	DBP	相溶性好,柔软,挥发性高
苯二甲酸二庚酯	DHP	挥发性高
苯二甲酸—2—乙基己酯	DOP	相溶性好,光热稳定性好,耐低温
苯二甲酸二正辛酯	DNOP	相溶性好,光热稳定性好,耐低温
苯二甲酸二异壬酯	DINP	相溶性好,光热稳定性好,耐低温
苯二甲酸二异癸酯	DIDP	挥发性小,较硬,不耐低温
苯二甲酸双十三烷酯	DTDP	挥发性低,不易老化,耐高温
苯二甲酸丁苄酯	BBP	相溶性好,耐污染,光热稳定性好
磷酸三甲酚酯	TCP	难燃,耐磨,耐污染,有毒

三、聚氨酯(PU)涂层整理剂

聚氨酯即聚氨基甲酸酯(简称PU),工业上常用的是由二异氰酸酯和二元醇进行缩聚反应得到的聚氨酯。其中二异氰酸酯可以用TDI,也可选用MDI、HDI等作原料,而二元醇则非常广泛,可用小分子量二元醇,也可用有一定分子量的聚醚和聚酯预聚体。另外,还可以制成预聚物进行扩链。因此,PU的许多性质,如玻璃化温度、熔点、模量、弹性、抗张强度、吸水性等,都可以通过改变聚酯和聚醚预聚物的种类、分子量、二异氰酸酯的种类、软硬链段的比例、扩链剂的种类和用量等来加以调节。由此,可以衍生出许多品种的聚氨酯,以适应不同用途的需要。

(一)聚氨酯合成原料与制备

1. 二(多)元醇　二元醇的结构决定了聚氨酯的弹性和硬度,由于低分子量二元醇形成的聚氨酯性能偏硬,因此常用的是线性、双官能团、平均分子量为600~3000的端羟基低聚物。有时为了提高膜的强度和耐水性,降低延伸度,也会使用一些三官能团的羟基化合物。聚酯型多元醇和聚醚型多元醇是聚氨酯中常用的原料,聚醚型多元醇主要是由PPG(聚丙二醇)或PEG(聚乙二醇)与EO(聚氧乙烯基)和THF(四氢呋喃)等加成得到。聚酯型多元醇由PPG或PEG等与二酸类(如己二酸)脱水缩合得到。

2. 二(多)异氰酸酯　二异氰酸酯一般含有两个高度不饱和的异氰酸酯基(—N=C=O),可以和醇、水、羧酸、酚、胺、脲以及酰胺类化合物反应。常用的二异氰酸酯主要包括芳香族二异氰酸酯、甲苯二异氰酸酯(TDI)、二苯基甲烷二异氰酸酯(MDI)、脂肪族二异氰酸酯、六次甲基二异氰酸酯(HDI)和二环己基甲烷二异氰酸酯(HMDI)等。

3. 扩链剂及扩链交联剂 在聚氨酯的合成中,低聚物多元醇与过量的多异氰酸酯反应生成端异氰酸酯基的预聚体,然后再与低分子量的二元胺或二元醇反应,延长其分子链,使之成为高聚物。这些二元胺或二元醇就被称为扩链剂。

扩链交联剂不仅能延长聚氨酯的分子链,而且还能在分子链上产生交联点,使线型结构转化为网状结构。作为扩链交联剂,它们可以是三元醇、四元醇以及丙烯基醚二醇等。水也可作为扩链剂,但比用胺作扩链剂得到的聚氨酯的性能差。胺类化合物,尤其是脂肪胺,其扩链速度都比水快,因此扩链过程可在水中进行。

4. 内乳化剂 水分散型聚氨酯可采用外乳化剂或内乳化剂分散于水中。采用内乳化剂的分散过程不需要强剪切力,产品具有较细的颗粒和较好的水分散稳定性,而且在去水后产品对水的敏感性低。在聚合时,内乳化剂作为共聚单体进入聚合物中,成为聚氨酯的一部分,赋予其亲水性。通常,内乳化剂是含有离子性基团或亲水性链段的化合物,根据离子基团的性质也可以分为阴离子型、阳离子型和非离子型乳化剂,其化学结构如下所示:

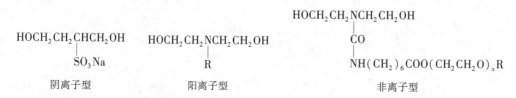

<table>
<tr><td>阴离子型</td><td>阳离子型</td><td>非离子型</td></tr>
</table>

除了上述原料外,为了控制反应进行,还要加入阻聚剂,如己二酰氯等。

5. 聚氨酯涂层剂的制备 二异氰酸酯与多元醇进行加成聚合反应可以生成聚氨酯预聚体,而二异氰酸酯和多元醇的用量不同,生成的聚氨酯的组成和结构也有所差别。然后用扩链剂进行扩链和交联反应,最终制备成聚氨酯涂层剂大分子。

(二)聚氨酯涂层剂的分类与性能

聚氨酯组成结构复杂,制备方法和加工工艺具有多变性。因此聚氨酯的种类繁多,并且有多种分类方法。如形态分类法、乳化系统分类法、离子性分类法、固化特性分类法、组成分类法以及整理工艺分类法等,其中常用的是以形态特征对其进行分类。按照其形态,聚氨酯可分为溶剂型聚氨酯和水分散型聚氨酯两大类。

1. 溶剂型聚氨酯 溶剂型聚氨酯是由聚氨酯溶解于有机溶剂中制成的,一般含固量不高,通常分为双组分型和单组分型两种。双组分型聚氨酯的分子量较低,硬段含量少,可溶于极性较弱的醋酸乙烯中,也可溶于丁酮和甲苯混合溶剂。在整理应用之前,必须添加多异氰酸酯交联剂,以使其分子形成网状结构,改善成膜性能以及对基布的黏结性。单组分型聚氨酯的分子量较高,硬段含量较高,只能在极性溶剂如二甲基甲酰胺(DMF)中才能溶解。为降低成本,DMF常与甲苯混用。在应用时,单组分型聚氨酯大分子在溶剂挥发后相互靠拢,通过氢键作用形成具有一定强度和弹性的薄膜。

2. 水分散型聚氨酯 水分散聚氨酯在20世纪60年代开始研究,70年代在纺织上应用,80年代后期,在技术上取得了突破性的进展,薄膜强度、光洁度等性能都有改进,而且水分散聚氨酯树脂具有性能优越、环境污染小、生产安全等特点,正在开始逐步替代溶剂型聚氨酯。

按照水分散型聚氨酯的形态不同,可以分为水溶型和乳液型两种,水分散型聚氨酯的形态对流动性、成膜性及加工织物的性能有重要影响,其中乳液型又有常规型和微乳型之分。

水溶型聚氨酯外观透明,粒径一般在 $0.005\mu m$ 以下。有时溶液接近透明或呈半透明状态,聚氨酯粒径在 $0.005\sim0.1\mu m$ 之间,呈胶体微粒状态分散在水中,商业上按其外观分类,有的也称为水溶型,有的则称为微乳型。

乳液型聚氨酯为乳白色或带蓝光乳白色乳液,粒径在 $0.1\sim1\mu m$,用乳化剂乳化。由于乳化剂乳化系统的不同,又分为外乳型和内乳型两类,但通常水分散型聚氨酯乳液的制备较少采用乳化剂的外乳化法,而多采用聚合物自乳化法,其主要原理是在聚合物链上引入适量的亲水基团,在一定条件下自发分散形成乳液。根据亲水基性质的差异,一般分为阳离子型、阴离子型、非离子型三种。

水分散型聚氨酯按化学性能又可分为反应性和非反应性两大类。反应性和非反应性水分散聚氨酯在分子结构中均含有异氰酸酯基。反应性聚氨酯含有暂时封闭的活性基团—NCO,在织物热处理时可解离并相互作用或与纤维交联,形成三维网状结构与织物牢固结合。由于是化学反应的结合,处理后的织物耐洗性、耐磨牢度等都很好。但游离的—NCO 基很不稳定,与含有活性氢化合物(—NH$_2$、—OH 等)能迅速反应。因此,为了制成稳定性较好的水分散型聚氨酯,需要选用合适的暂时封闭剂。在涂层加工过程中需要反应时,可采用加热、调节 pH 或加催化剂等方法解离,再产生化学反应。一般封闭剂为醇、酚、胺等有机化合物和亚硫酸氢钠等无机化合物。

非反应性聚氨酯的端基则不含活性基团,一般单独不反应,也不与纤维交联,干燥后形成薄膜与织物牢固黏合。

3. 聚氨酯涂层剂的性能 聚氨酯弹性体的杨氏模量介于橡胶与塑料之间,具有耐磨、耐油、耐撕裂、耐辐射、耐化学腐蚀、高黏度、高弹、阻尼、减振、透声等特点,应用领域广泛。特别是以水为介质的水分散型聚氨酯乳液,避免了溶剂型聚氨酯有毒、易燃、异味、易造成空气污染等缺点,目前,它已成为最重要的水性高分子材料之一。

为了进一步提高聚氨酯涂层产品的性能,降低成本,可用各种助剂对聚氨酯进行改性。例如为改善聚氨酯乳液的流平性,可在成膜后期添加有机硅流平剂,加入量占乳液量2%~3%时综合性能最好。为解决聚氨酯乳胶膜易泛黄的缺点,可添加紫外吸收剂如苯并三唑、二嗪系等。加入 TiO$_2$、荧光增白剂可提高涂膜的白度和亮度。为了提高聚氨酯乳胶膜的耐水、耐溶剂和强韧性能等,最有效的方法是制备交联型聚氨酯乳胶膜。目前,实施交联的手段主要有以下几种。

(1)在聚合反应中加入少量三官能团反应单体。此类常用单体有三官能团的聚醚、乙二胺、三甲醇丙烷(TMP)。该方法的缺点是乳液的稳定性会受到影响。

(2)在线型聚氨酯乳液中加入交联剂。常用的交联剂有甲醛、烷基化试剂、氮丙啶类、碳化二亚胺、环氧类。

(3)含羧基的聚氨酯可加入金属离子化合物进行交联。常用的金属离子是 Zn^{2+}、Ca^{2+}、Mg^{2+} 等。

(4)本体链产生离子键而交联。在阴离子型聚氨酯中引入叔胺基,成膜时可产生离子键而交联。

（5）封闭型聚氨酯乳液脱封后继续反应而交联。在高温条件下，封闭剂发生解离，释放出—NCO基与酯键上的活泼氢或水反应产生交联。

除了改性的方法外，对聚氨酯进行优化复合，通过在体系中引入各种功能性的成分，合成具有特殊性能的复合乳液。如聚氨酯与羧甲基纤维素、聚乙烯醇、醋酸乙烯、丁苯橡胶、环氧树脂、聚硅氧烷和丙烯酸酯的复合乳液，在性能上可以得到突出的改善。

聚氨酯涂层剂主要用于转移涂层、湿法涂层和干法直接涂层三种工艺。其产品主要为仿皮革和功能性薄涂层。由于聚氨酯性能独特，光滑耐磨耐寒，一般湿法涂层和转移涂层的面层，必须采用聚氨酯涂层剂。干法直接涂层以聚氨酯作为涂层剂，产品柔软，防水透湿，耐低温，穿着舒适，可以作为高档服装面料。

四、聚丙烯酸酯（PA）涂层整理剂

聚丙烯酸酯涂层整理剂是目前常用的涂层整理剂之一，产品价格低，生产和应用工艺较为成熟，加工的产品风格柔软，耐光、耐气候性好，广泛应用于多种服装、装饰和产业用非织造布。不仅能改善产品外观和风格，而且能增加织物的功能，使产品具有防水、耐水压、防风、透湿、阻燃、防污以及遮光反射等特种功能。

（一）聚丙烯酸酯涂层剂的制备

聚丙烯酸酯涂层剂通常由两类单体聚合而成，一类是丙烯酸系单体，主要包括丙烯酸酯、甲基丙烯酸酯、丙烯酸及其盐类、甲基丙烯酸及其盐类、丙烯腈、丙烯酰胺及羟甲基丙烯酰胺等；另一类是非丙烯酸系单体，主要包括苯乙烯、氯乙烯等，其中丙烯酸系单体是主体组分，对非织造布整理剂的性能有决定性影响，而非丙烯酸系单体在整理剂中的含量较低，起着调节整理剂性能或赋予新功能的作用。各种常用单体的结构及性能见表9-5。

表9-5　常用聚丙烯酸酯单体的结构及性能

项　目	单体名称	化学结构式	性能特点
丙烯酸系主单体	甲基丙烯酸甲酯	$\begin{matrix}CH_3\\|\\CH_2{=}C{-}COOCH_3\end{matrix}$	内聚力大，手感硬
	丙烯酸甲酯	$CH_2{=}CH{-}COOCH_3$	—
	丙烯酸乙酯	$CH_2{=}CH{-}COOC_2H_5$	柔软，耐气候，有臭味
	丙烯酸丁酯	$CH_2{=}CH{-}COOC_4H_9$	柔软，黏性大
	甲基丙烯酸丁酯	$\begin{matrix}CH_3\\|\\CH_2{=}C{-}COOC_4H_9\end{matrix}$	耐气候，柔软
非丙烯酸系单体	丙烯腈	$CH_2{=}CHCN$	内聚力大，有毒
	醋酸乙烯	$CH_2{=}CHOOCCH_3$	亲水，价廉
	苯乙烯	$CH_2{=}CHC_6H_5$	内聚力大
	丙烯酰胺	$CH_2{=}CHCONH_2$	内聚力大

续表

项　　目	单体名称	化 学 结 构 式	性能特点
含官能团的单体	甲基丙烯酸	$CH_2=C(CH_3)COOH$	黏合,增稠
	丙烯酸	$CH_2=CHCOOH$	黏合,增稠
	N－羟甲基丙烯酰胺	$CH_2=CHCONHCH_2OH$	自交联
	甲基丙烯酸环氧丙酯	$CH_2=C(CH_3)COOCH_2-CH-CH_2$ $\underset{O}{\diagdown\diagup}$	交联

　　丙烯酸系单体的均聚物性能单调,难以调节,不能作为涂层剂应用。聚丙烯酸酯涂层剂绝大多数为丙烯酸类共聚物,丙烯酸系单体与其他单体共聚后可以得到性能各异的聚合物,能满足多种非织造布加工的要求。在共聚物的分子设计中,共聚单体的选择尤为重要,涂层剂的用途和单体的性能是主要的选择依据。

　　丙烯酸酯类的聚合可以采用悬浮、本体、溶液、乳液聚合方法进行均聚或共聚。在涂层剂制备中应用最广的是乳液聚合和溶液聚合方法。溶液聚合法是在乙酸乙酯、甲苯、二甲苯溶液中,用过氧化苯甲酰作引发剂进行反应,较易生成溶剂型丙烯酸酯类聚合物。在乳液聚合反应中,反应的条件要求较苛刻,在单体配方的设计、乳化剂的选择、合成方法与过程的控制等方面都有较高的要求。

（二）聚丙烯酸酯涂层剂的分类

　　(1)按照涂层剂的分子结构和交联类型,可以分为交联、非交联以及自交联涂层剂。非交联型涂层剂的分子结构中不存在能发生交联的官能团,当在织物上涂布成膜后,仅发生分子之间的凝聚力作用,不会发生相互间的化学交联。交联型涂层剂的分子结构中有羟基、羧基等基团,能与外加交联剂中的反应性官能团起作用,成膜过程中形成网状交联结构的薄膜。自交联型涂层剂的分子结构中有反应性的官能团,如 N—羟甲基、烷氧基等,只需加入少量催化剂,成膜过程中经高温处理便能得到网状交联薄膜。这种涂层剂使用方便,性能优良,受到普遍欢迎。

　　(2)按聚丙烯酸酯类涂层剂的合成方法和产品性状,可分为溶剂型和乳液型。国内非织造布涂层中大量使用的乳液型涂层剂中,又分为普通水乳型和超微乳液型。

　　溶剂型涂层剂成膜性好,膜致密性好,表面光洁、滑爽、弹性好。由于该种涂层剂是以甲苯等有机挥发性物质为溶剂的丙烯酸共聚物,常温下即可挥发成膜,在合成及应用中,无疑会造成环境污染,而且易燃、易爆,安全性差。

　　普通水乳型涂层剂,虽然避免了溶剂型涂层剂的诸多弊病,但是在成膜过程中,由于乳胶粒子较大,不仅在成膜时需要一定温度,而且膜的致密性及光洁性远不如溶剂型好。更重要的是,乳液聚合法制备涂层剂时,往往采用单体总量3% ~5%的乳化剂,才能保证乳液的稳定性。成膜过程中,一部分乳化剂被挤至膜与纤维界面之间,从而降低了膜与纤维之间的黏结强度;一部分被挤至膜外面,降低了膜的光洁感,而且可能影响到涂膜的防水等性能。

　　利用微乳合成技术,合成的超微乳聚丙烯酸酯涂层剂,其平均核径在50nm以下,外观为半透明胶体黏液,成膜性好,表面光洁透明,可在室温下成膜,又无甲苯及普通水乳型涂层剂的诸多缺点,是一种很有前途的新型织物涂层剂。表9-6是溶剂型、普通水乳型和超微乳型涂层剂的室温成膜性能对比。

表9-6 各种涂层剂的室温成膜性能对比

涂层种类	皮膜外观	皮膜手感
溶剂型	无色透明皮膜	光洁滑爽、弹性好
普通水乳型	白垩状不透明皮膜	黏滞
超微乳型	无色透明皮膜	光洁滑爽、弹性好

由表9-6可知,超微乳的涂层剂成膜性能与溶剂型相当,而优于普通水乳型涂层剂。这是因为它虽然不像溶剂型那样为分子分散状态的真溶液,但其分散粒径已足够小,因而在室温下也可获得与溶剂型相当的皮膜。除了涂膜外观较好外,超微乳自交联涂层剂的耐磨性、耐溶剂及耐水性都较普通水乳型涂层剂好,且抗粘连性及耐老化性好,防水整理后的静水压高。在性能上接近溶剂型涂层剂,但又从根本上避免了溶剂型涂层剂因甲苯等存在而给环境造成的污染,可以称为新型绿色涂层剂。

(3)按照涂层方法和焙烘条件,聚丙烯酸酯类涂层剂又可分为干式涂层整理剂、湿式涂层整理剂、低温交联型涂层整理剂和高温交联型涂层整理剂。其中的干式和低温交联型涂层整理剂,因涂层工艺简单,焙烘温度低,省力节能,成为非织造布涂层整理剂中非常重要的一个品种。

(三)聚丙烯酸酯涂层剂的性能

聚丙烯酸酯涂层剂除了具备一般涂层剂良好的防水与黏合等性能外,还具有与其他添加剂、化学药剂良好的相容性及协效作用。特别是与其他涂层剂相比,聚丙烯酸酯类涂层剂具有成本低、耐久性好、无毒无污染、涂层工艺简单、便于操作、与其他试剂相容性好等特点。

但是常规聚丙烯酸酯类涂层剂的透湿性较差,不利于提高涂层织物的透湿性能,若经改性也可以具有良好的透湿性能。这种改性涂层剂在聚合过程中,除加入常规的硬性、软性、交联等单体外,还引入一些具有特定空间结构、易于形成网状结构并有较大极性和亲水性的功能基团,因而可形成微孔性的网络结构。这些微孔直径在 $0.2 \sim 5\mu m$ 之间,足以使水蒸气分子(直径约为 $0.0004\mu m$)透过,而水滴(直径 $>500\mu m$)却无法透过。此外分布在微孔及孔道四周和膜内的极性、亲水性基团(如:—OH、—SO_3H、—COOH 等)也为输送水蒸气分子、透湿提供了足够的台阶,使得水蒸气分子能沿着这些台阶,从膜一侧迁移到另一侧,促使了水分子的透过,因此这种涂层剂可以表现出较好的透湿性能。

五、橡胶类涂层整理剂

天然橡胶是从橡胶树的乳液中提炼出来的物质。为了提高涂层的效果,在涂层加工中常常需要对天然橡胶等进行改性或添加交联剂。例如,在对丙纶为主体的基体进行涂层加工时,就可以采用水乳型的酸性天然胶乳为高分子成膜剂,以乙二醇为交联剂、$SnCl_2$ 为催化剂进行涂层整理,制成品的橡胶膜与丙纶结合紧密。这种技术工艺简单、成本低、效果好,特别是烘干温度低,非常适合加工丙纶类非织造布制品。天然橡胶成膜前的流动性较好,成膜后强力好,加入填充料(如炭黑)后撕裂强力和耐摩擦性有所提高,但易氧化,使用中需要硫化,是早期使用的主要涂层剂,现在它在涂层领域的应用已越来越少。

六、热熔涂层整理剂

粉点涂层加工是非织造布涂层加工的一种重要形式,其过程是将粉状热熔胶装在料斗内,经料斗落下、嵌入雕刻辊的坑穴内,机台运转,多余的胶粉通过刮刀刮除。由于雕刻辊经加热,表面有一定温度,使坑穴内的粉状热熔胶收缩成团,基布经加热辊加热并由油热辊与雕刻辊以一定的压力压紧,雕刻辊坑穴内嵌入的热熔胶粉团通过热转移黏附在基布上,再经红外线石英管烘热或加压,然后经过冷却锡林冷却固着,形成有规则的、饱满的、均匀的粉状颗粒排列。

在粉点涂层加工中,热熔胶的性能是非常重要的因素。涂层产品的剥离强度、耐洗性和抗老化性等,主要决定于热熔胶的性能和涂布加工,它影响压烫加工的工艺条件和压烫效果。加工中热熔胶应具备较好的黏合性、耐洗性、可粉体性和可抗老化性。目前常用的热熔胶按化学组成可分为以下几类。

1. 烯类热熔胶 这类热熔胶包括高密度聚乙烯(HDPE)、低密度聚乙烯(LDPE)、聚醋酸乙烯及其共聚物、聚丙烯酸酯、聚乙烯醇、聚氯乙烯等。其共同特征是由烯类单体聚合而成,单体分子结构通式为:$R—CH =CH_2$,经聚合后得到线型高分子聚合物。

(1)聚乙烯:因聚合时工艺条件的不同,商品的聚乙烯可以分为低压聚乙烯和高压聚乙烯。低压聚乙烯是乙烯气体在低压(1.013MPa)条件下聚合而成,聚合物密度较高(0.94~0.96g/cm³),因此又称高密度聚乙烯。相对分子质量在5.5万~9万之间,分子支链少,结晶高,热熔时易扩散和黏附,有较高黏合强度和耐水性,适用于衬衫的热熔胶。

高压聚乙烯是在高压(98.07~294.2MPa)条件下制得,密度低(0.91~0.92g/cm³),故称低密度聚乙烯。其分子链上支链较多,每千个碳原子分子主链上有20~35个分枝,结晶度低,分子较柔软,热流动性好。但耐洗性差,压烫加工时易渗料。多用于补强衬、童装衬、鞋帽和装饰衬等。经过改性或共聚,如将高压聚乙烯和聚萜烯类按一定比例混合,可提高黏合强度和耐洗性能。

(2)聚醋酸乙烯及其共聚物:聚醋酸乙烯由醋酸乙烯单体聚合而成。聚合反应中加入聚乙烯醇可得到改性的聚醋酸乙烯共聚物,俗称白胶或白乳胶。聚醋酸乙烯共聚物有良好的黏合性,稳定性好,价格低,可和多种增塑剂混合,但不耐水、不耐热、易蠕变,所以在热熔胶中较少应用。热熔胶中使用的主要为其共聚物,如乙烯—醋酸乙烯共聚物,该类共聚物称为EVA。

EVA乳液中乙烯的引进,形成了醋酸酯基的不连续性,使得高分子主链变得柔软。其柔软性随乙烯含量增加而增加。乙烯链段的引进使分子链内和分子链之间的相互作用减弱,分子链的活性增加,起到了"内增塑"作用。这种增塑作用是永久的,没有低分子量增塑剂所产生的迁移、挥发、渗出等缺点。EVA乳液还具有较低的成膜温度,黏合性好,机械性能、储存性能稳定,与其他乳液及化学品配伍性好等优点。随着醋酸乙烯含量增加,黏附力提高,而熔点降低,含量若超过40%时则熔点过低而不适用。一般醋酸乙烯含量为10%~35%。低醋酸乙烯含量的共聚物,熔融温度变化不大;为改进性能可加入助剂以降低其黏度,提高流动性,如加入松香、萜烯类树脂等。

另外,EVA也可形成三元共聚物,即乙烯—醋酸乙烯—乙烯醇共聚物,称为EVAL,EVAL具有较好的黏合强度及耐洗性。EVA用于表面皮质材料和鞋帽衬的生产,EVAL多用于生产服装衬。

(3)聚氯乙烯:聚氯乙烯涂层剂有优良的综合性能,且价格低廉,已经成为许多涂层织物的首选涂层剂。也被广泛用于非织造布的防水整理。另外聚氯乙烯也是应用较早的热熔胶,当聚氯乙烯用于衬布加工时,由于其熔点高,需加入大量增塑剂以降低熔融温度。将氯乙烯和乙烯共聚,合理控制两者比例,也可获得优良的热熔胶品种。

(4)聚丙烯酸酯:由于单独聚合物的熔融黏度低,耐干洗性差,不适合作热熔胶。以苯乙烯、丙烯腈和烷基丙烯酸酯共聚可获得熔点为60~150℃的热熔胶,具有较好黏合强度和耐干洗及水洗性能。

2.聚酰胺及共聚物(尼龙热熔胶) 普通聚酰胺熔点高,不适合作衬布热熔胶用,需采用共聚物,如三元共聚或多元共聚物混合使用。三元共聚应用最广的为PA6/PA66/PA12,这种共聚物具有较高黏合强度、熔点低、耐干洗及耐水洗性好,且可制成各种粉体,适用于各种衬布涂布加工。我国常用的三元共聚为PA6/PA66/PA10,在聚合过程中因条件变化会形成多元共聚产物。

3.聚酯类热熔胶 一般聚酯熔点高且刚性强亦不适合用于热熔胶。但经过改性降低熔点、增加柔性,则可以作为热熔胶使用。因为其对涤纶的黏合强度极好,所以近年来聚酯热熔胶得到了大力开发。由于耐干洗不如聚酰胺热熔胶,目前常采用聚酯和聚酰胺共聚,以便综合两者优点,克服各自弱点。

七、其他涂层整理剂

1.有机硅涂层剂 有机硅涂层剂不仅具有一般高分子物的韧性、高弹性和可塑性,而且有很好的耐热性和化学稳定性。成膜后具有防水透湿性,手感滑爽、低温柔顺性以及能改善涂层织物撕裂强度等特性。但它也有比较明显的缺点,即强度低,在常温下强度只有芳香族聚氨酯的10%~20%,并且价格较高。因此,它一般不单独用作涂层剂,而是将其与其他涂层剂混配或作后处理剂。这样,有机硅虽然用量少,但能改变涂层织物的防水性,并使它的表面滑爽,显著地改善涂层织物的抗黏搭性。

2.聚四氟乙烯涂层剂 聚四氟乙烯涂层剂是唯一集防水、拒油、防污三种功能于一体的树脂,它耐热、耐氧化、耐气候性好,不霉变,弹性好,无黏搭现象,是一种理想的涂层剂,但因价格非常高,而限制了它的使用。

聚四氟乙烯(PTFE)具有超强的化学稳定性和极小的摩擦系数,因此聚四氟乙烯在光滑性方面非常优异。在所有固体中,它具有最小的静态和动态摩擦系数。杜邦公司注册的商品Teflon(特氟隆)广泛包括了含氟聚合物的产品(如树脂、切片、涂层、添加剂等)。其分子量大于

1×10^3，是外观白色蜡状的固体粉末，密度为 $2.16 \sim 2.18 \text{g/cm}^3$，熔点 $327℃$，熔点以上为透明状，几乎不流动。它的融体的熔融黏度很高，即使在熔点以上也不流动。其在 $380℃$ 时熔融黏度为 $10\text{Pa} \cdot \text{s}$。特氟隆分子之间很容易滑动，其润滑性好，难以被普通的液体所润湿，与其他物质的黏附性很小。特氟隆的耐化学腐蚀性甚至超过稀有金属。除全氟烷烃和全氯烷烃能使它稍有溶胀外，酮类、醚类等有机溶剂均不能反应。由于特氟隆的润湿性较小，它对酸碱溶剂的吸收率极低，浓酸、浓碱、强氧化剂即便在高温下也不能与特氟隆起反应。特氟隆还具有良好的热稳定性，而且不受氧气、臭氧、紫外线影响，不易老化，其制品可在 $-190 \sim 250℃$ 下长期使用；特氟隆的燃烧氧指数大于 95，具有不燃性。其结构式如下所示。

$$\left[\begin{array}{c} F \quad F \\ | \quad | \\ C\!-\!C \\ | \quad | \\ F \quad F \end{array}\right]_n$$

聚四氟乙烯主链为碳链结构，只是它的碳原子完全被氟原子所包围。而碳氟键的键能非常高（表 9 - 7），这样氟原子就很好地保护了相对脆弱的碳链。正是这种独特结构，赋予了特氟隆独特的性质。

表 9 - 7　氟、氯、氢原子的一些特性

项　目	电负性	范德华半径（10^{-12}m）	C—X 键长（10^{-12}m）	C—X 键能（kJ/mol）
F	4.0	135	139	452
Cl	3.0	180	178	339
H	2.1	120	111	410

第三节　非织造布涂层方法介绍

目前有很多种对非织造布实施涂层的方法和设备。选择什么样的加工方法或设备在很大程度上依据涂层织物最终的用途和要求，同时也要兼顾涂层剂的特性以及非织造基布的力学特性，当然还要考虑加工过程中的经济性。由于不同的涂层方法可以对涂层剂产生不同的剪切力，对非织造布产生的压力及渗透力也都不相同，因此涂层方法的选择将会影响涂膜的外观、厚度、黏结强度及光学性能等。例如，刮刀与罗拉涂层方法对涂层剂的剪切力大、对基布的压力也大；圆网涂层对涂层剂的剪切力小，压力小，织物变形小。因此，前者适合高黏度、厚重涂层，后者适合于低黏度、薄涂层。

大部分非织造基布不需要进行预处理就可进行涂层整理，但有些基布必须在涂层前先经过准备工序。如锦纶和涤纶的非织造基布常常可以直接涂层，用作室外保护的篷盖布，但在有些条件下使用时，涂层前必须经过洗涤和热定形。涂层加工的方法虽然很多，但工艺流程变化不

大,基本加工过程如图9-1所示。

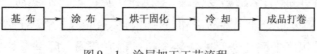

图9-1 涂层加工工艺流程

下面对常用的涂层方法进行简单介绍。

一、刮刀涂层

刮刀涂层属于直接涂层,是一种比较简单的涂层技术。在刮刀涂层工序中,各种不同的涂层剂原料施加在织物表面,然后在称作涂层刮刀的金属刀口下通过,刮刀的作用是使涂层剂均匀地涂布在整个基布上,同时控制所用涂层剂的重量。图9-2是三种不同类型的刮刀涂层方式。

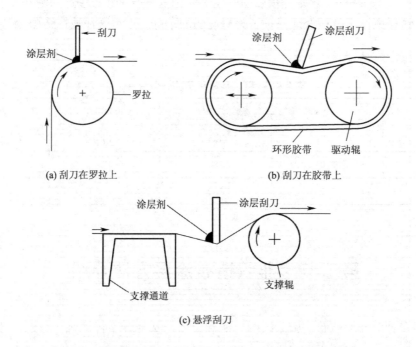

(a) 刮刀在罗拉上 　　(b) 刮刀在胶带上

(c) 悬浮刮刀

图9-2 三种不同类型的刮刀涂层方式

刮刀在罗拉上方的涂层方式适合于高黏度涂层剂在紧密非织造布或机织物上涂层。对于比较疏松的非织造布而言,在涂层中不适宜拉伸,因此应该采用刮刀在胶带上方的涂层方式,如图9-2(b)所示。悬浮刮刀涂层方式图9-2(c)既能用于网眼织物的涂层,又适用于紧密机织物的涂层,而且涂层过程中涂层剂的透胶问题不影响涂层操作。

在刮刀涂层过程中,刮刀的形状也在随涂覆的各种需要而发展,刮刀的刀刃形状可以根据涂层剂的特性和涂层工艺的不同要求作出不同的选择,目前刮刀的形状主要有楔形、圆形和钩形,如图9-3所示。

楔形刀刃多用于悬浮法涂层,刀刃与织物接触面积小,压力大,适合非常薄的涂层。圆形刀刃适合高黏度涂层剂,涂层剂在刀刃下有较长时间的停留,适宜涂厚重、涂层量大的产品。钩形刀刃类似于圆形刀刃,也适合涂层量较大的产品。水分散乳液型、溶剂型涂层剂以及塑料溶胶都可以使用刮刀涂层。

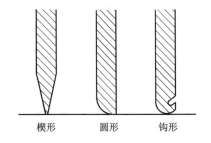

图9-3　刮刀刀刃形状示意图

二、罗拉涂层

罗拉涂层是最简单的涂层方法,它是用罗拉给基布涂层,其中给基布施加涂层剂的滚筒可以是刻有凹凸花纹的印花筒,也可以是光滑的逆行滚筒,滚筒的个数随需要而定。

1. 双罗拉逆向回转涂层　在罗拉涂层过程中,利用小直径回转罗拉和刮刀来控制涂层厚度,大直径的给液辊通过储料槽带起涂层剂,然后由给液辊和反向回转的辅助辊的间隙控制所带起涂层剂的量,将涂层剂涂到与给液辊反向运动的织物上,如图9-4所示。涂层剂的实际涂布量不仅取决于相对回转罗拉之间的间隙,也取决于基布的特性、涂布的速度、涂层剂的黏度和罗拉与基布的相对速度。这种方法在应用中为了保证涂层的均匀度,往往需要采用较低的涂层速度。

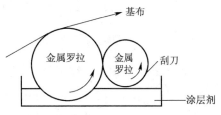

图9-4　双罗拉逆向回转涂层

2. 三罗拉逆向辊涂层　如图9-5所示,涂层剂由给液辊或转移辊B从储料槽中带出,由转移辊B与反向回转的计量罗拉C之间的间隙控制涂层量,最后将涂层剂涂到绕橡胶辊A通过的基布上。这种涂层方式也不适用于高速涂覆。

3. 三罗拉挤压涂层　三罗拉挤压涂层是利用可控制的罗拉间压力把低黏度涂层剂快速涂覆到织物上的一种涂层方法,如图9-6所示。其中由一个带胶或浸胶辊C,把涂层剂带给两个加压罗拉A和B,当织物通过罗拉A和B之间的轧点时,涂层剂被压入到织物内,涂覆后,可用抛光罗拉抛光涂层表面,以增加涂层表面的光泽。

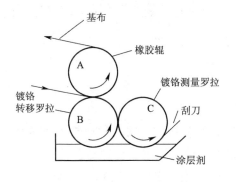

图9-5　三罗拉逆向辊涂层

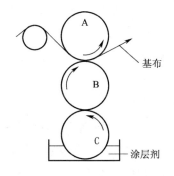

图9-6　三罗拉挤压涂层

4.浸涂 当底布要求完全浸渍时,使用浸涂法。如图 9 - 7 所示,这种方法与浸压工艺类似,浸渍罗拉与基布直接接触,并且完全浸渍在涂层剂中。涂层的质量与涂层剂的黏度、基布的线速度、织物纤维的润湿状况有关。

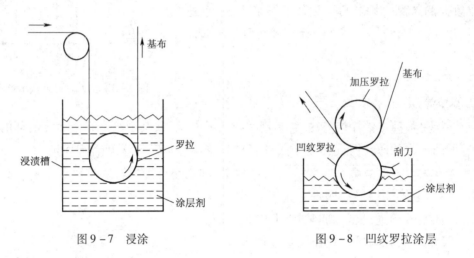

图 9 - 7 浸涂　　　　　　　　　　图 9 - 8 凹纹罗拉涂层

5.凹纹罗拉涂层 凹纹罗拉涂层源自滚筒印花技术。凹纹罗拉在涂层剂浆槽中与浆料接触,涂层剂镶嵌在罗拉的凹纹中(图 9 - 8),由罗拉旋转带起,通过加压罗拉转移到基布之上。凹纹罗拉中多余的涂层剂被刮刀刮除。

三、圆网涂层

圆网涂层源于织物的圆网印花技术,其发明者和世界上最负盛名的生产厂商 Stork 公司,目前也是世界上圆网印花技术的领先者。

圆网涂层中使用的圆网由无缝镀镍圆筒组成,筒壁上开有小圆孔,成为网眼。一般网眼的目数在 40 ~ 120 目之间。目数越高,开孔的面积越小,壁厚也小,因而涂层的量也小。例如 40 目的开孔面积为 30% ,壁厚 0.2mm。80 目的开孔面积为 11% ,壁厚 0.08mm。圆网规格的选择应根据涂层剂的性能、涂层要求以及基布的情况等而定。由于圆网涂层比刮刀涂层的剪切力、压力都小,因此所选择的涂层剂的黏度应尽量小,流动性能好。

圆网涂层能够较好地实现可控涂层,因此能量消耗和化学药品消耗都很低,而且可以实现几乎无摩擦和无张力加工,所以非常适合非织造布的涂层加工。还可以结合使用含水分很少的泡沫涂层,减少烘燥需要的能量,使之实现高速生产。

四、转移涂层

转移涂层是将涂层剂涂在片状载体(离型纸或钢带)上,使之形成均匀的薄膜。涂层过程中,把载体的涂膜面与基布相贴,再把涂层剂的膜与底布通过黏合剂黏合在一起,随后载体与薄膜分离,在基布表面形成表面光滑、有花纹的涂层织物。聚氯乙烯和聚氨酯人造革采用这种转移涂层法涂层,能够形成类似于天然皮革的外观。转移涂层有两种类型,一类是钢带转移涂层;

另一类是离型纸转移涂层。

1. 钢带转移涂层 钢带转移涂层加工过程中,可先用辊或刮刀将涂层剂施加到循环钢带上,然后进入烘房烘干固化,烘干后再施加黏合剂。基布经轧辊与形成涂层膜的钢带表面叠合,进入烘干区,烘干固化出来后,冷却并与钢带分离。此时,由于黏合剂的作用,在基布表面便形成了转移涂层膜。这种钢带转移涂层适合于针刺、缝编等非织造布涂层。

2. 离型纸转移涂层 离型纸与钢带转移涂层中钢带的作用是相同的。离型纸不仅坚韧、光滑,而且还可以使用带有浮雕花纹的特种纸张,从而在涂层表面形成规则的花纹图案。常用的离型纸为硅纸或聚丙烯纸,并且离型纸可以反复使用。

在转移涂层过程中,离型纸首先经过刮刀涂层装置,将涂层剂施加到离型纸上,并经过烘干,在离型纸上形成涂层膜,冷却后,进入黏合剂施加区,由黏合剂施加刮刀将黏合剂施加到涂膜上。之后涂层基布与涂膜离型纸经挤压辊叠合并进入第二个烘干器,烘干固化后由冷却罗拉导出,并使涂层织物与离型纸分开。

烘干时应注意温度要由低至高,逐步干燥,缓慢升温,不宜急速升温。否则面层蒸发太快,易产生小泡,影响强度、外观和耐水压等性能。离型纸和涂层织物的剥离有熟化和即剥离两种方式。熟化工艺要求黏结层在 50～80℃保温熟化 8～72h 后进行剥离;即剥离要求高温固着(150～180℃),时间数分钟。前者剥离强力略高;后者可连续生产,提高离型纸周转率。

离型纸的品种很多,按其性能分有光泽、消光和半消光,可根据不同要求选用。离型纸按表面纹路又可分为平滑和轧花。轧花纹路有仿牛皮纹、仿羊皮纹、仿蛇皮纹和仿鱼皮纹等。使用几次后,纹路清晰度会逐步降低。由于工艺要求不同,纸的表面处理也不同,用聚丙烯类表面处理使用较广泛,可用于溶剂型 PU 单组分涂层,有机硅表面处理用于 PVC 涂层,耐高温特种树脂表面处理可耐230℃高温,适用于各类涂层。

五、其他涂层技术

1. 挤压涂层 乙烯基、聚苯乙烯和聚乙烯都可以用热挤压涂层机为基底织物涂层,在这个过程中,涂层原料从冷却罗拉和加压胶辊的轧点间挤出,形成一层柔软的薄膜,与此同时被涂层的织物也通过这个轧点,从而使挤出的涂料薄膜被压了基底织物上,最后在冷却罗拉光滑表面得到涂层产品,其质量与热辊涂层法的产品相当。

2. 喷雾涂层 喷雾涂层技术主要是将胶乳涂层剂(比传统的涂层剂黏度低)通过一系列的喷嘴均匀地喷到移动的织物网上,接着像其他涂层方法一样对织物进行烘干和焙固。该方法广泛用于家具装饰布的背涂,因这种装饰布的重量、结构特点或所用纱线是不能用传统的刮刀式或罗拉式涂层方法加工的。喷雾涂层技术也常用于稳定非织造纤网。

3. 泡沫涂层 泡沫涂层有两种含义,一方面是指涂层剂的工作液呈泡沫状,以泡沫的形式进行涂层加工,这是一种特殊的涂层方法,是本节所重点讨论的内容。而另外一个含义就是指涂层后在基布上所形成的聚合物薄膜中含有由气体形成的微孔。这些小孔是通过在工作液中加入特殊结构的化学发泡剂,涂布后发泡剂受热分解,在涂层中形成海绵状微孔。

采用泡沫涂层的方式,有许多普通涂层加工所不具备的特点。例如泡沫具有增稠作用,因此可以防止涂层剂在纤维层中的渗透。另外,涂层工作液中可不加增稠剂。更重要的是由于泡沫加工本身是低给液量加工,从而可以降低化学品消耗特别是能源消耗,降低成本。泡沫涂层设备包括两部分,一是泡沫发生装置,另外部分是泡沫施加装置。

4. 热熔粉末涂层 随着热塑性高分子聚合物的不断出现,热熔涂层迅速发展,与一般涂层相比,热熔粉末涂层具有很多的优点。首先,热熔粉末涂层剂是 100% 的固体成分,不含溶剂,无污染。其次,涂层工艺易控制,涂层量准确,涂层均匀。第三点,热熔涂层设备简单,占地面积小,变化灵活。

热熔粉末涂层就是将热塑性高分子聚合物颗粒、粉末、片状物等通过撒粉或辊筒凹点印花等方法直接涂到基布上,再通过加热装置,使聚合物受热熔融在布上形成连续的膜,又称为间接式热熔涂层。图9-9和图9-10分别是两种最主要的热熔粉末涂层方法:撒粉涂层和凹点滚筒涂层。

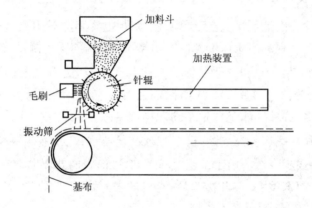

图9-9 撒粉涂层示意图

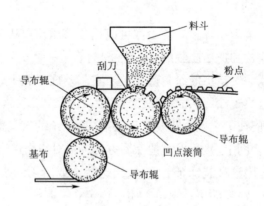

图9-10 凹点滚筒涂层示意图

撒粉涂层是将热熔高聚物粉末由加料斗落入不断回转的针辊筒的凹孔内,针辊能够起到定量分布的作用,然后回转的毛刷从带粉辊凹孔内将粉末刷下,再经振动筛将粉末均匀地撒在基布上,通过加热装置,热熔粉末熔融渗入基布,经冷却、压延、结晶形成热熔涂层织物。热熔涂层的烧结温度是非常重要的,必须根据热熔聚合物的熔点严格控制温度。温度过高,可能会出现渗入到非织造布背面的现象;温度低,粉末又不能充分熔融,影响涂层的效果和质量。

粉点涂层加工是将粉状热熔胶装在料斗内,经料斗落下,嵌入凹点辊筒的坑穴内,多余的粉末通过刮刀刮除。由于凹点辊筒可以加热,表面有一定温度,使坑穴内的粉状热熔胶收缩成团,基布经加热辊加热以及热辊与凹点辊筒一定的压力压紧,凹点辊筒坑穴内嵌入的热熔胶粉团通过热转移并黏附在基布上,再经红外线石英管烘热,然后经过冷却锡林冷却固着,形成有规则的、饱满的、均匀的粉状颗粒排列。

粉点转移是保证热熔胶涂层均匀的关键,而粉点转移的效果则取决于工艺参数的选择。粉点转移的主要参数是温度、压力、时间(即车速),其中温度尤为重要。粉点转移最佳状态是凹点辊筒坑穴内的热熔胶粉末处于半熔融状态。温度过低会造成转移不完全,热熔胶在布面呈生粉糊状分布;温度过高热熔胶粉末很快熔融而又不能完全转移到布面上,造成塞眼,即凹点辊筒坑穴中存在未转移的熔融热熔胶,给生产带来很大困难。因此,必须合理选择和严格控制布面和凹点辊筒的温度。一般基布原料为涤纶时温度控制在 160～190℃;棉纤维时温度保持在220～250℃;涤棉混纺原料控制在 180～220℃。凹点辊筒的温度一般控制在保证料斗里的热熔胶保持在粉末状态下,温度越高越好。通常聚酰胺热熔胶为 50～60℃,低压聚乙烯热熔胶为90～95℃。

第四节　非织造布的功能涂层整理

涂层整理加工,不仅仅是在基布的表面覆上一层薄膜,而且通过在涂层剂中添加功能整理剂可以实现对薄膜的各种改性,最终赋予产品新的功能,如防水透湿、防辐射、抗静电以及阻燃等。

一、防水透湿涂层

普通的防水涂层整理,大多数是采用干法涂层,即通过烘干过程,使溶剂挥(蒸)发成膜。此种方法形成的薄膜连续性较好,防水效果优良,但往往透气透湿性能较差。为了开发既能够防水,又有良好透气透湿性能的涂层产品,出现了湿法涂层技术。

湿法涂层也称凝固涂层,是利用极性溶剂二甲基甲酰胺(DMF)与水能无限混溶的特点,将直链分子的聚氨酯溶解于二甲基甲酰胺中制成涂层浆。经涂层后的基布,再经与水溶液接触,通过双向扩散作用而形成微孔薄膜。此工艺形成的微孔贯通网络,既具有透气透湿性,又有良好的防水性。

湿法涂层大多以溶剂型涂层剂为涂层浆,涂布后必须进行水处理,所以其工艺较为复杂,设备较为庞大,但其透气性及弹性比干法涂层好,尤其是较厚产品的涂层。当前干法工艺经过不断改进,已能基本达到湿法工艺水平,且设备简单、操作方便。所以多数的生产厂商仍以干法涂层为主。

二、阻燃涂层

为保证产业用多功能涂层织物使用的安全性，许多情况下都要求涂层产品具有较好的阻燃性。阻燃性可通过选用阻燃纤维和阻燃基布获得，也可通过在涂层剂中加入阻燃剂实现。

纯PVC树脂含氯量为56.8%，极限氧指数为55.6%，本身具有自熄性。由于在配制涂层浆时需要配用大量的可燃性增塑剂及其他改性剂，使其具有可燃性。因此，在使用PVC进行涂层时，也需要在涂层浆中加入阻燃剂，使其达到阻燃要求。

在确定了涂层剂的种类以后，首先要对阻燃剂进行选择（阻燃剂的知识参见第十二章相关内容），许多产品要求具有阻燃、防水、防霉、耐寒等多种性能，因而选用阻燃剂时需综合考虑这些要求。在选择阻燃剂时，应首先选择卤素阻燃剂。研究发现含氯阻燃剂的电绝缘性良好，在PVC配料中还起一定的辅助增塑作用，缺点是热稳定性和耐气候性较差，但加入稳定剂后性能可以得到改善。另外含溴阻燃剂会使涂层产品的耐低温性能变差。当氧化锑（Sb_2O_3）与卤化物并用时其阻燃效果非常明显，但会对PVC涂层产品的耐低温性能产生影响。液体阻燃剂中磷酸酯与PVC有良好的相容性，也兼有增塑作用，且抗菌能力强，可提高产品的防霉性能。

三、抗紫外线涂层

氧化锌具有对紫外线的吸收性能，它已在化妆品领域中得到了大量的使用。通过特殊的工艺，将氧化锌转换成15nm以下的超细纳米粒子。由于其颗粒直径非常小，因此它的表面积较大，这样使其在透明度、紫外线吸收、抗菌、脱臭和去除气味等方面具有优异的性能。将涂层浆中加入这种超微粒子，则可以得到具有抗紫外线性能的涂层产品。在涂层浆中加入其他类型的抗紫外线物质，例如加入有机型的紫外线吸收剂也能起到同样的效果。

在进行多功能涂层加工时，工艺路线不同于防水涂层、阻燃涂层等单一的整理工艺路线，也不是多个单一功能整理路线的简单加和。要避免各功能之间的相互抵消作用，尽可能使它们产生最大的相容性和互补性，使整理后织物的各项技术指标达到理想的平衡。

☞ 思考题

1. 什么是广义涂层？什么是非织造布涂层？

2. 按照涂层的加工方式和涂层剂种类的特点，涂层分为哪几类？

3. 简述涂层的形成机理。

4. 简述涂层剂在基体上的附着机理。

5. 简述溶剂型和水分散型涂层剂的特点。

6. 如何提高聚氯乙烯涂层非织造布的应用性能？

7. 简述聚氨酯涂层剂的分类和各自的性能特点？

8. 简述聚丙烯酸酯涂层剂的性能特点，如何分类？分述各种类型涂层剂的主要特点。

9. 涂层用热熔胶应具备哪些主要的性能？常用的热熔涂层胶有哪些类型？

10. 简单叙述涂层加工有哪些方法？各自有什么特点？

第十章　复合加工

本章知识点

1.复合加工的目的、定义以及复合材料的分类。

2.层间复合加工用纤维、树脂以及产品类型和加工方法。

3.非织造布结构复合材料分类、常用基体材料和增强材料。

在现代非织造布加工技术中,复合加工的作用和重要性日益增强。不仅层压—复合工艺有迅速的增长,而且非织造工艺和产品的组合也是重要的增长领域。

第一节　复合加工概述

一、复合加工的目的

复合加工的目的在于通过复合给予非织造布或其他材料乃至产品以新的性能或功能,复合加工不仅可以弥补复合前几种材料各自的缺陷或不足,而且可以赋予产品以更多的、更为优良的新性能或功能。因此复合技术并不是简单的叠加,而是一种功能增效的加工方法。

复合加工是近年来发展较为迅速的新技术之一。通过复合加工开拓了很多新领域,尤其在新材料的发展中更有其独特的作用,已经成为了新产品开发中一种重要的方法。目前,复合加工技术在纺织工业中已经得到了普遍的应用,为纺织产品的更新换代提供了有利手段。

非织造布行业是纺织工业中新兴的领域,目前正处于飞速发展的过程中。复合工艺在非织造加工过程中的应用,促进了非织造技术的发展,提高了新产品的技术水平,满足了对非织造布日益增长的应用需求,也使非织造产品的应用领域进一步扩大。

二、复合加工的定义

复合加工是将两种或两种以上物质合在一起或结合于一起的加工过程,实施这种过程的技术被称为复合技术。

复合后的形成物可以是两种物体的均匀混合体,也可以是两种物质表面的结合或称层间结合。均匀混合体的两者之间相互混为一体,一个为连续相,是基体组分,另一个是分散相,是分散体组分,也是混合体的加筋部分,此时的复合与混合是相同的。层间结合也叫层压复合,其特点是界面分割较明显,从这种意义上讲,基体表面的涂层加工或其他整理也可以归入这类复合加工中。而事实上普通的非织造布复合加工多为这种层间复合。目前通常进行的非织造布复合加工多数属于此类复合,因此这种层间复合也是本章介绍的主要内容。

三、复合材料的分类

复合材料按用途可分为功能复合材料和结构复合材料两类。功能复合材料在电学、磁学、光学、声学、机械、热学、化学乃至生物医学等方面都有广泛的应用和广阔的发展前途,而且功能复合材料更具有与其他功能材料竞争的优势。结构复合材料主要用作承力和次承力结构,要求它质量轻、强度和刚度高,且能耐受一定温度,在某种情况下还要求有膨胀系数小、绝热性能好或耐介质腐蚀等其他性能。

纺织复合材料在复合材料的领域内只是一个很小的分支,其中包含了非织造布复合材料。非织造布复合材料可以是两种非织造布、非织造布和纺织材料(机织布和针织布)、非织造布和其他各类材料(如塑料、橡胶、泡沫、金属箔等)等的复合。除了纺织增强结构复合材料(有人称为刚性复合材料)之外,大多数的非织造布复合材料是层间复合,所以也可称为非织造布的叠层复合整理,简称叠层整理。此类复合材料中有少量的刚性层合,其余多数为柔性层合。它可归入非织造布的后整理加工中,因此是本章重点介绍的内容之一。

另外,非织造布的复合还包括各种非织造布加工方法间的复合,也就是各种非织造加工方法间的联合加工,将各种非织造加工方法适当选择组合应用,可涉及的范围有非织造加工中各个阶段的不同方法的组合,如成网、固网加工阶段中某一个阶段的复合,这种复合与纤维选配的结合,推进了非织造产品的开发,扩大了非织造布的应用领域。对这类复合不在非织造布后整理的范围。

四、非织造布复合产品

非织造布的复合加工主要包括非织造布结构复合材料的加工和层间复合材料的加工。这两种复合材料的性能和用途有很大的差距,加工方法也大不相同。刚性非织造布结构复合材料的加工过程包括纺织预制件的制备和复合材料制作两个主要过程,制作多采用注射、模塑、热压模等方法。与传统的纺织加工方式相距甚远。

层间复合材料又分为刚性层间复合材料和柔性层间复合材料两种。刚性层间复合材料的加工是通过黏合各个组合薄层或薄片来生产复合材料产品的技术,通常是将几层纤维状原料用树脂黏合或结合在一起,而生成所需厚度的刚性塑状材料。黏合剂可使用热固性或热塑性树脂,热塑性树脂包括:聚苯乙烯、聚丙烯腈、纤维素衍生物、聚烯烃、乙烯基、聚酰胺、聚酯和碳氟化合物等;热固性树脂包括:尿素甲醛、蜜胺甲醛和酚醛、醇酸及环氧化物。

柔性层间复合材料是通过热塑性树脂或热塑性薄膜将一层织物与另一层织物层合而生产的。柔性层合也可以是薄膜与织物的层合,薄膜如乙烯基、聚氨基甲酸酯或聚酯等,在加热和加压的条件下黏合到织物上。通常在柔性层合前织物上需要打底涂层,这种方法可连续化生产。

第二节 层间复合加工

一、用于层间复合的纤维和织物

机织物、针织物和非织造布都可以利用层间复合加工技术生产层合织物。生产该类产品所采用的纤维要根据产品的性能特点加以选择。棉纤维具有很好的强力和相对较低的延伸性,有利于生产尺寸稳定的刚性层合产品。因此,棉纤维的使用可以使产品获得良好的机械性能,如高的冲击强力、优越的黏合强力以及良好的可加工性能等。棉和涤纶混纺可获得较高的强力,常用于层合的轻薄基布。但是棉纤维在用于层合之前,有时还需要进行煮练、漂白等加工。

玻璃纤维主要可以改善耐热性和绝缘性及提高机械强力。锦纶有优良的绝缘性并耐高冲击强力,常用于生产层合电器产品。涤纶具有良好的耐化学性、耐气候性以及耐磨牢度,它在层合产品中的应用近年来发展迅速。腈纶的抗老化性和耐酸性较好,在玻璃纤维增强层合中这种织物常用作覆盖层,腈纶覆盖能改善耐磨性、耐化学腐蚀性以及耐气候牢度。其他纤维包括新开发的一些高性能纤维,如诺梅克斯(Normex)、凯夫拉(Kevlar)、高密聚乙烯等在开发某些高性能特殊产品时也经常使用。

非织造布是用随机分布的纤维制造的,这样可使织物平面内各方向上的机械性质相同或相近,因此非织造布用于层合产品有极好的加工性能。机织、非织造和针织组合的多轴向结构也是进行层间复合产品开发的发展趋势之一。

二、层间复合用树脂

1. 酚醛 酚醛树脂由酚和醛经化学反应生成,原料不同可以生产出多种酚醛产品,工业上应用最多的酚醛是由酚和甲醛反应生成的。酚醛树脂用于塑性层合产品的生产,成本较低,机械和电气性能、耐热性和防潮性,耐弱酸弱碱性都非常不错,因此酚醛树脂很适合用于非织造布加固模压成形。然而由于丙烯酸系树脂的应用对环境保护更有利,使酚醛树脂的应用有日益减少的趋势。

2. 三聚氰胺树脂 蜜胺甲醛树脂比酚醛成本高,由于其抗燃性、抗电弧性好,所以可用作电绝缘层合布。这类树脂基本上无色,并有可确定的较广的色谱范围,耐光性能也很优良,因此可用在装饰材料方面。由于蜜胺甲醛树脂会释放出游离甲醛,因此蜜胺树脂在层合领域里的应用受到一定的限制。

3. 环氧树脂 环氧树脂价格高于酚醛,一般用于玻璃纤维产品和碳纤维产品上,也可用于合成纤维纱线或织物的加固。其具有较高的化学稳定性、吸水性较低、优良的尺寸稳定性、高的机械强度,并且在高湿条件下有极好的电气绝缘性能。环氧树脂也广泛用于其他纺织结构复合材料中。

4. 聚氨基甲酸酯 溶剂型和水分散型聚氨基甲酸酯都可以用于纺织原料之间或者纺织原料与泡沫产品之间的层合。其层合产品耐湿洗和干洗。聚氨基甲酸酯黏合剂可用罗拉或刮刀来涂覆在非织造布上,然后再用聚氨基甲酸乙酯泡沫塑料与纺织原料黏合。

5. 硅酮树脂 硅酮树脂常用于与玻璃纤维织物的结合,以得到具有耐高温和优良电气性能的层合物。这种层合物耐高温可达288℃左右,并具有较高的抗电弧性和较低的吸水性。硅酮树脂可用于高压和低压层合加工,但它的价格比较贵,对某些有机溶剂十分敏感,很容易受到腐蚀。

6. 聚酯树脂 聚酯树脂广泛应用于高压、低压层合产品,它具有良好的机械和电气性能。具有羟基功能的饱和聚酯可用异氰酸盐进一步稀释,应用于厚篷帆布或其他用途的薄膜层合。

7. 丙烯酸树脂 丙烯酸树脂具有良好的透明度、较高的冲击强力、优良的耐化学和耐气候性以及易成形性。丙烯酸树脂可广泛应用于许多类型的织物的层合上,如可用于有特殊用途的合成纤维层合产品。

8. 压敏黏合剂 压敏黏合剂和低能量焙固黏合剂用途十分广泛,焙固可在室温下进行使其应用非常方便。它们是丙烯酸基树脂和以甲基、乙基、丁基丙烯酸酯为基础的共聚物。可用于聚氨酯泡沫与织物的黏合。

9. 环亚乙基醋酸乙烯酯共聚物 这类聚合物比酚醛和三聚氰胺树脂是环保材料,在层合领域有很广泛的应用。对合成纤维的层合,这类聚合物有很好的黏合力,常用于层合家具装饰织物的生产。

三、层间复合产品的类型

根据层间复合产品的用途、加工方式、产品形式等不同,层间复合织物有多种分类方式。既有两层复合、三层复合及三层以上不同层数的复合,也有不同材料间的复合,如织物与织物、织物与PU泡沫材料、织物与橡胶、织物与革、织物与纸、织物与非织造布、织物与聚四氟乙烯(PT-FE)膜、非织造布与薄膜等的复合。依据非织造布层间复合产品的形式不同,将非织造布层间复合产品分为下列主要类型。

1. 薄片状材料 将浸透层合树脂的非织造布层组合成所需厚度的薄片。片状材料可由多种不同类型的浸渍原料组成,以满足产品对机械和电气性能的要求。

2. 二次成型层合 二次成型是将相对较薄的塑性层间复合制品制成一些简单的形状。首先焙固经改性酚醛树脂或其他层合树脂预浸渍过的织物层,制成平面层间复合制品,然后在较高的温度下进行二次成型。由于非织造布在平面方向上有各向同性的特点,因此比较适合加工此种产品。

3. 管材和杆材 管材是通过在芯轴上卷绕树脂浸渍的织物,然后在热的加压辊间滚轧,再在烘箱内焙固制成管状物,在焙固或模压之后,除去芯轴,即得管材。此外,还有一种方法是在液压机压力的作用下模压制成管材。管材需经过加工和打磨,使之具有合适的尺寸。层压复合塑料杆是用同模压管材一样的方法形成的,将浸渍的织物缠绕在小的芯轴上,在模压之前抽出小芯轴,有时也可不用芯轴。杆材也可通过加工片状原料来制得,如微孔轧辊就是片状原料经浸胶、模压加工而成。

4. 模塑层合塑料 模塑层合塑料是通过模压树脂浸渍的填充料形成的,产品不但具有层压塑料的强力性能,而且还有模压成形的优点。适合加工简单的形状,如齿轮坯料等。

5.蜂窝状层合　用树脂浸渍织物制成的蜂窝状层合布有很高的强力重量比。棉和玻璃纤维织物在这种类型的层合中常被用作增强材料,这种层间复合物工程应用范围广。

例如防水透湿层压非织造布是将非织造布与一层特殊的薄膜通过层压工艺复合在一起,成为具有防水透湿功能的新型织物。它不仅性能突出,而且在工艺技术上也具有选材范围广,设计灵活,污染少等优点,是今后防水透湿产品的一个主要方向。所采用的高聚物薄膜有两类:一类为亲水型;另一类为微孔型。其透湿机理与前述微孔涂层相似,亲水薄膜利用高分子自身的透湿,而微孔薄膜则是利用水蒸气在微孔结构中的扩散。层压产品能成功地解决耐水压与透湿量之间的矛盾,尤其是微孔膜层压产品,将优良的防水透湿性和防风保暖性集于一体,具有明显的技术优势。其中最为著名的产品当属 GORE 公司的 Gore—tex 织物。

四、层间复合加工方法

层合加工时,按每层之间结合方法的不同,层间复合可分为热熔层压、黏合剂层压、焰熔层压以及针刺结合等。层间复合的方法不同,产品的性能各异。层压织物自 20 世纪 30 年代问世至 60 年代初期,黏合剂层压占据了主导地位。黏合剂层压又分溶剂型(或水溶性)湿法层压与黏合剂固态热熔层压。50 年代末期美国发明了焰熔层压技术,并于 60 年代在世界各工业国家迅速推广。针刺结合属于非织造布加工技术,在此不作介绍。

(一)黏合剂层压

黏合剂层压就是直接使用涂敷、印刷、喷洒等方法将液态黏合剂施加到一层织物上,然后与另外一层织物或薄膜等其他材料叠合,实现织物与织物或织物与其他材料之间的层间复合。因为黏合剂呈液态,所以也称其为湿法加工。湿法加工按黏合剂的物理形态可分为溶剂型、水分散型与泡沫型。

溶剂型黏合剂主要用乙醇、汽油等有机溶剂将黏合剂溶解成溶液。为了满足不同的使用要求要加入不同的辅料,如增稠剂、固化剂、增黏剂、防腐剂、填料等。如果想增强某种功能还可加入各种添加剂,如阻燃、抗静电、防紫外线等的添加剂。由于溶剂型黏合层压中的溶剂挥发容易引起环境污染,因而其发展受到一定限制。

溶剂型黏合剂最好的替代物便是水分散性黏合剂。因为它是以水为分散剂,所以不存在污染问题。水分散性黏合剂的原材料选择十分关键,溶剂型黏合剂中各种有效组分都完全溶解在溶剂中,处于均匀混合的状态,这意味着各种组分在黏合剂干膜中也均匀地分布着。在水分散性黏合剂中,各种有效组分大多数呈乳液状存在,即使是混合得很好的乳液依然有 $\frac{1}{2}$ 左右的组分单独存在着,这样导致黏合剂成膜后各个组分在其中的分布不均匀。因此使乳液能很好地混合,使干膜有较好的性能是开发水分散性黏合剂的一个关键问题。另外,由于水有较高的表面张力,为了降低水分散性黏合剂的表面张力,保证基布湿润并黏合,在水分散性黏合剂中需要添加适量的表面活性剂。表面活性剂能改善黏合剂的湿润能力,但同时也会降低黏合剂本身的强度或减弱其与基布的黏合力,所以要仔细选择既有好的湿润能力又有好的黏合性的表面活性剂。

泡沫型黏合剂是将黏合剂制成泡沫,通过涂敷层压或浸渍层压的方法使织物黏合,或在两层材料之间喷注泡沫塑料再进行模压而成。如模压椅套、椅垫或形状复杂的防护罩。黏合剂在涂布过程中,要按产品用途的需要施加,可点状施加,也可面状涂覆,要求分布均匀,达到要求的黏合强度,可承受一定的拉伸剪切,层间不脱离和起鼓,剥离强度足够大,受外界条件(如温度和湿度等)变化的影响要较小。目前的施加方法有浸涂、刮涂、喷黏合剂、印点、转移等。

图 10-1 所示为印点涂黏合剂层压的设备简图,图 10-2 为喷黏合剂或转移涂黏合剂法复合的设备简图,涂黏合剂装置既可用喷黏合剂法,也可用辊转移法涂黏合剂。循环加压毯,包围在加热滚筒周围循环运行,层压加工织物被夹于其中,边加热,边加压。图 10-3 是贴合机工艺示意图,通过施胶辊将黏合剂涂到复合加工的织物上。

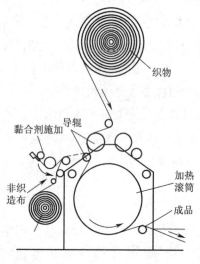

图 10-1 印点涂黏合剂层压示意图

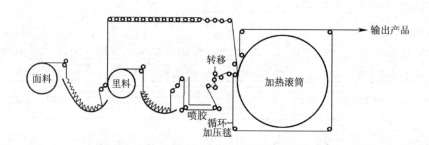

图 10-2 喷黏合剂或转移涂黏合剂法复合示意图

黏合剂层压加工时,黏合剂的涂胶量与产品厚度即克重有关,同时上胶量也是影响手感的重要因素,在满足黏合作用的前提下,涂胶量应尽量少,薄型产品为 $20 \sim 30 g/m^2$,厚型为 $50 g/m^2$,特薄型为 $10 g/m^2$ 左右,同时要结合施胶方法,保证黏合剂的均匀分布。

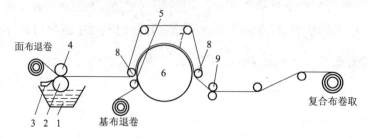

图 10-3 贴合机工艺示意图

1—涂胶槽 2—施胶辊 3—刮刀 4—从动辊 5—轧辊 6—烘筒 7—金属网毯 8—压辊 9—加压辊

预烘温度与时间对产品最后的质量也有影响。液态的溶液或乳液是含有水分的湿浆,需要经预烘烘出水分,使其中胶的有效成分达到最佳状态,预烘温度和时间随胶的成分而定,同时也与胶的浓度和车速有关。为了使黏合剂大分子在干燥成膜后达到最适合的排列状态或者发生化学键合,增加层间黏合牢度,多数黏合剂需经较高温度的焙烘,使胶的成分和被黏合材料间产生交联反应。焙烘温度和时间视反应基团而定,一般在150℃左右,时间为1~3min。

适当的压力能够使层压复合产品层间更好地结合。研究表明,压辊压力是影响剥离强度的主要因素。一般采用的是边加热边加压的方式,压力不能过大,以防止跑胶和渗胶;有条件最好采用逐步增加压力的方式。

(二)热熔层压

热熔层压是使用热熔黏合剂进行层压加工的方法,热熔黏合剂是不含溶剂或水的以热塑性高分子聚合物为基材的固体黏合剂。它在受热时自身熔融,与织物或其他材料发生黏合作用,冷却后固结在一起。热熔性黏合剂的物理形态有粉粒型、纤网型与薄膜型。热熔层压一般有三种加工方式。

1. 预涂层热熔层压　即先在一种织物上涂敷热熔黏合剂,使其具有热熔黏合能力,然后再根据需要与其他织物或材料进行复合、加热熔融合成一体。这种方法一般用于化纤地毯和服装工业用热熔衬的生产。热熔黏合剂的涂敷方法有粉末分散涂敷、印涂、熔喷、压榨吹塑等方法。

(1)粉末分散涂敷法:将大小不同的粉粒涂敷到基材上,粉粒通过一个花辊筒或旋转的散射辊筒撒到织物上。为了固定粉粒,涂敷后的织物通过红外线辐射热源使粉粒熔化。

(2)印涂法:应用筛网漏涂工艺或凹版辊筒工艺将预先熔化的树脂涂到纺织基材上。

(3)熔喷法:将预先熔化的树脂与热气进行雾化喷到织物上。

(4)压榨吹塑法:塑料原料(如PVC)经塑料挤压机施加到基布上。

2. 黏合型热熔层压　将粉粒状、纤网状和薄膜状黏合剂夹在两种织物或两种材料之间通过加热加压达到黏合的目的。

3. 薄膜层压　又称干压或压延复合。其方法是使用织物与固态热塑性塑料膜复合。在压延复合时,首先塑料原料经压延辊压延为塑料膜,再与基布热黏合复合。

20世纪80年代末至90年代初,美国和欧洲相继颁布了一系列保护环境的法律、条例。这些法律或条例中明确限制工业用溶剂型树脂,严格限制液态树脂废物排放、限制焰熔层压中甲醛的释放。而热熔层压符合卫生条件,是层压工艺中的主要技术手段。

(三)焰熔层压

焰熔层压是一种独特的层压工艺,它的主要原料是基布与聚氨酯泡沫塑料。焰熔层压不用黏合剂,而是利用可燃性气体火焰加热,使聚氨酯泡沫塑料表面物质受热降解,生成黏性异氰酸酯基团,起到与织物黏合的作用。图10-4所示为一种平面焰熔层压加工示意图。焰熔层压有单面、双面和多层之分,其基本工艺过程是将一层厚度为0.75~12.7mm的聚氨酯泡沫塑料通过一个辊筒,同时剧烈燃烧丙烷(或丁烷)气体,使其受热,火焰温度达1400℃,泡沫塑料离火焰25.4mm,在泡沫塑料受热面上压一层织物,使它们黏合。泡沫塑料继续向前移动,如果是单面层压则可冷却卷取,如果是双面层压则可在泡沫继续向前移动时,另一面再用火焰加热,并压上一层面料织物,如此得到三层焰熔层压织物。

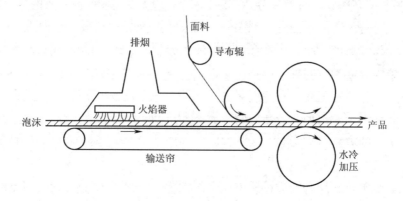

图10-4 平面焰熔层压复合示意图

焰熔层压用泡沫塑料主要使用聚氨酯泡沫塑料,有聚酯型与聚醚型聚氨酯泡沫塑料两种类型。聚酯型泡沫塑料的分子极性大,受热降解时易于与织物复合产生较强的黏合牢度,并且具有较多的复合厚度,有较好的抗张强力、撕破强力和断裂伸长率。整个工艺流程烟尘少,比较清洁,但聚酯型泡沫防潮性能差,且价格高。聚醚型泡沫塑料价格便宜、成本低,因此得到了较快的发展。聚醚型泡沫有较好的防潮性能,但由于其黏合强度差,不适合焰熔层压,所以要加入特殊添加剂。经过改性的用于焰熔层压的聚醚型泡沫塑料具有较好的性能,如良好的物理性能,其中包括较好的黏合强度,特别是出色的抗老化性能,这种性能在车内装饰产品中十分重要。

聚氨酯泡沫塑料还可分为阻燃型与非阻燃型两种,阻燃型泡沫塑料的热降解速率明显低于非阻燃型泡沫塑料。阻燃型泡沫塑料受热后不过分降解,待冷却后仍然是高聚物。而非阻燃型泡沫塑料在到达其降解温度时,会产生过分降解且变化过程不可逆,自身完全破坏,导致复合冷却后黏合力不强。因此,焰熔层压工艺必须选用阻燃型聚醚型聚氨酯泡沫塑料。

近年来,焰熔层压技术并没有更大的发展,主要原因是这种技术已经趋于成熟且不环保。因此,焰熔层压技术的出路就是在有效解决有害气体的回收设备上进行投资。

第三节 非织造布结构复合材料

复合材料是由两种或两种以上异质、异形、异性的材料复合形成的新型材料。复合材料所具备的性能是构成它的各单独成分都不具有的。目前复合材料已经被广泛应用于多种用途,并且仍然在不断的发展和完善。

复合材料按照现在的用途可以分为功能复合材料和结构复合材料。功能复合材料是指除力学性能以外,还提供其他物理性能并包括部分化学和生物性能的复合材料,如导电、超导、磁性、吸声、吸波、屏蔽、阻燃、防热等功能。功能复合材料主要由一种或多种功能体和基体组成,功能性质由功能体提供;基体既有粘接和赋形的作用,也对复合材料整体的物理性能有影响。结构复合材料由增强体与基体组成。增强体承担结构使用中的各种载荷,基体则起到粘接增强体予以赋形并传递应力和增韧的作用。功能复合材料与结构复合材料的相互融合是 21 世纪复合材料的发展方向。

纺织复合材料虽然是整个复合材料家族中一个很小的分支,但也是非常重要的组成部分,纺织复合材料是由纺织增强结构物和基体材料组成。纺织增强结构物可以由柔性材料的纤维、纱线、织物以及非织造布做成,称为纺织预制件(preform)。基体材料可以是热塑性或热固性聚合物、陶瓷或金属。将纺织结构体和基体材料固化(consolidation)就制成纺织复合材料。

纺织复合材料的成品可以是柔性的也可以是刚性的。涂层非织造布、各种复合加工非织造布产品以及汽车轮胎和传送带等都可以被归属于柔性的纺织复合材料。刚性纺织复合材料主要指纺织结构复合材料,刚度大、强度高、密度低、耐高温和抗腐蚀。本节仅对以非织造布为增强结构物的纺织结构复合材料加以介绍。

一、纺织增强结构材料分类

纺织增强材料可以有多种形状和形态。根据预制件结构参数,纺织增强结构材料可以有多种分类方法。如按照维数(1,2 或 3)、增强材料方向(0,1,2,3,4,…)、纤维连续性(长丝、短纤)、增强材料线型度(线型,非线型)、每个方向纤维束大小(1,2,3,4,…)、纤维束捻度(无捻,一定数量捻度)、结构材料整体性(层合或整体)、织造方法(机织、正交织造、针织、编织、非织造)、排列密度(松式或紧式)来分类。

不同种类的纺织增强结构材料具有各自的特性,因此不同用途的复合材料,应该选择相应的纺织增强结构材料。由于切断纤维(chopped fiber)的不连续性,取向呈随机性和缺乏整体性,因此不宜用作复合材料;长丝结构特别适用于拉伸载荷场合,而不完全适用于一般承载场合,因为长丝纤维层之间容易开裂或分层。由机织、针织或非织造布制成的层片状体系至少在两个方向上纤维是连续的和相互缠结的,并有一定取向,特别适用于承重板墙(load - bearing panel)。如不经过专门的缝缀,织物层间也会脱开。对于纤维在三维空间定向的整体结构,用于一般承载场合效果最佳,结构中纤维是连续的,并缠结在一起。其中三维织物结构是近二十年来开发出来的新型产品,它不仅能承受多种方向的机械应力和热应力,还能显著地改善层间抗剥离强度和耐破坏性,不会轻易开裂和分层。

二、非织造布结构复合材料中常用的基体材料

非织造布结构复合材料体系中,基体材料具有多种功能。基体把纤维性材料结合在一起,并使其保持于特定位置和特定方向,赋予复合结构整体性(integrity),它保护纤维免遭环境损害和加工处理影响。基体系统把作用于复合材料界面上的力传递给纤维,并有利于增强复合材料结构稳定。

增强材料和基体材料应具有良好的配伍性,两者相互掺和与黏结。热固性(thermoset)和热

塑性(thermoplastic)两类树脂都可作为基体用于非织造布结构复合材料。

1. 热固性树脂 使用最多的热固性树脂是聚酯和环氧树脂。聚酯用于温度不太高的场合,其优点是价格低廉、黏度低且流动性好,纤维表面容易润湿,固化(cunng)温度低,其缺点是强度低、抗冲击性能差、固化过程中收缩大。

环氧树脂可用于高温场合。它具有通用性、物理性能适用范围广、机械性能好、加工方便等优点。此外,环氧树脂还具有韧性、抗化学剂和耐溶剂性、挠曲性、高强度和高硬度、抗蠕变、耐疲劳以及和纤维的黏结性好、耐热、优异的电学性能等。使用环氧树脂时,需要配用固化剂。

2. 热塑性树脂 热塑性材料分为日用热塑性和工程用热塑性材料两类。通常使用的聚乙烯、聚丙烯、聚氯乙烯和聚苯乙烯等属于日用热塑性材料,这些材料不耐高温。而适合用于非织造布结构复合材料的耐高温热塑性材料相对较新,其耐高温性比环氧树脂还好,此外刚度和耐热、耐湿性都较好,此类工程热塑性树脂有聚醚酮醚(PEEK)、聚苯硫醚(PPS)和聚醚酰亚胺(PEI)。聚醚酰亚胺树脂分为由缩合反应制成的热塑性聚酰亚胺和由加成反应制成的交联聚醚酰亚胺。

纤维和纤维状聚醚酮醚(PEEK)等热塑性基体材料,在做成纺织预制件之前可先进行掺和(commingling)。固化(consolidation)时热塑性纤维材料在温度和压力作用下熔化,成为基体。掺和适用于树脂渗透比较困难的紧密三维织物。

三、非织造布结构复合材料中常用的增强材料

在非织造布结构复合材料中,纤维对复合材料的性能起着重要作用,特别是在承载主载荷的时候,纺织增强结构材料必须采用高模量纤维。这种高模量纤维在受到大应力时,延伸很小,其中最常用的纤维是玻璃纤维、碳纤维和芳族聚酰胺纤维等高模量材料。

玻璃纤维价格相对比较便宜、性能良好,被广泛用于纺织复合材料中。而且不同种类的玻璃纤维通常在抗拉强度、弹性模量、热稳定性、电学性能、尺寸稳定性、抗潮性等方面具有不同的性能,实际使用中可以加以选择,使性能价格比保持合理。

碳纤维是用有机材料母体(precursor),如粘胶纤维、聚丙烯腈(PAN)和沥青等经热加工制成。无论在常温还是高温条件下,其模量和强度都是各种增强纤维材料中最高的,而且密度低。如 Union Carbide/Toray 以 PAN 为母体生产的牌号 T300 碳纤维,密度只有 1.75g/cm^3,其抗拉强度却达到 3.31GPa,抗拉模量达到 228GPa。但由于价格高,因而目前仅限用于如航天工业等高性能应用场合。由于碳纤维不易被树脂润湿,所以加工中要进行表面处理,以增加活性化学基团数量,并使纤维表面糙化。为了减少纤维磨损、改善处理条件和赋予纤维—基体配伍性(compatibility),因此常在处理前将碳纤维浸渍环氧树脂,制成预浸渍件(prepreg)备用。

芳族聚酰胺纤维也是一类常用的高性能纤维,其中最著名的是杜邦公司的凯夫拉。在用于纺织结构复合材料时,有多种凯夫拉纤维可供选择,如凯夫拉 29 用于韧性高、损伤容限性好以及防弹保护等场合;凯夫拉 49 模量高,是芳族聚酰胺用于复合材料中最多的一个品种;凯夫拉

149 具有超高模量。芳族聚酰胺纤维特别适宜用于要求高比强度的场合,例如导弹、压力容器、张力设施等。芳族聚酰胺产品有各种形式,如长丝、纤维条、短纤和变形丝。

硼纤维用于增强环氧树脂、铝或钛材料基体。制成的复合材料成品具有高的强度/重量比值和良好的抗压缩强度。

上述纤维和传统的纤维相比较硬、较脆,因此在加工中应格外注意。另外天然纤维素纤维也越来越多的用在复合材料中作为增强材料,已用在汽车工业、化学设备的构成及运动装备上。亚麻、黄麻等纤维能够赋予复合材料特殊的表面特征,非常接近于玻璃纤维增强复合材料。

如果将纤维素纤维用于复合材料,那么它与复合材料有关的参数必须接近于玻璃纤维。例如,Lyocell 的强度与天然纤维(如麻)类似,然而用于生产硬挺的复合材料时,它的模量和伸长率与天然纤维的水平相距甚远。在应用 Lyocell 纤维前,应提高其模量,以使复合材料有较好的抗弯刚度。这一目的可通过后整理工艺来实现。

四、复合材料制作

1.非织造布预制件的制备 非织造布可以在复合材料中用作增强结构。在实际操作中为了适应复杂的形状和轮廓,选用缝缀或针刺方法将几层传统非织造布联结在一起,使其具有一定的厚度、体积和形状。虽然非织造布结构不如纱线相互交错的织物结构结实,但是非织造布预制件制造比较方便,其中针刺和缝编是制作非织造布增强结构材料用得最多的方法。

层合预制件是将二层或多层纤维材料、织物及非织造布层固结在一起得到的,其性能决定于各组成层片的选用、定向和成分。层合结构可以是各向同性或各向异性,每一单层可以是相同的材料,也可以是具有不同功能的不同材料。各层之间可以缝缀在一起,也可以不缝缀,不缝缀的层合复合材料容易开层,而缝缀密度过高也会损伤纤维使机械性能下降。

虽然层合的复合材料强度高、用材省、用工少,且容易制造。但是其强度与三维编织的机织物预制件相比仍然逊色一些。

2.复合材料制作 制作复合材料的两个主要步骤:纺织增强结构材料用树脂(基体材料)润湿;树脂固化形成聚合物三维网络结构,使增强结构中的纤维和树脂固结。

制作复合材料的方法有多种,主要有高压罐热压模制法、吹塑法、铸型法、压缩模塑法、扩展法、挤压法、长丝缠绕法、手工铺层法、注射成型、层合(连续)对模模塑法、机械成型法、压力袋成型法、拉伸成型法、拉挤法、反应注射成型、离心浇铸法、喷射成型法、热成型法、传递模塑法、真空袋成型法等。

☞ 思考题

1.复合加工的目的是什么? 什么是复合加工技术?
2.复合材料如何分类? 非织造布复合产品有几种?

3. 层间复合常用的纤维和树脂有哪些？分述其特性。

4. 层间复合材料有哪些类型？

5. 层间复合加工有哪些方法？各自有什么特点？

6. 简述非织造布结构复合材料常用的基体材料和增强材料有哪些？

第十一章　抗菌整理

本章知识点

1. 非织造布抗菌整理的意义和原理。
2. 抗菌剂的作用机理。
3. 抗菌整理剂的种类和使用要求。
4. 掌握常用抗菌整理剂的性能和使用方法。
5. 非织造布抗菌性能的评价方法和标准。

第一节　抗菌整理概述

一、微生物的危害及抗菌材料

微生物是一切肉眼看不见或看不清楚的微小生物的总称,它们个体微小、构造简单。微生物种类繁多,包括细菌、真菌、病毒、立克次体等,品种在 10 万种以上。其中绝大多数的微生物对人类是无害的,甚至是有益和必需的。但也有部分微生物能够引起各种工业材料、化妆品、服装、医药品等的分解、变质、腐败,致病菌甚至还能影响人们的身体健康,危及生命。

微生物在自然界中分布极其广泛,在江河、湖泊、海洋、土壤、空气、矿层甚至人类和动物的体表、腔道内都有分布,因此在各种场合使用的材料不可避免地将接触到各种微生物。微生物一旦接触到材料就可能沉积在材料表面,逐渐黏附定植在材料表面,并进一步在材料表面生长繁殖。微生物的生长速度很快,如大肠杆菌在适宜的条件下,平均每 20min 即繁殖一代,24h 即可繁殖 72 代,由一个菌细胞可繁殖到 47×10^{22} 个。大量致病微生物的存在给人类的健康带来了巨大的威胁。

长期以来人们研究了多种杀灭和抑制微生物生长的方法,如控制温度、压力,利用射线、电磁波或切断细菌必须的营养物质等物理方法和调节体系酸碱度等化学方法。其中大部分方法可以实现快速高效杀菌作用,但需要将被处理物品放置在相应的环境下,如低温、高温、高压或射线场(如紫外射线、X 射线)等环境下,在使用上则具有一定的局限性。有些材料自身具有杀灭或抑制微生物的功能,这样的材料称为抗菌材料。在自然界中有许多物质本身具有良好的杀菌和抑制微生物的功能,如部分带有特定基团的有机化合物,一些无机金属材料及其化合物、部分矿物和天然物质。目前,大多数抗菌材料是人为添加抗菌剂实现的,如抗菌塑料、抗菌纤维、抗菌陶瓷等。由于抗菌材料能杀灭和抑制沾污在其表面的微生物,可保持材料表面的自身清洁状态,因而被广泛采用于制备健康型制品。

二、非织造布抗菌整理的意义

随着现代非织造技术的发展,非织造布在医疗用品、卫生保健用品、日常使用物品、室内装潢织物、汽车内饰和各种公共场所应用越来越多,并且非织造布是由化学纤维或天然纤维经过一定工艺加工形成的多孔组织,非常容易吸附细菌。而与人体有接触的制品,如衣物、手术衣、帽、毛巾等因可能附着人体产生的汗液、皮脂等代谢物则更适于细菌的生长,容易成为滋生和传递致病菌的重要媒介。因此,对相关领域使用的非织造布进行抗菌加工十分必要。

三、抗菌整理的发展历史

非织造布的抗菌整理是在织物的整理技术上发展起来的。织物的抗菌整理可以追溯到4000年前埃及人用植物浸渍液来处理木乃伊裹尸布。第二次世界大战期间德国军队利用季铵盐处理军服和战地医院纺织品则被认为是现代抗菌整理的开始。抗菌整理的大规模开发是在20世纪60年代末至70年代初,以日本和美国的发展较为迅速。1975年后,卫生整理剂进入了新的开发期,一系列低毒高效抗菌剂,如有机硅季铵盐、芳香卤代化合物、卤代二苯醚以及六亚甲基双胍盐酸盐等相继推向市场,其中值得一提的是美国道康宁公司推出的有机硅季铵盐DC-5700抗菌整理剂,经过美国EPA的十八项安全检验,人体安全性好,至今仍被广泛使用。在整理技术上也日趋成熟,并出现了抗菌漂白一浴法、抗菌染色一浴法等新工艺。

我国在抗菌整理领域发展相对较晚,20世纪80年代初期出现了一些抗菌整理剂的研究和应用,如上海树脂厂的SAQ-1整理剂、山东省纺织研究所的STU-AM 101整理剂等。20世纪90年代末随着抗菌纺织品市场的升温,我国在抗菌纤维、抗菌剂的研究和应用等领域开展了大量的工作,取得了一系列的成果。

随着我国非织造产业的迅猛发展及其产品在各领域应用的推广,非织造布抗菌整理技术随之快速发展,具有抗菌性能的非织布在医疗卫生、日常生活、保健等领域发挥了重要的作用。

第二节 抗菌整理的原理

抗菌剂是一类微生物高度敏感、少量添加到其他材料中即可产生抗菌功能的物质。抗菌剂的抗菌作用效果与抗菌剂的性质、浓度、作用时间的长短以及环境等因素有关,可表现为杀菌作用和抑菌作用两个层次。抑菌作用是将细菌的生命活动中的某一过程阻止而抑制其生长繁殖。而杀菌作用是把细菌杀死,降低体系中细菌绝对数量。杀菌和抑菌作用的示意如图11-1所示。杀菌作用和抑菌作用是相对的,对于不同的抗菌剂和细菌体系,抑菌作用和杀菌作用的程度有所差别,抗菌作用是抑菌作用和杀菌作用的综合体现。

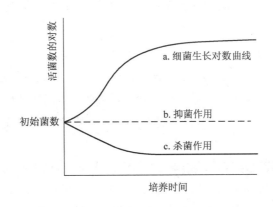

图 11 - 1　杀菌和抑菌示意图

一、抗菌剂对微生物的作用机理

抗菌剂的抗菌作用实质是抗菌剂对与微生物细胞相关的生理、生化反应和代谢活动的干扰和破坏,最终导致微生物的生长繁殖被抑制,甚至死亡。具体的表现形式是影响菌丝的生长、孢子萌发、各种子实体的形成、有丝分裂、呼吸作用以及细胞膨胀、细胞原生质体的解体和细胞壁受损坏等。研究表明,抗菌剂可以作用于细菌的各个部分,根据抗菌剂对细菌的作用机制,其作用机理包括以下三大类型。

（一）破坏菌体的结构

菌体的细胞由细胞壁和原生质体组成,包围原生质体的是细胞膜,原生质体中还有细胞核、线粒体、核糖体等细胞器。这些组分都各自担负着对微生物的生命活动起重要作用的机能。因此,只要其中任何一个结构受到破坏,整个细胞就会受到损害。

1. 对细胞壁的作用　细胞壁是细胞的外围层,如被破坏会致使原生质渗出,发生溶菌作用。细胞壁受抗菌剂的影响一般有三种情况:细胞壁上的物质被溶解破坏;紧接于细胞壁附近的一些酶类如糖酶受抑制;细胞壁的生物合成受到影响等。革兰氏阳性菌因表面多含磷壁酸显负电荷,极易被季铵盐类抗菌剂吸附,引起结构性损害,导致细胞内含物的渗漏。

2. 对原生质膜的作用　原生质膜由单位膜组成,主要含蛋白质和类脂质,还有甾醇和一些盐类,膜内部由疏水键和离子键维持稳定性。原生质膜是一层具有高度选择性的半透性膜,其主要功能是控制细胞内外一些物质的交换渗透作用。抗菌剂破坏原生质质膜的方式有三种:破坏原生质质膜中脂质分子与蛋白质的定向排列,损害正常质膜的脂质—蛋白质结构的基本骨架,使菌形变化、直至死亡;通过改变原生质膜的表面电荷,破坏其通透性,致使各种代谢物质渗出胞外;抑制细胞膜的合成。

3. 对细胞内容物的作用　抗菌剂对细胞内含物的作用包括对细胞器和蛋白质等结构物质的作用。以线粒体为例,线粒体是细胞中储存能量的细胞器,内有许多生物氧化反应所需的酶类,抗菌剂对线粒体的作用主要是影响细胞内各种生物氧化反应,如对三羧酸循环某些过程的影响和对氧化磷酸化偶联反应的影响等。蛋白质在微生物体内具有多种多样的功能,如果蛋白质的结构或其空间构象受到破坏,菌体的生命活动就会受到抑制甚至停止。如含有重金属的杀菌剂能破坏酶蛋白的结构,使酶失去活性。

（二）影响遗传物质,破坏正常的繁殖过程

核酸包括 DNA 和 RNA,它是传递遗传信息的物质基础。很多抗菌剂是通过影响遗传物质的合成来达到抗菌作用的。以抗菌剂对 DNA 合成的影响为例,可以有如下几种方式。

（1）与 DNA 分子上的羟基或氨基反应,使 DNA 分子双螺旋交联起来,不能分开作为模板使用。

（2）与 DNA 上的核苷残基连接起来形成复合物,从而影响 DNA 的转录及复制。

（3）阻止核苷结合到核酸中去。

（4）利用有些抗菌剂如苯并咪唑类的化学结构与嘌呤很相似的特性,使之容易冒充腺嘌呤或鸟嘌呤,做成掺假的 DNA 的生物合成,即具有掺假作用。

（三）影响代谢作用和生理活动

1. 对酶体系的作用　酶也是蛋白质,具有生物催化活性,在生命过程中占有举足轻重的地位,细胞中许多生物化学反应都需要特殊的酶催化。抗菌剂对酶的作用可以分为对酶的形成和对酶的活性两个方面的影响。对酶形成的影响主要是一些抗菌剂能通过刺激或阻抑酶的合成,使菌体内的物质代谢失去平衡,达到抑制微生物生长的目的。对酶活性的抑制主要是抗菌剂可以以多种方式影响酶的活性,如破坏酶的立体结构,酶的活性中心具有一定的空间结构,当酶蛋白的空间结构遭到破坏时,势必会拆散活性中心,使酶丧失活力。

2. 抑制呼吸作用　细菌通过呼吸作用获得其生命活动所需要的能量,其中,糖酵解—三羧酸循环、电子传递系统和氧化磷酸化是三个主要的能量代谢活动,如果抗菌剂能抑制能量代谢中的一个环节就能抑制微生物的生长繁殖。

值得注意的是抗菌剂与细菌的作用机制非常复杂,一种抗菌剂甚至可以采用多种途径发挥作用。至今有些抗菌剂的作用机理,尤其一些新出现的抗菌剂,仍有待于深入研究。

二、非织造布抗菌整理的原理

非织造布的抗菌整理是用适宜的抗菌整理剂对非织造布进行处理使之具有抑制或杀灭致病菌功能的过程。经抗菌整理的非织造布基于以下三种机理发挥其抗菌功能。

1. 释放机理　经抗菌整理的非织造布在一定的条件下,如适宜的温度或湿度,会自动释放出抗菌剂,其释放量足以抑制或杀灭细菌和真菌的繁殖。

除了用化学方法来产生和释放抗菌剂外,还可使用缓释微胶囊技术,即将有效的抗菌剂作为芯层包埋在其他物质的囊壁中,在使用过程中抗菌剂缓慢渗出并发挥抗菌作用。

2. 再生模式　再生模式是在非织造布上加一层化学整理剂,它在一定条件下（如洗涤或射线照射）不断地再生抗菌剂,并能通过表面接触使广谱的微生物迅速失去活性作用。

3. 障碍或阻塞作用　障碍或阻塞作用的原理是在非织造布表面施加一层惰性的物理障碍层或涂层,防止微生物穿过织物,达到静态抑菌的效果。用障碍或阻塞机理来使织物不受微生物侵害的膜有两类。

（1）惰性的物理障碍层或涂层,它是一层阻止微生物穿过织物的膜。

（2）有表面直接接触活性的膜,能够抑制细菌的生长。

使用惰性的物理障碍层或涂层作防护层,一般比直接有表面接触活性物质的涂层要多添加一些。

三、非织造布用抗菌整理剂的基本要求

目前可用于非织造布整理的抗菌剂种类很多。根据非织造布纤维原料、抗菌非织造布的最终使用目的不同,对使用的抗菌整理剂的要求也不尽相同。但总体上,用于非织造布抗菌整理的抗菌剂应满足以下要求。

1. 抗菌效率高 即抗菌剂在低浓度时就具有良好的抗菌性能。可通过最小抑菌浓度(抑制细菌发育繁殖所需的最小抗菌剂浓度 MIC)和最小杀菌浓度(杀灭细菌抗菌剂的最低浓度 MBC)来衡量。MIC 或 MBC 越小,表明抗菌剂的抗菌效率越高。

经抗菌整理的非织造布的抗菌效力的评价除了取决于抗菌剂的性质、抗菌整理剂的含量,还与非织造布的纤维性质、接触环境的微生物种类及数量等因素有关。

2. 抗菌谱广 即对多种微生物和同种微生物不同菌株都具有抑制或杀灭作用。微生物的种类极其繁多,抗菌剂一般只能对部分特定的微生物种类表现出抗菌活性,而对其他微生物不表现出抗菌性。能对许多种微生物同时表现抗菌活性的抗菌剂称为广谱抗菌剂;只对一种或少量几种微生物表现抗菌活性的抗菌剂称为特异性抗菌剂。抗菌剂能表现抗菌活性的微生物种类集合称为该抗菌剂的抗菌谱(antimicrobial spectrum)。非织造布在使用过程中,尤其非一次性用品,在其使用过程中会接触到多种微生物,因此需要使用的抗菌整理剂具有广谱抗菌性。但在实际应用中,要求抗菌剂对所有的微生物都具有杀灭性或抑制性是不现实的,可以根据非织造布的使用场合对抗菌剂的抗菌谱提出不同的要求,如存在于医院环境的主要致病菌有葡萄球菌、克雷伯氏菌、沙雷氏菌、大肠埃希氏菌、绿脓杆菌等。因此,医疗用非织造布的抗菌整理剂就需要具有对上述细菌的活性具有抑制作用。

3. 稳定性好 抗菌整理剂的稳定性指抗菌剂本身物理化学性能随时间和环境变化保持稳定的能力,包括抗菌效果,抗菌剂的外观、颜色、物理性能等。保持抗菌剂在加工过程中的稳定性是对抗菌剂的一个重要要求,要求抗菌剂在整理加工、使用、储存以及其他加工过程中不受紫外线、可见光、热、水等环境的影响,与染料等常用纺织助剂具有反应惰性,不影响非织造布的物理性能和外观等。

4. 安全性高 安全性是对抗菌整理剂的一个重要要求。抗菌整理剂大多为人工合成的有机或无机化合物,化学成分复杂,具有一定的机体毒性,在其生产和使用中可能会对人体造成一定的危害。如早期使用的一些重金属化合物抗菌剂就因对机体的毒性而被禁用。

为了安全使用抗菌剂,一般都需要对抗菌剂进行毒理学评价。毒理学评价除了做必要的分析检验外,通常通过动物毒性试验取得数据,现已公认的重要标准有急性毒性试验、亚急性毒性试验、慢性毒性试验、致癌性试验、致突变性试验、致畸性试验、胚胎毒性试验、皮肤刺激性试验、眼刺激性试验、皮肤过敏性试验等。其中急性毒性指标最重要,指机体(人或实验动物)一次

（或 24h 内多次）接触外来化合物之后所引起的中毒效应,甚至引起死亡。急性毒性可以初步估计该化合物对人类毒害的危险性,通常以半数致死量（LD_{50}）,即在试验生物的群体中能引起半数生物死亡的剂量来表述毒性大小,LD_{50} 越小其毒性越大。根据 LD_{50} 可以将化合物进行毒性分类,见表 11 - 1。

表 11 - 1　急性毒性分级标准

毒性分级	小鼠一次经口 LD_{50}（mg/kg）	小鼠吸入 2h LD_{50}（mg/kg）	兔经皮 LD_{50}（mg/kg）
剧　毒	<10	<50	<10
高　毒	11 ~ 100	51 ~ 500	11 ~ 50
中等毒	101 ~ 1000	501 ~ 5000	51 ~ 500
低　毒	1001 ~ 10000	5001 ~ 50000	501 ~ 5000
微　毒	>10000	>50000	>5000

　　抗菌剂的毒性除与物质本身化学结构和理化性质有关外,还与使用浓度、作用时间、接触途径和部位、物质的相互作用与机体的机能状态等条件有关。

　　5. 相容性好,适于整理加工　抗菌剂需要结合非织造布才能制成相应的制品使用,所以选择的抗菌剂要与相应的非织造布纤维有良好的相容性,并且能够适应整理加工工艺要求。抗菌剂与非织造布纤维之间良好的相容性和较强的结合力,也是保证抗菌剂在使用过程中不会造成过度的流失、提高抗菌持久性的要求。

　　6. 价格适宜　价格也是在选择抗菌剂时需要考虑的一个因素。经抗菌整理的非织造产品的生产成本会有一定的增加,这种成本的增加应与抗菌功能的增加给产品带来的经济效益的提升相匹配,而不应导致产品因成本带来市场的萎缩。

第三节　非织造布常用抗菌整理剂与整理工艺

　　可用于非织造布整理的抗菌剂有很多种类,根据抗菌整理剂与非织造布的结合和抗菌作用的形式,抗菌剂可以分为溶出型与非溶出型两大类。溶出型抗菌整理剂不与纤维发生化学结合,在使用过程中可以向周围扩散并形成抑菌环,在抑菌环内的细菌均被杀灭并不再生长,达到抗菌效果;非溶出型抗菌整理剂能与织物以化学键结合,这种整理效果较持久,它主要靠抗菌剂直接与细菌接触,使其无法存活、繁殖,也称为吸附抗菌。

　　目前广泛使用的抗菌剂大致可分为有机抗菌剂、无机抗菌剂和天然抗菌剂。相比而言,有机抗菌剂具有灭菌速度快、整理加工方便、价格便宜等优点,但也有诸多缺点,如对环境和人体有害且作用寿命短、使用温度低、化学稳定性差等;无机抗菌剂则克服了上述缺点,具有安全性高、耐热性好、抗菌持久等特点,但其抗菌效果没有有机抗菌剂快,价格偏高;天然抗菌剂是从天然植物或动物中的提取物,不属化学制品,对人畜或环境一般不产生危害,生物相容性好,抗菌谱广,近年来备受关注;其缺点是抗菌效果相对较差,不耐高温等,且资源有限,应用范围有很大的局限性。

一、有机抗菌剂

有机抗菌剂是抗菌剂中非常重要的一大类,由于有机抗菌剂与纤维的化学键合力强,因此在非织造布抗菌整理中占有重要的地位。根据化学结构,有机抗菌剂可以分为季铵盐类、有机硅季铵盐类、双胍类等常用品种。

(一)季铵盐抗菌剂

季铵盐抗菌剂是最早用于纺织品整理的抗菌剂之一,属溶出型抗菌剂。其结构通式为 $R^1R^2R^3R^4NX$,其中 $R^1 \sim R^4$ 为烷基或烷氧基,分别与氮原子结合为一个季铵阳离子基团,是杀菌的有效部分。X 可为卤素离子、硫酸根或其他阴离子。

季铵盐抗菌剂对多种细菌和真菌的生长具有抑制作用,其抗菌机理是表面静电吸附作用引起细胞组织发生变化,损伤细胞膜和细胞壁,并与细胞内的酶蛋白发生化学反应,使酶蛋白变性,破坏其机能,从而抑制细菌生长。作为一种表面活性剂,季铵盐抗菌剂与其他各种整理剂的相容性好,一起使用不会降低抗菌性。其缺点是耐洗性较差,因此为了提高耐久性需要与反应性树脂并用。具体的工艺是采用浸轧工艺,将 0.5% ～5% 的整理液,0.2% ～2%(owf)配以适当的反应性树脂在 30～60℃下处理 20～30min 即可。

(二)有机硅季铵盐抗菌剂

有机硅季铵盐是一类新型阳离子表面活性剂,具有抗菌谱广,耐洗性、持久性好等优点,同时可提高织物的亲水性、吸汗性、柔软性、平滑性、回弹性、防静电性和抗污染性,是一种高效多功能织物整理剂。下式为有机硅季铵盐抗菌剂的结构通式:

$$R-\underset{\underset{R}{|}}{\overset{\overset{R}{|}}{Si}}-R'-\underset{\underset{R''}{|}}{\overset{\overset{R''}{|}}{N^+}}-R'' \cdot X^-$$

其中 R 为可以水解的基团,如 $-OCH_3$、$-Cl$、$-OC_2H_5$ 等;R′ 为烃基、含氧或氮的基团,如 $-(CH_2)_3NHCH_2CH_2-$、$-CH_2COCH_2CH_2-$、$-CH_2-$ 等;R″ 为含碳原子个数为 1～20 个的烃基;X 为阴离子,如 Cl^- 或 SO_4^{2-} 等。美国道康宁(DowCorning)公司的 DC—5700、柏灵登公司的 Bioguard TM,国内的山东大学与山东省纺织研究所合作研制的 STU-1、东华大学的 CTU-1、上海树脂厂的 SAQ-1 以及北京洁尔爽高科技有限公司产的 SCJ-963 等均为此类产品,其中 DC-5700 产品问世最早,应用范围较为广泛。

DC-5700 的有效成分为 3-(三甲氧基硅烷基)丙基十八烷基二甲基氯化铵,分子结构如下式所示。

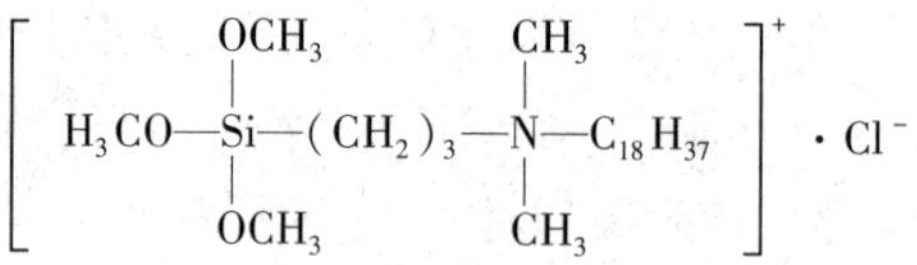

$$\left[\begin{array}{c} OCH_3 \\ H_3CO—Si—(CH_2)_3—N—C_{18}H_{37} \\ OCH_3 \end{array} \begin{array}{c} CH_3 \\ \\ CH_3 \end{array} \right]^+ \cdot Cl^-$$

烷氧基硅烷中的 Si—OC 键非常活泼,具有一定的水解活性,因此当整理过程中加入水稀释时,DC-5700 分子中的甲氧基硅烷基能发生水解而生成硅醇。

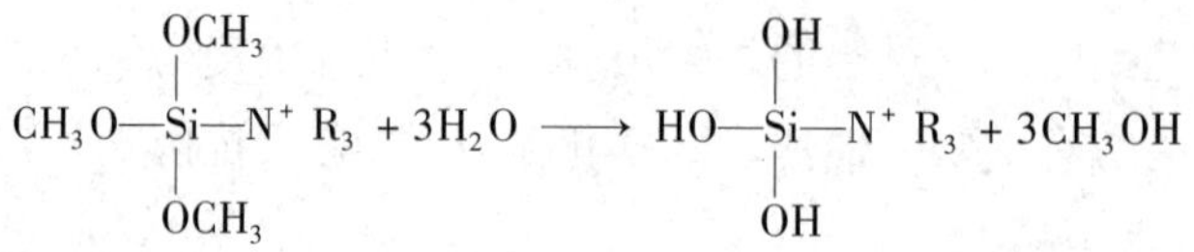

$$\begin{array}{c} OCH_3 \\ CH_3O—Si—N^+R_3 \\ OCH_3 \end{array} + 3H_2O \longrightarrow \begin{array}{c} OH \\ HO—Si—N^+R_3 \\ OH \end{array} + 3CH_3OH$$

反应所生成的硅三醇性质极不稳定,易发生脱水缩合反应,形成结构稳定的硅氧烷。这种脱水缩合反应可以发生在硅醇基之间,也可能发生在硅醇基与非织造布表面纤维之间,从而使 DC-5700 以共价键牢固地结合在织物表面(图 11-2)。

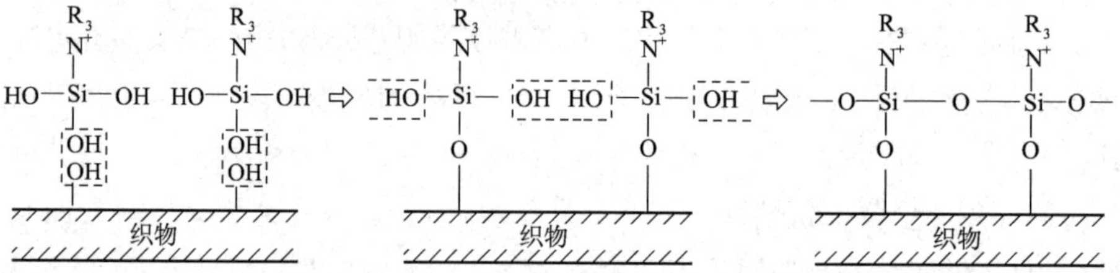

图 11-2 DC-5700 的共价键结合模式

在进行共价键结合的同时,DC-5700 的阳离子(N^+)与纤维表面上负电荷相吸引,形成离子结合(静电结合),如图 11-3 所示。

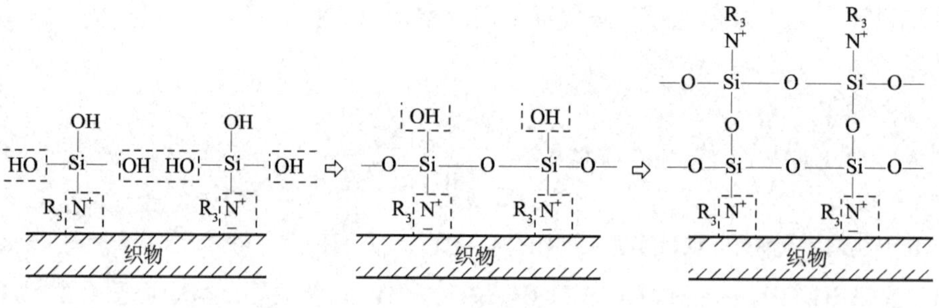

图 11-3 DC-5700 的静电结合模式

经整理后 DC-5700 与纤维结合,在非织造布表面形成一层防护膜,使其免受微生物的侵袭,保证持久的抗菌性能。如图 11-4 所示。

整理工艺上通常采用浸渍或浸轧法,DC-5700 整理剂的用量为 1.5%~3%(owf),整理后织物的增重控制在 0.1%~1% 之间。整理液中可加入起协同作用的渗透剂。它可与非离子型及阳离子型表面活性剂同浴处理,在与阴离子助剂合用时(如荧光增白剂)须加防沉剂。浸轧

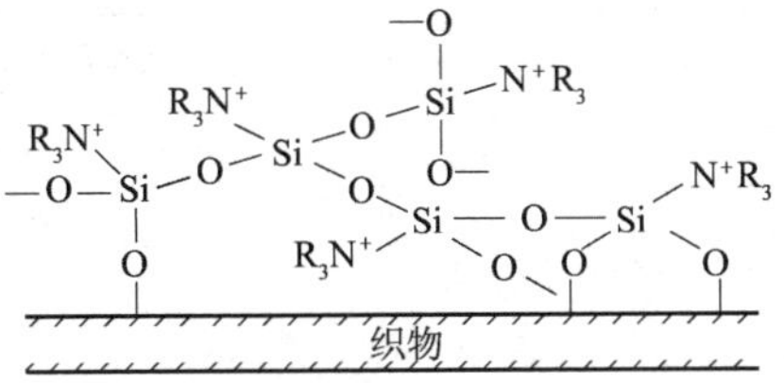

图 11 – 4 DC – 5700 与纤维的抗微生物膜

后在 80 ~ 120℃条件下烘干,除去水分和甲醇,不需要高温焙烘,一般烘干后即可产生持久的抗菌效果。采用 DC – 5700 整理的非织造布对革兰氏阳性菌和革兰氏阴性菌(大肠杆菌、金黄色葡萄球菌、链球菌、肺炎杆菌、绿脓杆菌等)的抑菌率均在 98% 以上,对真菌(白假丝酵母、红色毛癣菌、橘青霉、黑曲霉等)也有很好的抗菌效果,经 100 次以上的洗涤、高温高压处理及紫外照射等处理,抗菌效果基本不变。同时 DC – 5700 具有很高的人体安全性,毒理学试验白鼠急性口服 LD_{50} 为(12.27 ± 0.6)g/kg,对人体皮肤无刺激和致敏作用,因此广泛应用于内衣、袜子、毛巾、床单及医疗卫生用品的纺织品和非织造布的整理,适用于棉、麻、丝绸、羊毛等天然纤维和涤纶、锦纶、腈纶、粘胶纤维等化学纤维制品的抗菌整理。

(三)双胍抗菌剂

双胍化合物对多种细菌、真菌都具有杀灭性,属溶出型抗菌整理剂,其抗菌机理与季铵盐类似,是通过损伤细胞膜,使酶蛋白和核酸发生变性而达到杀死细菌的目的。

常用于织物处理的双胍类抗菌剂有 Zeneca 公司开发的产品 Reputex 20,其有效成分为聚六甲撑基双胍盐酸盐(PHMB),化学结构式如下图所示。

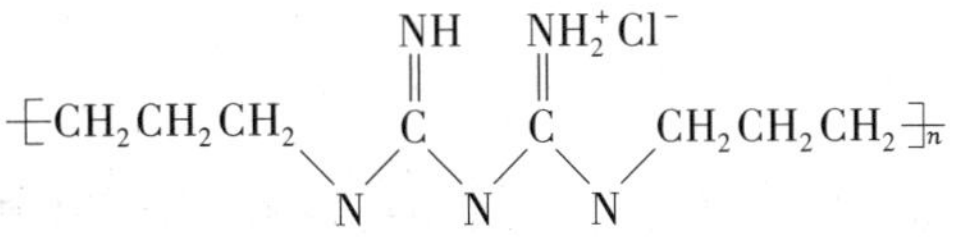

PHMB 是阳离子低聚物,聚合度的分布为 2 ~ 40。高相对分子质量的 PHMB 与纤维素表面能形成多重吸附点,结合强度较高,而低相对分子质量的 PHMB 与纤维的结合牢度相对较低,且容易被洗脱。PHMB 安全性高,毒理学试验中的鼠急性口服毒性 LD_{50} 为 4000mg/kg,对鼠皮肤 21 天毒性试验中,处理量 100mg/kg 时,未发现有刺激反应。

PHMB 有广谱抗菌作用,对革兰氏阳性菌、革兰氏阴性菌、真菌和酵母菌等均有杀灭能力,对部分微生物的最小抑菌浓度见表 11 – 2。

表 11 – 2 PHMB 的最小抑菌浓度(MIC)

微生物种类	MIC(mg/L)	微生物种类	MIC(mg/L)
金黄色葡萄球菌	1	单核细胞增多性李斯德菌	1
表皮葡萄球菌	0.5	猪霍乱沙门氏杆菌	2.5

续表

微生物种类	MIC(mg/L)	微生物种类	MIC(mg/L)
结膜干燥棒状杆菌	0.5	耐青霉素金黄色葡萄球菌	1
普通变形棒菌	1	肺炎克雷伯杆菌	2
大肠杆菌 O－157	5	须发癣菌	5

Reputex 20 适于棉纤维制品的抗菌整理,可以采用常规整理工艺。采用浸轧法时,可与柔软剂、交联剂和大多数荧光增白剂等同浴进行,但不能与酸敏感的荧光增白剂同浴。如漂白织物应彻底洗净漂白剂,浸轧后烘干即可。浸渍时,一般要求在中性或微碱性溶液中,如浴比为1:10,40℃,浸渍 30min 后,棉织物几乎可全部吸尽有效成分,脱液烘干即可。也可以将 Reputex 20 稀释到一定浓度采用喷淋法整理。

经 Reputex 20 整理后的棉非织造布具有良好的抗菌性能,以 AATCC 试验法 100 定量检测其对肺炎杆菌的结果表明(表 11－3),经整理后细菌数量下降了 3 ~ 4 个数量级。洗涤对其抗菌性能影响不大,也说明抗菌剂的溶解度很小,耐洗性较好。

表 11－3　抗菌非织造布对肺炎杆菌的抗菌性

测 试 样	洗 涤 次 数	初始细菌数	24h 后细菌数
未处理非织造布	0	1.9×10^5	2.4×10^9
	50	1.9×10^5	3.2×10^9
1.6% Reputex 20 处理	0	1.9×10^5	2.3×10^5
	50	1.9×10^5	2.39×10^5

(四)卤胺抗菌剂

卤胺是一类含有 N—X 键(X 可以为 Cl、Br)的化合物,它可以由含有胺、酰胺或酰亚胺基团的化合物经氧化剂如次卤酸盐作用后得到。该类化合物中的 N—X 键在水分子作用下缓慢分解,释放出卤正离子,同时化合物中的 N—X 键被还原为 N—H 键。由于卤正离子具有氧化作用,可以有效杀灭细菌等微生物。通过分子设计,可以获得含有 N—X 键和反应性基团的化合物以获得耐久性抗菌剂,应用于合成和天然纤维织物的后整理。此类抗菌剂经次氯酸盐溶液漂洗后,其中的 N—H 键又可被氧化为 N—X 键,重新获得杀菌功能,具有可再生性。其杀菌和再生过程示意如图 11－5 所示。

$$\diagup N - Cl + H_2O \underset{再生}{\overset{杀菌}{\rightleftharpoons}} \diagup N - H + Cl^+ + OH^-$$

图 11－5　卤胺化合物杀菌和再生过程示意图

二、无机抗菌剂

无机抗菌剂的研究相对较晚,到 20 世纪 80 年代中期才有较为成熟的产品问世。与有机抗菌剂相比具有耐高温(>600℃)性能,同时在安全性、抗药性、耐候性及耐热加工性等方面也较好。因此,近年来发展很快,已广泛应用于抗菌陶瓷、抗菌塑料、抗菌涂料、抗菌织物及非织造布等领域。由于无机抗菌剂与纤维的固着力差,因此在非织造布上的应用主要采用抗菌纤维法,即先将抗菌剂与纺丝母粒共混得到共混母粒,纺制抗菌纤维或通过熔喷、纺黏等方法成网制得抗菌非织造布。由于后整理加工方法简单易行,近年来通过后整理方法加工的含无机抗菌剂的抗菌非织造布所占比例上升很快。

无机抗菌剂主要包括含金属离子的抗菌剂、光催化无机抗菌剂、金属氧化物抗菌剂以及稀土激活保健抗菌剂等几大类,本节主要介绍在非织造布和纺织品抗菌整理中应用较广泛的前两类。

(一)含金属离子的无机抗菌剂

许多重金属如 Pd、Hg、Ag、Zn 等不管是以游离态还是以化合物的形式存在,其在较低的浓度水平下均可显示出对微生物的毒性,表现出良好的抗菌性。考虑到安全性,常选用 Ag、Zn、Cu,其金属离子的最低抑菌浓度(MIC)见表 11 – 4。

表 11 – 4　金属离子的最低抑菌浓度(MIC, $\mu g/g$)

金属离子	大肠杆菌	金黄色葡萄球菌
Ag^+	1.0 ~ 2.0	2.0
Zn^{2+}	15.0 ~ 100	15.0 ~ 100
Cu^{2+}	15.0 ~ 89.0	15.0 ~ 78.1

可见银离子的抗菌性能最为突出,且对人体安全性高,毒理学试验经口急性毒性 $LD_{50} > 2000mg/kg$,皮肤一次刺激无刺激反应,无致基因突变性,相关的研究和应用最为广泛。

金属离子受光热条件的影响较大,一般不宜单独使用,常通过物理吸附、离子交换或多层包覆等技术手段,将金属离子固定在沸石系、磷酸盐、羟基磷灰石、可溶性玻璃等类型的结构中或表面层间,制成负载型抗菌剂。表 11 – 5 所示为含金属离子无机抗菌剂的分类。载体对抗菌金属离子有缓释作用,因此这种抗菌剂具有优异的抗菌长效性。

表 11 – 5　含金属离子的无机抗菌剂的分类

载	体	载体与金属离子的结合方式
硅酸盐类载体	沸石	离子交换
	黏土矿物	离子交换
	硅胶	吸附
磷酸盐类载体	磷酸锆	离子交换
	磷酸钙	吸附
其 他	可溶性玻璃	玻璃成分
	活性炭	吸附
	金属(合金)	合金

其中银沸石是最早开发的抗菌剂,银离子通过交换结合在多孔沸石上。沸石是沸石族矿物的总称,主要由 SiO_2、Al_2O_3、H_2O、碱金属、碱土金属离子五部分组成的硅酸盐矿物,其中硅氧四面体和铝氧四面体构成了沸石的三维空间架状结构,碱金属、碱土金属和水分子结合的松散、易置换,使得沸石具有良好的吸附性能和离子交换性能。沸石的架状结构很稳定,无论发生吸附、脱附、脱水或离子交换均不会发生变化。将一定比表面积的沸石置于 $AgNO_3$ 等含 Ag^+ 溶液中,Ag^+ 和碱金属离子通过离子交换在沸石孔道中稳定结合,经一段时间后取出洗净干燥便得到银沸石络合物。通过沸石和金属离子的置换方法还可以制备其他金属离子的沸石络合物,如铜沸石络合物、锌沸石络合物等。

含金属离子抗菌剂的抗菌作用主要是通过金属离子的接触反应实现的。金属离子的化学性质非常活泼并保持相当高的活性,在使用过程中可从载体中缓慢释放、游离至载体材料的表面。当微量金属离子接触到微生物的细胞膜时,与带负电荷的细胞膜发生库仑吸引,使两者牢固结合,金属离子穿透细胞膜进入细菌内与体内蛋白质上的巯基、氨基等发生反应,使蛋白质凝固,从而可破坏细胞合成酶的活性,使细胞丧失分裂增殖的能力而死亡。以 Ag^+ 为例的反应过程如下:

$$酶\begin{matrix} SH \\ \\ SH \end{matrix} + 2Ag^+ \longrightarrow 酶\begin{matrix} SAg \\ \\ SAg \end{matrix} + 2H^+$$

含金属离子抗菌剂时,需要进行粉碎使其粒径小于 $3\mu m$,以便能够配制较为稳定的整理液。以含银离子沸石为例,将抗菌剂加入水中配制为 1%(质量分数)的悬浮液,并配以适量的黏合剂(如聚乙烯醇)得到黏稠状整理液。可以采用浸轧、浸渍、涂层等整理工艺。

载银抗菌非织造布在一定的湿度下,Ag^+ 会缓慢地从载体中释放出来,释放量足以杀死(或抑制)细菌和真菌的繁殖,以达到杀菌作用,并且保证了抗菌作用的长效性。

(二)光催化无机抗菌剂

光催化无机抗菌剂是利用半导体材料的光催化性能实现抗菌作用的新型抗菌剂。半导体材料的能带结构,一般由低能的价带和高能的导带构成,价带和导带之间存在禁带。半导体的禁带宽度一般在 3.0eV 以下。当接受能量大于或等于能隙的光($h\nu > E_g$)照射时,半导体材料吸收光可产生电子(e^-)—空穴(h^+)对。由于半导体材料的能带间缺少连续区域,光生电子—空穴对一般有皮秒级的寿命,足以使光生电子和光生空穴对经由禁带向来自溶液或气相的吸附在半导体表面的物种转移电荷。如表面吸附有细菌等微生物,光生电子和空穴可直接和细胞壁、细胞膜或细胞的组成成分发生化学反应,导致细胞死亡。同时,光生电子和空穴也可与表面的水或水中的氧反应,生成氢氧自由基($\cdot OH$)和超氧阴离子自由基($\cdot O_2^-$),它们能与细胞内的还原性物质,如还原性辅酶 INADN、还原性谷胱甘肽 GSH 等反应,还可以导致 DNA 链中的碱基之间的磷酸二酯键的断裂,引起 DNA 分子单股或双股断裂,破坏 DNA 的双螺旋结构,破坏细胞 DNA 的复制,导致细菌微生物的死亡。

具有光催化特性的半导体材料有很多,如 TiO_2、WO_3、ZrO、V_2O_3、ZnO、CdS、SeO_2、GaP、SiC、

SnO_2、Fe_2O_3 等，但是除 TiO_2 之外的其他材料都存在着稳定性差易氧化、寿命短等缺点，所以在研究和应用上的重视程度不如 TiO_2。TiO_2 有三种晶体结构分别是金红石型、板钛矿和锐钛矿型，其中锐钛矿结构的 TiO_2 以其活性高、稳定性好且对人体无害的特性而引起人们的较多关注。锐钛矿型的 TiO_2 的禁带宽度为 3.2eV，相当于波长为 387.5nm 的光子能量。同时 TiO_2 颗粒的大小对其抗菌效果也有一定的影响，TiO_2 颗粒越小，杀灭细菌的效果越好，目前常用的 TiO_2 抗菌剂的颗粒多为超细 TiO_2，处于纳米量级的 TiO_2 则具有更佳的抗菌性。

同时，光催化材料也可将甲醛、氨、苯、二甲苯、二氧化硫、氮的氧化物等有害气体和有机物分解，实现抗菌和净化空气、水的作用。经光催化抗菌剂整理的非织造布的抗菌机理适用于再生原理，即在光照条件下会源源不断地产生抗菌物质，保证抗菌的长效性。

三、天然抗菌剂

天然抗菌剂主要是一些天然动植物的提取物，其主要特点是安全性高，符合环境保护的要求，易于为消费者接受。尤其近年来天然抗菌剂已经成为开发抗菌纺织品及非织造布用品的热点。

（一）植物类提取物

具有抗菌作用的植物包括罗汉柏、松树、芦荟以及艾蒿和蕺菜等。罗汉柏的蒸馏物称桧油，系浅黄色透明油，由两种组分组成，倍半萜烯类化合物的中性油和具有抗菌活性的酚类酸性油。酸性油中含桧醇，中性油主要成分为斧柏烯。两种成分中，抗菌性以酸性油为主，对革兰氏阳性菌、革兰氏阴性菌均有杀灭效果，对真菌的抗菌性也较强。桧醇的安全性很好，LD_{50} 约 0.396 g/kg（小鼠）。桧醇的抗菌机理是其分子结构上有两个可供配位的氧原子，它与微生物体内的蛋白质作用而使之变性。芦荟是百合科植物，其中含酚类成分。芦荟提取物早先都用在化妆品中，近年来开始使用在织物上。如芦荟素是芦荟叶表皮内侧的苦汁，有抗炎症、抗变态反应作用，以及抗菌性、防霉性、中和虫咬毒液和解毒作用。

（二）壳聚糖类抗菌剂

甲壳素是一种广泛存在于虾、蟹的外壳以及真菌和一些植类植物的细胞壁中的天然高分子。壳聚糖（又称几丁质、甲壳胺）是甲壳素的脱乙酰化产物，具有抗菌性、生物相容性、可降解性等特性，被广泛应用于化工、医疗、食品、纺织等领域。

壳聚糖具有广谱抗菌性，对几十种细菌和霉菌的生长都具有良好的抑制作用。研究表明当壳聚糖浓度为 8mg/mL 时，对大肠杆菌、绿脓杆菌及金黄色葡萄球菌在作用 2~8h 内即可达到 99.9% 的杀灭率。

目前，壳聚糖的抗菌机理学术界尚无定论，学术界存在的较有影响的主要有两种抗菌模型。一种为基于细菌表面为作用靶的抗菌模型。这种模型认为由于壳聚糖的聚阳离子性质能与细菌表面产生的酸性物质如磷壁质酸、荚膜多糖等发生作用，并附着于细菌表面，阻碍营养物质的供给，并进一步改变细胞膜的渗透性，导致组织内物质如氨基酸、蛋白质、钙等物质的渗漏。另一种为基于细菌内物质的抗菌模型。这种模型认为小分子量壳聚糖可以进入细胞内部，并与 DNA 作用，阻碍了 mRNA 的合成。

壳聚糖具有良好的成纤性,用湿法纺丝工艺即可制成壳聚糖纤维。该纤维具有优良的粘接性、吸附性、透气性和抗菌性,在临床上具有镇痛、止血和治愈的效果,用作医用缝合线,可被人体吸收而不需要术后拆线,也可制作成非织造布用作烧伤敷料,有促进伤口愈合的作用。壳聚糖也可以加工成粒径小于 $5\mu m$ 的微粒,加入纤维的粘胶工艺混合纺丝得到含有壳聚糖成分的粘胶纤维,由这种纤维加工而成的非织造布在医疗卫生用品等方面有着很广泛的应用。

壳聚糖在非织造布后整理上也有很好的应用,可获得抑菌、防霉、防螨、除臭、导湿、抗折皱性、抗静电等性能,适用于棉、丝、麻等天然纤维和涤纶、锦纶、丙纶、氨纶等合成纤维及粘胶纤维、竹纤维、大豆纤维等再生纤维。壳聚糖可以直接溶解在乙酸溶液中配制成整理剂,有时为增加整理的耐洗牢度,添加柠檬酸、三乙醇胺等助剂。经壳聚糖溶液二浸二轧(轧液率 100%)整理的蚕丝非织造布,具有良好服用性、抗菌性和生物相容性,可做医用材料使用。抗菌实验表明这种非织造布对大肠杆菌、金黄色葡萄球菌等细菌具有 89.9% 以上的灭菌率,但对白色念珠菌等真菌的抗菌性较差,这与壳聚糖的抗菌机制有关。

随着抗菌理论和应用技术的发展,可用于非织造布抗菌整理的抗菌剂也在不断发展,如旨在最大限度地弥补无机抗菌剂和有机抗菌剂的不足的有机—无机复合抗菌剂、利用纳米尺寸效应的纳米抗菌剂等都在不断地开发,这些新型抗菌剂的应用将丰富抗菌非织造布的应用领域。

第四节　抗菌性能评价方法与标准

抗菌性能评价是衡量材料的抗菌性能优劣的重要手段,也是抗菌技术发展不可或缺的一步,占有重要的地位。目前国内外对抗菌材料的抗菌性能的评价方法主要是从材料抗细菌和抗真菌(主要是霉菌)作用效果两方面着手,考查其杀灭或抑制微生物的作用效果。为规范抗菌纤维、织物等制品行业的发展,国内外均制定了一系列相关抗菌评价标准和方法。纺织品抗菌性的测试方法中,发展较早的是日本和美国,最有代表性且应用较广的是美国纺织印染师和化学师协会(AATCC)的试验方法 AATCC 100 和日本工业标准 JIS L 1902。我国于 1992 年颁布了纺织行业标准 FZ/T 01021《织物抗菌性能试验方法》,1995 年颁布了国家标准 GB 15979《一次性使用卫生用品卫生标准》,但该方法适用范围偏窄。我国现行的抗菌纺织品国家标准有 GB/T 20944.1—2007、GB/T 20944.2—2007、GB/T 20944.3—2008,其中《GB/T 20944.1—2007 纺织品　抗菌性能的评价》是我国首部抗菌纺织品国家标准,该标准的实施标志着在我国市场上销售的抗菌纺织品有了统一的测试方法和质量指标。

上述标准建立了一系列具有代表性的、相对稳定的、可在多个实验室中模拟同一条件的抗菌评价方法,这些评价方法可分为定性方法和定量方法。定性方法主要有晕圈法(琼脂平板法、琼脂平皿扩散法)、平行划线法等。定量方法主要有奎因法、吸收法、振荡法、转移法、转印法等。实际操作中,测定方法的选择应根据材料的亲水性、抗菌剂的溶出性以及抗菌制品的外在形态等来确定。

一、晕圈法

晕圈法是最常见的定性测试方法、AATCC 90《纺织品抗菌性能测定　琼脂平板法》,JIS L 1902《纺织品的抗菌性能试验方法》以及 GB/T 20944.1《纺织品抗菌性能的评价　第 1 部分:琼脂平皿扩散法》等均采用了此法。其原理是将测试样品紧贴在接种有一定量试验菌种的琼脂培养基表面,经一段时间的接触培养,观察菌类繁殖情况和样品周围无菌区的晕圈大小,与标准对照样的试验情况进行比较评价抗菌性能,晕圈越大表示其抗菌性能越强。此方法多用于对溶出性抑菌剂与含有溶出性抑菌剂产品的评价。

二、平行划线法

平行划线法也是一种定性测试方法,AATCC 147《织物抗菌性能评价:平行划线法》采用该方法。该方法是用接种环选取一定浓度的菌液在琼脂培养基表面形成 5 条平行的条纹,然后将样品贴于琼脂表面并与上述条纹垂直,培养一段时间后,观察细菌的生长情况,采用与样品接触的条纹周围的抑菌带宽度来表征织物的抗菌能力。

三、振荡法

振荡法是一种适用于非溶出性抗菌材料抗菌性能的定量评价方法,GB/T20944.3《纺织品抗菌性能的评价　第 3 部分:振荡法》等标准采用此方法。其原理是将测试样品与对照样品分别装入一定浓度的试验菌种的三角烧瓶中,在规定的温度下振荡一定时间,测定三角烧瓶内菌液在振荡前及振荡一定时间后的活菌浓度,计算抑菌率,以此评价试样的抗菌性能。

四、吸收法

吸收法适用于溶出型抗菌织物,或吸水性较好且洗涤次数较少的非溶出型抗菌织物,在 GB/T 20944.2《纺织品抗菌性能评价　第 2 部分:吸收法》、AATCC100《后整理织物抗菌性能评价》、JIS L 1902《纺织品的抗菌性能试验方法》等标准中被采用。此方法是将抗菌加工试样及对照样定量吸收一定量菌液,进行 0 接触时间立即洗脱和在规定的温度、温度条件下培养一段时间后的培养后洗脱,测定洗脱液中的细菌数并计算抑菌值或抑菌率,以此评价试样的抗菌效果。

👉 **思考题**

1. 比较有机抗菌剂、无机抗菌剂和天然抗菌剂的优缺点,思考文中所述整理剂适宜的应用领域。

2. 结合非织造布抗菌整理的原理和常用抗菌整理剂与非织造布(纤维)的结合形式,考虑 DC－5700 和银系抗菌剂分别属于哪种作用原理。

3. 请从实物或资料中查找抗菌非织造布,并了解其抗菌效果、所使用的抗菌整理剂及整理工艺。

第十二章 阻燃整理

本章知识点

1.了解阻燃整理的意义以及在非织造布中的应用。

2.理解常见纤维的燃烧特性、纤维材料的燃烧过程。

3.重点掌握阻燃机理；熟悉阻燃剂作用和常用阻燃剂的品种应用。

4.掌握阻燃性能测试方法。

第一节 阻燃整理概述

一、阻燃整理的意义

近年来,由纺织高分子材料给应用领域带来火灾的潜在危险性越来越大。英、美等发达国家所作的统计资料表明,纺织品类火灾的着火物主要为纺织类的衣物、室内装饰物等,全世界每年因纺织品(以高分子材料为原料)引起的火灾事故占火灾事故总数的30%以上,造成的伤亡人数高达几十万人,直接经济损失更是超过百亿美元。因此,从安全的需要出发,大多数纺织品和非织造布有进行阻燃整理的必要。

二、阻燃整理在非织造布加工过程中的应用

非织造布阻燃整理的目的是为了提高材料本身的难燃性,在发生燃烧时对人和物能够起到最终的保护作用。所谓"阻燃",并不意味经过阻燃整理的非织造布,在接触火源时不会燃烧,而是使其具有不同程度的阻止火焰迅速蔓延的能力。通常,具有良好的阻燃性能的非织造布,在与火焰接触的区域仅发生枯焦而无火焰或稍有火焰,且无续燃和阴燃现象。非织造布阻燃整理应注意以下问题。

(1)防止有毒、有害气体的产生:有数据表明,火灾中死亡人数的80%是因为吸入了燃烧时放出的有害气体或烟雾。因此,应防止阻燃非织造布燃烧时产生有毒、有害气体,并避免产生环境污染。目前,非织造布阻燃剂正由常规的卤化物向高性能非卤化阻燃剂发展,开发符合环保要求的、烟化或无烟化的、高效无毒化的、多功能化以及成本低廉的阻燃剂是将来发展的趋势。

（2）安全性问题：与皮肤接触的产品，如防护服、手术服、床单、围裙、航空垫及电热毯面料等，在施加整理剂时应注意毒性、环保等问题。

（3）保持原有产品的物理性能：经阻燃处理后应尽量不改变非织造布的原有物理性能。

从 20 世纪 30 年代开始，纺织品的阻燃研究受到重视，新成果新技术不断问世。我国虽起步较晚，但经过专家学者们的不断努力，也取得了丰硕的成果。我国《建筑内部装修设计防火规范》对公共娱乐场所所使用的窗帘、沙发包布及地毯等提出了明确的阻燃要求，这为广大阻燃非织造布生产厂家开辟了一个应用新天地。

结合纺织品的阻燃要求和非织造布用途，各种非织造布的阻燃性能要求见表 12 - 1 ~ 表12 - 6。

表 12 - 1　服装燃烧性能要求

服装类别	损毁长度（mm）	续燃时间（s）	阴燃时间（s）
防护服	150	5	5
老人服装、儿童睡衣	150	5	无要求

表 12 - 2　家庭用非织造布装饰材料燃烧性能要求

住宅级别	家具包布	窗帘	帷幕	其他装饰材料
高级住宅	B₂	B₂	无要求	B₂
普通住宅	B₂	无要求	无要求	无要求

表 12 - 3　交通工具用非织造布材料阻燃性能要求

交通工具	损毁长度（mm）	续燃时间（s）	阴燃时间（s）
轮船	150	5	无要求
民用飞机（机舱）	203	15	无要求

表 12 - 4　单层、多层民用建筑内部非织造布材料燃烧性能要求

建筑物及场所	建筑规模和性质	非织造布材料燃烧性能等级			
		家具包布	窗帘	帷幕	其他装饰材料
候机楼的候机大厅、商店、餐厅、贵宾候机室、售票厅	建筑面积 >10000m² 候机楼	B₁	B₁	—	B₁
	建筑面积 ≤10000m² 候机楼	B₂	B₂		B₂
汽车站、火车站、轮船客运站的候车（船）室、餐厅、商场等	建筑面积 >10000m² 车站、码头	B₂	B₂	—	B₁
	建筑面积 ≤10000m² 车站、码头				B₂
影院、会堂、礼堂、剧院、音乐厅	>800 座	B₁	B₁	B₁	B₁
	≤800 座	B₂	B₁	B₁	B₂

163

建筑物及场所	建筑规模和性质	非织造布材料燃烧性能等级			
		家具包布	窗帘	帷幕	其他装饰材料
体育馆	>3000 座位	B₁	B₁	B₁	B₂
	≤3000 座位	B₂	B₂		
商场营业厅	每层建筑面积>3000m² 或总建筑面积>9000m² 的营业厅	B₁	B₁	—	B₂
	每层建筑面积 1000~3000m² 或总建筑面积 3000~9000m² 的营业厅	B₂	B₁		
	每层建筑面积<1000m² 或总建筑面积<3000m² 的营业厅	B₂	B₂		
饭店、旅馆的客房及公共活动用房	设有中央空调系统的饭店、旅馆	B₂	B₂	—	B₂
	其他饭店、旅馆				
歌舞厅、餐馆等娱乐餐饮建筑	营业面积>100m²	B₂	B₁	—	B₂
	营业面积≤100m²	B₂	B₂		B₂
幼儿园、托儿所、医院病房楼、疗养院、养老院	—	B₂	B₁	—	B₂
纪念馆、展览馆、博物馆、图书馆、档案馆、资料馆等	国家级、省级	B₂	B₁	—	B₂
	省级以下		B₂		B₂
办公楼、综合楼	设有中央空调系统的办公楼、综合楼	B₂	B₂	—	B₂
	其他办公楼、综合楼				

表 12-5 高层民用建筑内部非织造布装修材料燃烧性能指标

建筑物	建筑规模和性质	非织造布材料燃烧性能等级				
		窗帘	帷幕	床罩	家具包布	其他装饰材料
高级旅馆	>800 座位的观众厅、会议厅、顶层餐厅	B₁	B₁	B₁	B₁	B₁
	≤800 座位的观众厅、会议厅		B₁		B₂	
	其他部位		B₂		B₂	
商业楼、展览楼、综合楼、商住楼、医院病房楼	一类建筑	B₁	B₁	—	B₂	B₁
	二类建筑	B₂	B₂		B₂	B₂
电信楼、财贸金融楼、邮政楼、广播电视楼、电力调度楼、防灾指挥调度楼	一类建筑	B₁	B₁	—	B₂	B₁
	二类建筑		B₂			B₂

建 筑 物	建筑规模和性质	非织造布材料燃烧性能等级				
		窗帘	帷幕	床罩	家具包布	其他装饰材料
教学楼、办公楼、科研楼、档案楼、图书馆	一类建筑	B_1	B_1	—	B_1	B_1
	二类建筑		B_2		B_2	B_2
普通旅馆	一类普通旅馆	B_1	—	B_1	B_2	B_1
	二类普通旅馆	B_2		B_2		B_2

表 12 – 6　地下民用建筑内部非织造布材料燃烧性能要求

建 筑 物 及 场 所	非织造布材料燃烧性能等级		
	家具包布	装饰织物	其他装饰材料
休息室和办公楼等、旅馆的客房及公共活动用房等	B_1	B_1	B_2
娱乐场所、旱冰场、舞厅、展览厅、医院的病房、医疗用房等	B_1	B_1	B_2
电影院的观众厅、商场的营业厅	B_1	B_1	B_2
停车库、人行通道、图书资料库、档案库	A	—	—

注　A 不燃，B_1 难燃，B_2 可燃，B_3 易燃。

第二节　阻燃机理

一、常见纤维的燃烧特性

每种纤维由于化学组成结构及物理状态不同，其燃烧性能也不同，见表 12 – 7。按燃烧时引燃的难易程度、燃烧速度、自熄性等燃烧特性可定性地将纤维分为阻燃纤维和非阻燃纤维。阻燃纤维包括不燃纤维和难燃纤维；非阻燃纤维包括可燃纤维和易燃纤维。

表 12 – 7　各种纤维燃烧性分类

分 类		燃 烧 特 征	纤 维
阻燃纤维	不燃纤维	不能点燃	玻璃纤维、金属纤维、硼纤维、石棉纤维、碳纤维
	难燃纤维	接触火焰期间能燃烧或炭化，离开火源后自熄	氟纶、氯纶、偏氯纶、改性腈纶、芳纶、酚醛纤维
非阻燃纤维	可燃纤维	容易点燃，但燃烧速度慢	涤纶、锦纶、维纶、蚕丝、羊毛、醋酯纤维
	易燃纤维	容易点燃，且燃烧速度快	棉、麻、粘胶纤维、丙纶、腈纶

目前，研究工作中还常用极限氧指数（Limiting Oxygen Index，即 LOI，简称限氧指数或氧指数），定量地区分纤维的燃烧性。所谓极限氧指数是指样品在氧气和氮气的混合气体中，维持

完全燃烧状态所需要的最低氧气体积浓度的百分数。极限氧指数越大,维持燃烧所需的氧气浓度越高,即越难燃烧。空气中,氧气的体积百分浓度为21%,从理论上讲,纤维的极限氧指数只需要超过21%,在空气中就有自熄作用,但实际上发生火灾时由于空气的对流、相对湿度等环境因素的影响,达到自熄的极限氧指数有时必须超过27%。一般认为,LOI 值低于20%的为易燃纤维;20%～26%之间的为可燃纤维;26%～34%之间的为难燃纤维;35%以上为不燃纤维。用极限氧指数区分纤维的燃烧性能具有可定量、分辨率高、能直接比较等优点,但是测得的结果随纤维制品的形状、结构、厚度和有无熔滴现象而有所差异。表12-8列出了各种纤维的燃烧性能和极限氧指数。由表12-7和表12-8可知,大多数纤维都属于易燃纤维或可燃纤维。着火点低和需极限氧指数低的纤维是比较容易燃烧的纤维。

表12-8　各类纤维的燃烧性能

纤　维	软化点 (℃)	熔点 (℃)	裂解点 (℃)	着火点 (℃)	热塑性	极限氧 指数(%)	燃烧热 (kJ/g)	火焰最高 温度(℃)
羊毛	—	—	245	600	否	25	20.7	941
棉	—	—	350	350	否	18.4	18.8	860
粘胶纤维	—	—	350	420	否	18.9	16.3	850
醋酯纤维	172	290	305	500	是	18.4	—	960
锦纶6	180	215	431	530	是	20～21.5	33	875
锦纶66	230	265	403	532	是	20～21.5	33	—
涤纶	240	255	420	480	是	20～21.5	23.8	690
腈纶	190	>200	290	465	是	18.2	35.9	855
改性腈纶	<80	>240	273	690	是	29～30	—	—
丙纶	140	165	466	550	是	18.6	43.9	840
氯纶	60～80	200	250	450	是	38	20.3	—
芳纶1313	—	—	—	—	—	28.5～30	—	—
氟纶	—	—	—	—	—	95	4.2	—

二、燃烧过程

在有足够空气供应的条件下,当可燃非织造布被火焰点燃后会发生如图12-1所示的燃烧过程。

通常,可将燃烧过程分为三个阶段:分别是材料的受热裂解,产生可燃性气体、不燃性气体和炭化残渣;可燃性裂解气与氧气混合,当温度达到着火点或遇到其他火源时,着火燃烧并释放出热、光和烟;放出的热量使纤维继续裂解燃烧,引起火焰蔓延。

由燃烧过程可知,纤维的燃烧与纤维热裂解的产物有十分密切的关系。不同纤维的热裂解过程不同。以下简要介绍非织造布常用纤维材料的热裂解过程。

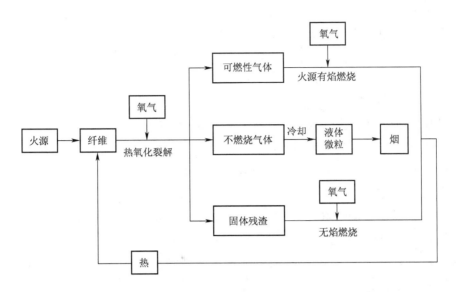

图 12 - 1　非织造布的燃烧过程

1. 纤维素纤维　棉、麻、粘胶纤维、浆粕等纤维素纤维在燃烧过程中容易受热裂解。在350℃左右纤维素苷键断裂,生成左旋葡聚糖,左旋葡萄糖可通过脱水和缩聚作用形成焦油状物质,接着在高温的作用下又分解为可燃的有机物、气体和水,从而助长火势,加速纤维的燃烧。为了抑制可燃气体的产生,纤维素纤维非织造布通常采取改变热裂解途径的方法实施阻燃,如采用磷酸盐及有机磷化合物有效降低纤维裂解的起始温度,并在较低的温度下生成磷酸,随温度的升高脱水转化为偏磷酸,再进一步缩合生成聚偏磷酸,使纤维在310℃ 左右剧烈脱水炭化,达到阻燃的目的。

2. 聚酯纤维　聚酯纤维属于易燃的熔融性纤维,在达到着火点之前的热量主要消耗在熔融过程中。由于聚酯纤维的熔滴作用较强,所以燃烧速度较缓慢,发烟量中等,几乎没有残余物。因聚酯纤维仅由碳、氢、氧三种元素构成,因此燃烧时气体的毒性相对较低。在温度高于300℃时,会分解成乙醛、一氧化碳、二氧化碳和少量其他气体。它的阻燃主要是通过阻止聚对苯二甲酸乙二酯的羰基断裂和挥发性碎片形成,来满足阻燃要求的。

3. 聚丙烯纤维　聚丙烯纤维是一种碳链纤维,其极限氧指数为17 ~ 18.6,属易燃的热塑性纤维。当聚丙烯纤维表面温度大于280℃时会发生强烈的热氧化裂解,不仅会降低分子量,而且会使大分子链中出现羟基、羰基等含氧基团,最终裂解成含氧的低沸点可燃物。

当聚丙烯纤维非织造布接触火焰时,能发生熔滴和燃烧,离开火焰后仍可继续缓慢燃烧,残余物为坚硬的圆形浅棕色小珠。燃烧气体的毒性较低,主要有害气体是一氧化碳。

4. 聚酰胺纤维　与其他熔融性纤维一样,聚酰胺纤维在受热时会发生软化,熔融收缩形成液滴。由于熔滴效应,纤维在达到着火点之前的热量主要消耗在熔融过程中。一般说来熔点与着火点之间差值越大,纤维越难着火。如聚酰胺 6 的熔点为215℃,着火点为530℃;聚酰胺66的熔点为265℃,着火点为532℃;而聚酯纤维的熔点为255℃,着火点为480℃。因此,可判断聚酰胺 6 和聚酰胺 66 比聚酯纤维要难燃。

根据赋予聚合物自熄性所必需的阻燃元素含量分析,聚酯纤维所必需的含磷量为5%,含氯量为25%;而聚酰胺纤维则分别为3.5%和3.5%~7%。因此聚酰胺纤维的阻燃性比聚酯纤维要好一些。聚酰胺6的热氧化裂解历程与烃相似,其受热挥发的产物中,约含有52%的水,33%的CO_2,12%的CO,另外还分别含有1%的甲醇、甲醛和乙醛。

5. 聚乙烯醇(PVA)纤维 聚乙烯醇纤维,又称维纶,其结构特点是在柔性长碳链上含有38.6%的羟基,因此亲水性强、阻燃性差,具有水溶、乳化、螯合和化学交联的能力。

PVA纤维在空气中的热氧化裂解表现为失重小、发热量大,起始裂解温度低。PVA纤维在热裂解的前期主要是发生脱水反应。PVA纤维的玻璃化温度为65~85℃,其干热软化点为215~220℃,在软化收缩的同时逐渐熔融。熔点不明显,外推法测得常规PVA的熔点约为267℃,热分析法测得的熔点为237℃。加热熔融到呈黄色后徐徐燃烧,燃烧后变成褐色或黑色不规则硬块,并有特殊臭味。燃烧时产生的主要气体有CO、CO_2、乙酸和丙烯醛等。其中丙烯醛是一种辛辣的、对眼睛、皮肤以及呼吸系统有其强烈刺激性的无色气体。表12-9所示为各种纤维热裂解的主要产物。

表12-9　各种纤维热裂解的主要产物

纤 维	热裂解产物	纤 维	热裂解产物
棉	乙醛、羟基丙酮、糠醛	丙纶	烯烃、烷烃(主要是2,4-二甲基-1-庚烯)
粘胶纤维	乙醛、羟基丙酮、糠醛	氯纶	氯化氢、苯
醋酯纤维	乙酸	偏氯纶	氯化氢、1、3、5-三氯代苯
羊毛	乙醛、乙腈、甲苯、吡咯	过氯纶	氯化氢、氯苯
锦纶	己内酰胺	酚醛纤维	苯酚、甲酚
涤纶	乙醛、苯、苯甲酸乙烯酯	芳纶1313	苯甲腈、苯胺、间苯二胺
腈纶	氯化氢、丙烯腈、乙腈	芳纶1414	苯甲腈、苯胺、对苯二胺
腈氯纶	氯化氢、丙烯腈、乙腈	聚酰亚胺纤维	苯甲腈、苯胺、苯酚
维纶	乙醛、丙烯醛	氟纶	四氟乙烯

注 在氮气流下,裂解温度为500~650℃。

三、影响纤维燃烧性的因素

1. 化学组成 纤维材料的燃烧性与它们的化学组成,包括纤维上所含的添加剂或杂质等有直接的联系。

(1)氢含量:纤维分子中氢含量是影响其燃烧性的一个重要因素,在很大程度上决定了纤维材料的可燃性。通常,纤维中氢含量越高,极限氧指数就越低,就越易燃烧。

(2)氮含量:含氮纤维的极限氧指数,一般高于纤维素纤维。氮含量较高的纤维,其氧指数也较高。在天然纤维中,羊毛和蚕丝有一定的阻燃性,是与其分子中氮含量较高有一定的关系。但是,氮含量不是影响纤维材料燃烧性的唯一因素。例如,腈纶含氮量为22%,但其极限氧指数仅为18%。表12-10列出了某些纤维的氮含量和极限氧指数的关系。

表 12 - 10　常见纤维的氮含量与极限氧指数

纤　维	氮质量百分含量(%)	极限氧指数 LOI(%)
棉	0	18
锦纶	14.2	21
羊毛	16～17	25
蚕丝	18～19	24
腈纶	22～26	18

（3）阻燃元素的含量：氯、溴、磷、硫、锑等是较为重要的阻燃元素。若纤维材料的组成中含有这些元素，则可降低燃烧性。表 12 - 11 为不同纤维离开火焰后自行停止燃烧所需阻燃元素的最低量。所需的阻燃元素含量越高，纤维越容易燃烧。在研制阻燃纤维或配置阻燃剂时，也可从此表估算出所需阻燃剂用量。

表 12 - 11　不同纤维阻燃所需的阻燃元素含量

元素＼纤维	P (%)	Cl (%)	Br (%)	P + Cl (%)	P + Br (%)	Sb_2O_3 + Cl (%)	Sb_2O_3 + Br (%)
聚酯	5	25	12～15	1 + (15～20)	2 + 6	2 + (16～18)	2 + (8～9)
聚酰胺	3.5	3.5～7	—		—	10 + 16	—
聚烯烃	5	40	20	2.5 + 9	0.5 + 7	5 + 8	3 + 6
聚丙烯腈	5	10～15	10～12	(1～2) + (10～12)	(1～2) + (9～10)	2 + 8	2 + 6
纤维素	2.5～3.5	24	—		1 + 9	(12～15) + (9～12)	—
聚氨酯	—	18～20	12～14			4 + 4	2.5 + 2.5

2. 分子结构　纤维大分子的化学结构、超分子结构与纤维及其非织造布的热稳定性有重要的关系。如果纤维大分子链为刚性链、形态结构规整、微观缺陷少、结晶度高，则热稳定性好。为了提高纤维的热稳定性，通常在大分子链中引入共轭双键、芳环、芳杂环，以提高聚合物的耐热性。例如，芳香族聚酯、芳香族聚酰胺、聚砜酰胺、聚苯并咪唑等都是裂解温度高的耐高温难燃纤维。

3. 炭化倾向　纤维材料在高温作用下裂解出的可燃气体越少、固体炭化残渣量越多，则其燃烧性越低。纤维的炭化倾向与其化学组成、分子结构有密切关系。通常，氢含量低、芳香度高的纤维材料裂解时炭化率高。而且炭化残渣量与极限氧指数（LOI）之间存在如下线性关系。

$$LOI = (17.5 + 0.4CR)/100$$

其中 CR 是把材料加热到 850℃ 时，以重量百分数表示的炭化残渣量。不同种类的官能团的炭化倾向是不同的。一般来说，脂肪烃基没有炭化倾向，芳香烃基具有较大的炭化倾向。

4. 非织造布结构和定量　非织造布的结构、定量、厚度会影响其燃烧性，一般表现在影响燃烧速率。非织造布的结构紧密，透气性小，不易与周围空气充分接触，氧气的可及性低，燃烧就较困难。同类结构的非织造布定量越重，越不易引燃。

5. 环境因素 纤维材料制品在使用过程中的环境因素,如空气、压强、温度、湿度、辐照等对燃烧也有一定的影响。研究表明,随着空气压强的增加,试样的燃烧速率也会增加。

空气中的湿度及非织造布含湿量也会明显地影响纤维的燃烧速度,抑制火焰的蔓延。湿度对亲水性纤维如棉、维纶燃烧性的影响比对疏水性的涤纶、丙纶非织造布更显著。但粘胶纤维在空气中的燃烧却相反。

纤维材料使用时的环境温度与燃烧性的关系可用极限氧指数来表示。通常极限氧指数随着环境温度的升高而降低,特别是对棉纤维制品的影响尤为显著。例如,当初始燃烧温度由25℃提高到150℃时,未经阻燃处理的纯棉制品,其极限氧指数由18%降为14%;而阻燃整理过的棉制品,其极限氧指数则由35%降为27%。因此在测定纤维材料的极限氧指数前必须进行调温调湿,这样才能得到准确的结果。

四、阻燃作用机理

阻燃整理的主要目的是降低材料在火焰中的可燃性,减缓火焰蔓延速率,当火焰移去后材料能很快自熄,减少燃烧。从燃烧过程的分析可知,要达到阻燃目的,就必须切断由可燃物、热和氧气三要素构成的燃烧循环。近年来,虽然阻燃剂、阻燃技术和阻燃制品发展较快,但对于不同的阻燃剂在各种聚合物及纤维材料中的阻燃作用机理的认识还不够深入。根据现有的研究结果,阻燃作用机理可归纳为以下几种。

1. 吸热作用 具有高热容量的阻燃剂,在高温下发生相变、脱水或脱卤化氢等吸热分解反应,降低纤维材料表面和火焰区的温度,减慢热裂解反应的速率,抑制可燃性气体的生成。

2. 覆盖保护作用 阻燃剂受热后,在纤维材料表面熔融形成玻璃状覆盖层,成为凝聚相和火焰之间的一个屏障,这样既可隔绝氧气、阻止可燃性气体的扩散,又可阻挡热传导和热辐射,减少纤维材料的热量,从而抑制热裂解和燃烧反应。

3. 气体稀释作用 阻燃剂吸热分解释放出氮气、二氧化碳、二氧化硫和氨等不燃性气体,使纤维材料裂解出的可燃性气体浓度被稀释到燃烧极限以下,或使火焰中心处部分区域的氧气不足,阻止燃烧继续。此外,这种不燃性气体还有散热降温作用。它们的阻燃作用的顺序是:$N_2 >$ $CO_2 > SO_2 > NH_3$。

4. 熔滴作用 在阻燃剂的作用下,纤维材料发生解聚,熔融温度降低,增加熔点和着火点之间的温差,使纤维材料在裂解之前软化、收缩、熔融,成为熔融液滴,并带着热量在重力的作用下离开燃烧体系而自熄。

5. 提高热裂解温度 在纤维的分子链中引入芳环或芳杂环,以增加大分子链间的密集度和内聚力,提高纤维的耐热性,如芳纶、聚酰亚胺纤维和聚苯并咪唑等纤维。或者通过大分子链交联环化,与金属离子形成络合物等方法,改变纤维的分子结构,提高炭化程度,抑制热裂解,减少可燃性气体的产生。如酚醛纤维、聚丙烯腈氧化纤维及过渡元素离子络合的腈纶等。

6. 降低燃烧热 各种纤维材料的燃烧热是不同的,其数值大小与化学组成有直接关系。由表12-8可知,氟纶的燃烧热为4.2kJ/g,氯纶为20.3kJ/g,丙纶为43.9kJ/g,相差非常悬殊。若把卤素引入到纤维大分子链中,则可降低裂解释放出的可燃性气体的燃烧热,减少了热反馈。

7.凝聚相阻燃　通过阻燃剂的作用,在凝聚相反应区改变纤维大分子链的热裂解反应历程,促使其发生脱水、缩合、环化、交联等反应,直至炭化,以增加炭化残渣,减少可燃性的气体的产生,使阻燃剂在燃烧相发挥阻燃作用。凝聚相燃烧作用的效果,与阻燃剂同纤维在化学结构上的匹配与否有密切关系。

8.气相阻燃　通过阻燃剂的热分解产物,在火焰区大量地捕捉羟基自由基和氢自由基,降低它们的浓度,从而抑制或中断燃烧的连锁反应,在气相发挥阻燃作用。气相阻燃作用对纤维材料的化学结构并不敏感。

9.微粒的表面效应　若在可燃气体中混有一定量的惰性微粒,不仅能吸收燃烧热,降低火焰温度,而且会如同容器壁那样,在微粒的表面上将气相燃烧反应中的高能量氢自由基转变成低能量的氢过氧自由基,从而抑制气相燃烧。

由于纤维的分子结构及阻燃剂种类的不同,阻燃作用机理十分复杂,并不局限于上述几方面。在某一特定的阻燃体系中,可能涉及上述某一种阻燃作用机制,也可能包含多种阻燃作用机制。

第三节　阻燃整理剂

阻燃剂是一种能降低高分子材料燃烧性的物质,其主要作用是防止或减轻火灾事故的发生。阻燃剂作为阻燃后整理使用的主要原材料,其性能、施加工艺的难易与成本,决定了阻燃整理的最终结果。

据粗略统计,目前阻燃剂的全球年消费量在 100 万吨以上,其中 85% 为添加型阻燃剂,15% 为反应型阻燃剂。全球阻燃剂用量的 60% 用于阻燃塑料,20% 用于橡胶,15% 用于纺织品,3% 用于涂料及其他领域。美国、西欧及日本是世界三大阻燃剂市场。其中,美国占全球市场总量的 40%,西欧约占 30%,日本约占 20%。

市场上水合氧化铝阻燃剂占一半左右,其次是磷酸酯类阻燃剂,溴化物阻燃剂排行第三位,氯化石蜡和脂环族阻燃剂位居第四。用于纺织材料的阻燃剂应具备以下性能。

(1)阻燃效率高,能赋予非织造布良好的自熄性或难燃性。

(2)具有良好的分散性,能很好地渗透到非织造布中去。

(3)具有适宜的分解温度,即在材料的加工温度下不分解,但是在材料受热分解时又能急速分解以发挥阻燃的效果。

(4)低毒或基本无毒,燃烧后的产物亦低毒和腐蚀性小,对环境友好,不污染。

(5)与非织造布并用时,不会降低非织造布的力学性能、电性能、耐候性及热变形温度等。

(6)耐久性好,能长期保留在非织造布的制品中,发挥其阻燃作用。

(7)来源广泛价格低廉。

事实上,一种阻燃剂不可能完全满足上述各条件,有些条件甚至是相互制约的,所以往往必须根据聚合物结构和最终产品的应用特点,综合平衡各种性能(如阻燃性能、物理力学性能、服用性能等),利用阻燃协同效应,选用多种阻燃剂复配,进行产品的阻燃设计。

阻燃剂种类繁多,其化学组成、结构及使用方法也各不相同。最常使用的阻燃剂是以元素周期系中第Ⅲ族的硼和铝,第Ⅴ族的氮、磷、锑、铋,第Ⅵ族中的硫;第Ⅶ族的氯和溴等一些阻燃元素为基础的某些化合物。

按使用方法和在聚合物中的存在状态,阻燃剂可分为添加型和反应型两大类。所谓添加型阻燃剂,在使用时是将阻燃剂分散到聚合物中或涂布在聚合物表面,它们与聚合物不发生化学反应,属于物理分散性的混合。反应型阻燃剂一般作为一种组分参加聚合反应,或者能与聚合物发生反应,它们相互之间存在化学键合,使阻燃剂能长期稳定地存在于材料内部而不渗出流失。由于添加型的应用开发,不需要大幅度改变原有的生产工艺条件和设备,因此使用方便、适用面广、见效快,约占阻燃剂总量的85%。按阻燃剂化合物的类型,也可将阻燃剂分为无机阻燃剂和有机阻燃剂两大类。

一、无机阻燃剂

无机阻燃剂具有价格低、热稳定性好、不挥发、不析出、发烟性小、不产生腐蚀性气体和有毒气体等特点,若与有机阻燃剂配合使用,可减少有机阻燃剂用量,提高阻燃效果,而且有些可以消烟和抑制有害气体的生成,因此受到世界各国的普遍重视。无机阻燃剂的主要有金属氢氧化物(氢氧化铝、氢氧化镁)、聚磷酸铵、氧化锑、硼化物等品种。

1. 金属氢氧化物阻燃剂　此类阻燃剂主要包括氢氧化铝与氢氧化镁,均为填充型阻燃剂(填充于纤维无定型区或非织造布缝隙),通过分解吸热、生成水蒸气、稀释作用途径而发挥阻燃效果。

氢氧化铝的吸热分解可抑制聚合物的热裂解,释放出的水变成蒸汽可隔绝氧气,稀释可燃性气体。分解后生成的氧化铝熔点高,热稳定性好,覆盖于燃烧物表面,能阻挡热传导和热辐射。若单独使用氢氧化铝,添加量超过50%才能具有阻燃效果。但如此高的添加量会严重影响材料的性能。如果采用各种特效的偶联剂(如硅烷、棕榈酸等)或湿润剂处理氢氧化铝,使氢氧化铝的表面由亲水性变为亲油性,增加与有机聚合物材料的亲和性,使其在聚合物中均匀分散,混成一体,降低填充黏度,增加流动性,达到改善材料性能的目的。

2. 聚磷酸铵　在无机磷系阻燃剂中,最常见的有红磷、磷酸、磷酸二氢铵、磷酸氢二铵、磷酸铵、磷酸镁、焦磷酸铵和聚磷酸铵等。磷酸及其铵盐在纤维素纤维的阻燃整理中有一定的用途,但因易溶于水,持久性差而受到一定限制,而聚磷酸铵水溶性小,热稳定性也较高,现在被广泛应用。

聚磷酸铵分子式为$(NH_4)_{n+2}P_nO_{3n+1}$,其结构为一个没有支链的线形聚合物,结构式如下所示。

$$NH_4 - O - \overset{\overset{O}{\|}}{P} - O {\left[\overset{\overset{O}{\|}}{P} - O \right]}_n \overset{\overset{O}{\|}}{P} - ONH_4$$
$$\underset{ONH_4}{|} \quad \underset{ONH_4}{|} \quad \underset{ONH_4}{|}$$

聚磷酸铵工业上可由磷酸和尿素高温聚合制得,在其分子式中,$n = 10 \sim 20$ 为水溶性,$n > 20$ 为水难溶性。聚磷酸铵呈白色粉末,毒性较低,磷含量大于 32%,超过所有的磷系阻燃剂,氮含量大于 12%,热分解温度大于 250℃,具有较高的热稳定性。聚磷酸铵受强热后可分解出氨,生成聚磷酸,氨可稀释可燃性气体。聚磷酸是一强酸性脱水剂,可促使有机物表面生成炭化膜。另外,聚磷酸对基材有覆盖作用,隔绝空气防止燃烧。聚磷酸铵现大量用作膨胀型防潮阻燃涂料,也可与其他阻燃剂复配,用作添加型阻燃剂,如与溴系阻燃剂复配可应用于聚丙烯阻燃。

3. 氧化锑　氧化锑类阻燃剂很少单独使用,通常与卤素阻燃剂并用。目前较常使用的有三氧化二锑、五氧化二锑及锑酸钠。锑系阻燃剂的阻燃性能顺序为胶体 $Sb_2O_5 >$ 非胶体 $Sb_2O_5 >$ Sb_2O_3。氧化锑因没有挥发性,可长时间发挥功效。其主要缺点是影响产品的透明度,燃烧时发烟量大。另外,锑金属的资源有限,随着使用量的增加,价格也逐年上涨,成本较高。

目前,多采用超细微粒的三氧化二锑或胶体五氧化二锑作阻燃整理。三氧化二锑为白色的菱形或立方晶体,相对密度为 5.670,熔点 655℃,沸点 1456℃,不溶于水,能溶于浓盐酸、硫酸和强碱,是电的不良导体。工业上,三氧化二锑可由金属锑与空气中氧反应制得。

$$4Sb + 3O_2 \longrightarrow 2Sb_2O_3$$

或将硫铁矿用盐酸浸出,生成三氯化锑,然后再水解制得三氧化二锑。

$$Sb_2S_3 + 6HCl \longrightarrow 2SbCl_3 + 3H_2S$$
$$2SbCl_3 + 6NaOH \longrightarrow Sb_2O_3 + 6NaCl + 3H_2O$$

超细三氧化二锑的制备方法有等离子体法、三氯化锑水解法、物理研磨法和气流粉碎法。等离子体法工艺先进,成本低,粒度小且均匀,但设备的生产能力不高;三氯化锑水解法产品粒度小且均匀,但成本较高;物理研磨法成本虽低,但粒度极不均匀,易结团成块;气流粉碎法综合效果较好,是国内广泛使用的一种方法。表 12 - 12 列出了超细级三氧化二锑微粒的规格。为了使三氧化二锑在高聚物中均匀分散,不与阻燃剂凝聚成凝胶粒子,还需加入分散剂和保护剂。

表 12 - 12　超细及微粒三氧化二锑的规格

规　格	超细 Sb_2O_3	微粒 Sb_2O_3
Sb_2O_3 含量(%)	≥99.5	99.5
平均粒度(μm)	≤0.27	0.03
最大粒度(μm)	2 ~ 3	≤0.3
比表面积(cm²/g)	≥33400	400000

胶体五氧化二锑可用化学凝聚法制备,将三氯化锑(或锑粉)用水调成浆状,加入 H_2O_2,升温回流反应并加入稳定剂,得到白色的氧化体溶胶。将五氧化二锑的水溶液与十溴二苯醚、六溴环十二烷或三(2,3 - 二溴丙基)三聚异氰酸酯等阻燃剂复配,可用于纯棉、涤纶、丙纶、维纶等非织造布纤维材料的阻燃整理,产品色泽较好,手感柔软。

4. 硼系阻燃剂　硼系阻燃剂主要在凝聚相中发挥阻燃作用。硼系阻燃剂在受热时发生熔化,沿纤维形成玻璃体外层,隔绝氧气和热的传播。凝相中的硼和纤维素中的羟基反应生成硼酸酯,放出结合水,并且改变了某些可燃非织造布的热分解途径,抑制可燃性气体生成。另外,硼酸盐和卤代有机化合物结合,产生气态的三卤化硼,它在火焰中放出卤化氢,可以阻止高活性自由基之间的连锁反应。且阻燃玻璃体的产生可阻止可燃性气体向外扩散,从而达到阻燃的目的。

硼酸锌是最重要的硼系阻燃剂,它外观为白色粉末,ZnO 含量 37% ~ 40%,B_2O_3 含量 45% ~49%,相对密度 2.67,分解温度为 320℃。硼酸锌在燃烧时,失水生成有阻燃作用的氯化锌、硼酸和氧氯化锌。若与三氧化二锑、卤系阻燃剂如氯化石蜡、十溴二苯醚或六溴环十二烷等一起使用,协同作用更为显著,可代替价格昂贵的三氧化二锑,阻燃效果比单独使用三氧化二锑好,而且可减少发烟量,抑制纤维素纤维的阴燃。在生产维纶阻燃篷布时,涂布的聚氯乙烯糊中就有等量的三氧化二锑和硼酸锌。它具有阻燃、抑烟、防熔滴之功能,但主要是用于做抑烟剂,也可部分取代三氧化二锑做卤素的协效剂。

此外,无机阻燃剂的品种还包括氧化钼、钼酸铵、氧化锌、氧化锆等,它们不仅可以起到阻燃作用,而且可以起到填充作用,具有热稳定性好、高效、抑烟、阻滴、填充安全、对环境污染小等特点。

二、有机阻燃剂

1. 卤系阻燃剂 卤系阻燃剂是一类品种多、应用广、消耗量大的重要阻燃剂。在结构上几乎全是烃的卤素衍生物。含卤系阻燃剂的纤维材料在高温下分解产生卤化氢,卤化氢能捕捉聚合物燃烧反应中生成的高能量自由基 HO· 和 H· 发生下列反应:

$$卤系阻燃剂 \xrightarrow{\triangle} X·$$
$$X· + RH \longrightarrow R· + HX$$
$$HX + HO· \longrightarrow H_2O + X·$$
$$HX + H· \longrightarrow H_2 + X·$$
$$H· + X· \longrightarrow HX$$

上面的反应过程降低了 HO· 和 H· 的浓度,促使燃烧连锁反应终止。卤系阻燃剂在使用时还会产生比空气重的卤化氢,它沉积在燃烧物的外层,有效稀释隔绝了燃烧物周围的空气,使燃烧物窒息产生阻燃效果。

从烃基的结构区分卤系阻燃剂可分为脂肪族、脂环族和芳香族三类,有分子量较低的卤代物,有分子量较高的含卤低聚物,也有分子量很高的含卤树脂。卤系阻燃剂的合成工艺简单,而且容易制得含卤量很高的产物。其中以芳香族的卤系阻燃剂产量最大。在应用时常与阻燃协效剂氧化锑合用,提高阻燃效果。

在卤系阻燃剂中含溴阻燃剂的阻燃效率较高,实验表明含溴素阻燃剂的阻燃效果要高于其他含卤素阻燃剂的阻燃效果,这是因为 C—Cl 键的键能比 C—Br 键能大很多,且不易产生游离基。含溴阻燃剂的相对用量较少,对材料的力学性能几乎没有影响,并能显著降低燃气中卤化氢的含量,而且该类阻燃剂的互容性较好。常见的卤系阻燃剂如下。

(1)氯化石蜡:氯化石蜡是一种脂肪族的多氯代烃,外观为白色粉末,主要成分为 $C_{20}H_{24}Cl_{18} \sim C_{24}H_{29}Cl_{21}$,相对分子质量 900~1000,含氯量大于70%,热分解温度约为220℃。工业生产中将氯气通入熔融石蜡,在光照下直接深度氯化制得。氯化石蜡价格低廉,用途广泛,至今仍是消耗量最大的氯系阻燃剂之一。在纺织领域,氯化石蜡与阻燃协效剂氯化锑、防水黏合剂、有色涂料和防霉剂等组成复合处理液,可用于军用帐篷布的"阻燃、防水、防霉、耐气候"四防整理,也可用于非织造布的阻燃整理。

(2)十溴二苯醚:这是一种典型的芳香族溴系添加型阻燃剂,外观为淡黄色粉末,溴含量83%,熔点304℃,5%失重的温度345℃。工业上由二苯醚与纯溴素反应制得,副产物溴化氢可用氯气氧化成溴素,循环使用。

这种芳香族溴代物的特点是溴含量高、挥发性低、热稳定性好、毒性小,不会使非织造布泛黄,但耐气候性较差,特别是对紫外线不够稳定。它是当前产量最大的芳香族卤系阻燃剂,纺织工业上广泛用于维纶和涤纶的阻燃整理。

(3)六溴环十二烷:六溴环十二烷是美国 Great Lake 公司首先开发的产品,简称 HBCD,结构上属溴代脂环烃,是一种添加型阻燃剂。外观为白色粉末,溴含量76%,熔程198~208℃,5%失重的温度230℃。

这种脂环族溴代物含溴量高,热稳定性较差,受热后较容易分解出溴化氢,因此用量少、阻燃效果较好。如与协效剂二异丙苯低聚物及三氧化二锑合用,阻燃效果可大大增强。可用于丙纶和涤纶材料的阻燃整理。

(4)四溴双酚 A:这是一种含有酚羟基的溴系反应型阻燃剂,外观为白色粉末,溴含量58.5%,熔点181℃,5%失重的温度大于250℃。工业上由双酚 A 在乙醇溶液中低温溴代制得。

$$HO-\text{C}_6H_4-\underset{\underset{CH_3}{|}}{\overset{\overset{CH_3}{|}}{C}}-\text{C}_6H_4-OH + 4Br_2 \longrightarrow HO-\text{C}_6H_2Br_2-\underset{\underset{CH_3}{|}}{\overset{\overset{CH_3}{|}}{C}}-\text{C}_6H_2Br_2-OH + 4HBr$$

这种芳香族溴代物分子中含有两个活泼的酚羟基,作为阻燃性的共聚单体可用于合成阻燃环氧树脂和不饱和聚酯,是当前最有实用价值,产量最大的一种溴系反应型阻燃剂,也是合成其他阻燃剂的重要中间体。例如,与环氧乙烷反应可制得四溴双酚 A 双羟乙基醚。

$$HO-\text{C}_6H_2Br_2-\underset{\underset{CH_3}{|}}{\overset{\overset{CH_3}{|}}{C}}-\text{C}_6H_2Br_2-OH + 2CH_2\overset{\overset{}{\diagdown}}{\underset{\underset{O}{}}{}}CH_2 \longrightarrow$$

$$HOCH_2CH_2O-\text{C}_6H_2Br_2-\underset{\underset{CH_3}{|}}{\overset{\overset{CH_3}{|}}{C}}-\text{C}_6H_2Br_2-OCH_2CH_2OH$$

四溴双酚 A 双羟乙基醚,外观为白色粉末,溴含量 50.5%,熔程 115~118℃,5% 失重的温度 322℃。这也是一种反应型阻燃剂,可与乙二醇、对苯二甲酸共聚制造阻燃涤纶。

(5)四溴双酚 A - 双 - (2,3 - 二溴丙基)醚:这是一种溴系添加型阻燃剂,外观为白色粉末,溴含量 67.7%,熔程 90~100℃,5% 失重的温度为 315℃。工业上由四溴双酚 A 与 α—氯丙烯在碱性介质中反应,制取四溴双酚 A 双烯丙基醚,接着再与溴素加成制得。反应式如下所示。

$$HO-\overset{Br}{\underset{Br}{\bigcirc}}-\overset{CH_3}{\underset{CH_3}{\overset{|}{C}}}-\overset{Br}{\underset{Br}{\bigcirc}}-OH + 2CH_2=CH-CH_2Cl \xrightarrow{NaOH}$$

$$CH_2=CH-CH_2O-\overset{Br}{\underset{Br}{\bigcirc}}-\overset{CH_3}{\underset{CH_3}{\overset{|}{C}}}-\overset{Br}{\underset{Br}{\bigcirc}}-OCH_2-CH=CH_2$$

$$CH_2=CH-CH_2O-\overset{Br}{\underset{Br}{\bigcirc}}-\overset{CH_3}{\underset{CH_3}{\overset{|}{C}}}-\overset{Br}{\underset{Br}{\bigcirc}}-OCH_2-CH=CH_2 + Br_2 \xrightarrow[40~50℃]{CCl_4}$$

$$CH_2-CH-CH_2O-\overset{Br}{\underset{Br}{\bigcirc}}-\overset{CH_3}{\underset{CH_3}{\overset{|}{C}}}-\overset{Br}{\underset{Br}{\bigcirc}}-OCH_2-CH-CH_2$$

因为这种阻燃剂的分子结构中既含有与脂肪链相连的溴,又含有与芳环相连的溴,随着温度的升高逐渐地分解出溴化氢,延长了溴化氢在火焰区的停留时间,提高了阻燃效果。它可用于制造阻燃丙纶和阻燃丙涤纶共混纤维。

(6)双 - [3,5 - 二溴 - 4 - (β - 羟乙氧基)苯基] 砜:这是一种含有硫和芳环溴的反应型阻燃剂,外观为白色粉末,溴含量 49%,熔程 242~243℃。工业上由 4,4' - 二羟基二苯砜经溴化后,再与环氧乙烷加成制得。

从其分子结构可知,砜基中硫原子处于最高氧化态,并与两苯环共轭,不易氧化,热稳定性较好。因砜基有类似于磷酸的催化脱水作用,可在凝聚相发挥阻燃作用,而溴在气相发挥阻燃作用,因此其阻燃效果较好。可用于制造阻燃涤纶。

(7)三(2,3 - 二溴丙基)三聚异氰酸酯:这是一种含溴和氮的添加型阻燃剂,外观为白色粉末,溴含量 66%,氮含量 6%,熔程 105~110℃,5% 失重的温度为 284℃。工业上由三 - (烯丙基)三聚异氰酸酯在溶剂二氯甲烷中加溴制得。

其分子结构中含有稳定的三嗪环结构和较活泼的脂肪溴,阻燃性和耐光性较好,可用于丙纶非织造布的阻燃整理。

(8)四溴双酚 A 聚碳酸溴:这是一种高相对分子质量含有芳环溴的添加型阻燃剂,外观为淡黄色粉末,溴含量 50.6%,熔程 230~250℃,10% 失重的温度为 445℃。工业上由光气、四溴双酚 A 和三溴苯酚反应制得。其结构为:

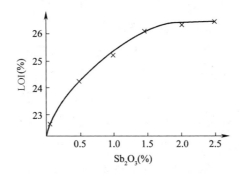

这种齐聚物型的阻燃添加剂,分子量较高,不易渗出流失,对热和紫外线的稳定性较好,可用于制造阻燃涤纶。

(9)卤锑协效作用:锑的氧化物是卤系阻燃剂优良的协效剂。它本身并没有阻燃性,只有与卤系阻燃剂合用时可减少卤系阻燃剂用量,提高材料的极限氧指数。锑的氧化物可用Sb_2O_3、Sb_2O_4 或 Sb_2O_5,其中 Sb_2O_3 用得最多。例如,在阻燃单体偏二氯乙烯中,添加少量的Sb_2O_3 可强化氯的阻燃作用,明显提高纤维的极限氧指数,如图 12 - 2 所示。

图 12 - 2　在偏二氯乙烯中添加 Sb_2O_3 的量与极限氧指数的关系

通过对卤锑阻燃体系阻燃作用机理的研究,一般认为主要是卤与锑在固相中反应生成挥发性的三卤化锑,然后在气相发挥阻燃作用。实验结果表明,对于卤锑阻燃体系,当锑与卤的摩尔原子比为 1:3 时,阻燃效果最佳,此比例恰好与 SbX_3 分子中的原子比一致。

卤锑阻燃体系除了能抑制气相燃烧外,在某些纤维材料如纤维素纤维中,还能通过脱水、脱氢增加炭的生成量,在凝聚相发挥阻燃作用。但这两种阻燃作用究竟哪一个占优势,不仅取决于卤素与锑的原子比,而且也取决于纤维分子结构和燃烧条件。然而,卤锑阻燃体系对防止纤维素纤维阴燃却并不十分有效。

而三卤化锑是气相燃烧反应中高能的羟基自由基和氢自由基的捕获剂,可降低这些自由基的浓度,达到终止燃烧链反应的目的。

除了上述的几种阻燃机理外,卤锑阻燃体系还有其他三种阻燃作用。

①在卤氧化锑分解生成三卤化锑的过程中会发生强烈的吸热效应,这一反应可有效地降低纤维的裂解速率,延长卤原子在火焰区的存在时间,增加捕捉高能自由基的机会。

②三卤化锑沸点较高($SbCl_3$ 沸点为 223℃,$SbBr_3$ 沸点为 280℃),蒸气相对密度大,覆盖在材料的上部,作为稀释剂能降低可燃性气体浓度,隔绝空气和影响传热。

③在气相中存在着液态和固态三氧化锑微粒,通过表面效应降低燃烧温度,抑制燃烧链反应。

实际上卤锑阻燃体系在燃烧过程中协同效应的机理相当复杂,有些问题尚待进一步研究。

2. 磷系阻燃剂 有机磷阻燃剂从结构上可分为含卤磷酸酯和非卤磷酸酯,此外还有磷腈、季鏻盐及氧化磷等。含卤磷酸酯挥发性较小,耐热性差;非卤磷酸酯耐热性好,且具有增塑作用。目前非卤磷酸酯的消耗量大于含卤磷酸酯。

磷系阻燃剂主要是通过促使纤维分子脱水炭化发挥阻燃作用,因此适合对含氧纤维进行阻燃整理。广泛应用于棉纤维、粘胶纤维、维纶和涤纶等含氧高分子纤维的非织造布阻燃整理,其阻燃效果优于卤系阻燃剂。

通常认为,磷系阻燃剂的阻燃机理主要是在凝聚相阻燃,它是在聚合物热氧化裂解阶段发挥作用,而不是在其后的燃烧反应过程中起作用,因此阻燃效果与被阻燃聚合物的结构有密切关系。磷系阻燃剂受热分解出磷酸,促使含氧的聚合物脱水炭化,减少可燃性气体的生成,形成结构致密不易燃烧的焦炭层。磷酸进一步脱水后聚合生成玻璃状的聚磷酸熔体,覆盖在燃烧物的表面,阻止了氧气的接近以及挥发性裂解产物的释放。

磷系阻燃剂在对纤维素纤维进行阻燃整理时,首先在低于纤维素纤维正常的裂解温度下,磷系阻燃剂就分解出磷酸,磷酸再聚合成聚磷酸使纤维素大分子中的羟基发生催化脱水,形成碳—碳双键,双键相互加成交联而炭化。比较有代表性的磷系阻燃剂如下所述。

(1)二 - (β - 氯乙基)乙烯基膦酸酯:这是一种含氯的不饱和膦酸酯,外观为无色透明液体,沸点128 ℃(26.6Pa)。氯和磷的含量分别为29.7% 和 13.3%。工业上由二 - (β - 氯乙基) - β - 氯乙基膦酸在碱存在下消除氯化氢而制得。

这种含有碳—碳双键的反应型阻燃剂可与丙烯腈共聚制造阻燃腈纶。如与甲基膦酸二甲酯缩合,则得到乙烯基膦酸酯低聚物。

该低聚物商品名为 Fyrol 76,具有水溶性,分子量为500～1000,磷含量为22%～23%。Fyrol 76yu 与 N - 羟甲基丙烯酸酰胺合用,以过硫酸钾为引发剂,用于棉和涤/棉的持久阻燃整理。

(2)膦酸酰胺的 N - 羟甲基化合物:二烷酯基膦酸羧酰胺的 N - 羟甲基化合物,在阻燃剂中占有很重要的地位。典型代表是单羟甲基膦酸丙酰胺二甲酯,国外商品名称为 Pyroratex CP (Ciba—Geigy) 和 Akaustan PC(BASF),国内称为防火剂 PC。是瑞士 Ciba—Geigy 公司首先开

发出名为 O,O – 二甲基 – N – 羟甲基丙酰胺膦酸酯,先由磷酸二甲酯和氯丙酰胺反应生成膦酸丙酰胺二甲酯,再和甲醛反应而制得。化学反应式如下:

膦酸二甲酯　　　　　氯丙酰胺　　　　　　膦酸丙酰胺二甲酯　　　　　盐酸

膦酸丙酰胺二甲酯　　　　　甲醛　　　　　Pyroratex CP

Pyroratex CP 含有羟甲基,是一种反应型阻燃整理剂。外观为无色或淡黄色的透明液体,磷含量 15% ,含固量 ≥82% ,pH = 6 ~ 6.5。在 150℃ 以上能与纤维素纤维的羟基发生酯化反应而交联,使纤维产生耐久的阻燃性能,是民用领域中的重要阻燃剂。它主要用于纯棉非织造布,也可用于只含有 15% 合成纤维的混合非织造布。能耐漂洗和干洗,但使染料变色、耐晒牢度降低,并使纤维强度损失约 20% 。Pyroratex CP 还可以和脲醛或羟甲基三聚氰胺等树脂整理剂合用,效果良好。国内同类产品有 CFR – 201 和 TLC – 512。

(3)四羟甲基磷盐和四羟甲基氢氧化磷(THPOH):四羟甲基磷盐的通式为 $(HOCH_2)_4PX$。现在可以进行工业化生产的有四羟甲基氯化磷(THPC)、四羟甲基硫酸磷(THPS)和四羟甲基醋酸磷(THPA)。THPC 是美国农业部首先用于棉布的持久性阻燃整理剂,目前的许多这类阻燃剂就是在此基础上发展起来的。纯的 THPC 为无色晶体,熔点 151℃,富有吸湿性,可以溶于水,不溶于一般的有机溶剂,水溶液呈酸性,pH≈1,工业品为淡黄色黏稠液体,含量约 80% 。工业上由磷化氢、甲醛和盐酸在室温下反应制得。化学反应式如下:

磷化氢　甲醛　盐酸　　四羟甲基磷氯化物(THPC)

THPC 和氢氧化钠反应可制得四羟甲基氢氧化磷(THPOH),化学反应式如下:

THPC　　　　　　烧碱　　　四羟甲基氢氧化磷(THPOH)　　　食盐

THPOH 也是反应型阻燃剂,在很多范围内可用以代替 THPC。因 THPC 在生产和使用过程中有可能产生致癌物双氯甲醚,后来开发了 THPS。为了避免使用剧毒、易燃易爆的磷化氢,现已有采用黄磷、锌和硫酸为原料直接生产 THPS 的合成工艺。

四羟甲基鏻盐可作为阻燃剂用于纯棉、涤棉、维棉及粘胶纤维等非织造布。

(4)Sandoflam 5060:这种阻燃剂是瑞士 Sandoz 公司首先开发的产品。学名为双 - (2 - 硫代 - 5,5 - 二甲基 - 1,3 - 二氧杂磷酰)氧化物,结构上属硫代焦磷酸酯类,是一种添加型阻燃剂。外观为白色粉末,磷含量 17.9%,硫含量 18.5%,熔点 228~229℃,5% 的失重温度 220℃,不溶于水,可用非离子型表面活性剂分散悬浮在水中,在 pH = 12~14 的强碱性介质中不凝聚,工业上由 2,2 - 二甲基 - 1,3 - 丙二醇与三氯硫磷反应,然后在碱性介质中缩合制得。该阻燃剂主要用于生产阻燃粘胶纤维。

(5)Antiblaze 19T:这是美国 Mobil 公司首先开发的产品,结构属环膦酸酯,是一种添加型阻燃整理剂。外观为淡黄色透明液体,具水溶性,能与大多数分散性染料相容,磷含量为 21%,pH = 5。工业上由双环亚磷酸酯与膦酸酯反应制得。

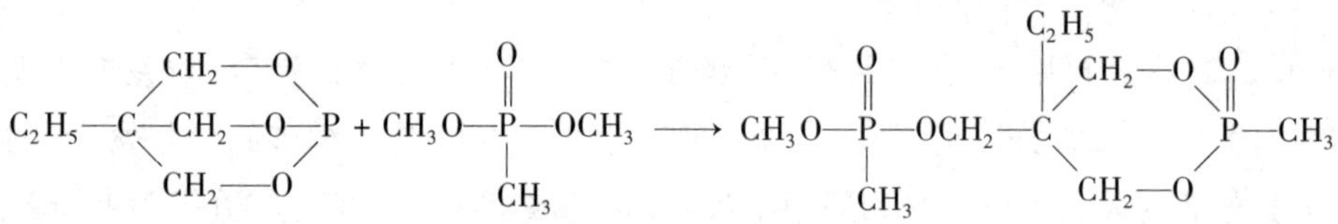

(A)

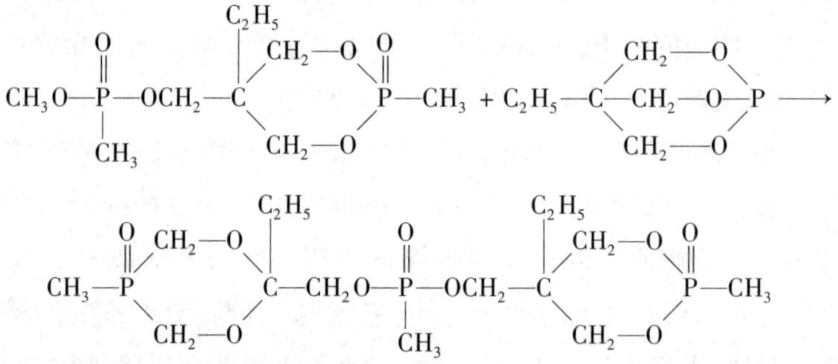

(B)

Antiblaze 19T 含有 A 和 B 两种组分。该阻燃剂广泛用于纯涤纶非织造布的持久阻燃整理。国内的同类产品有常州市化工研究所研制的 FRC - 1。

(6)丙氧基磷腈:丙氧基磷腈是美国 Avtex 公司首先开发的产品,结构属磷腈类,是一种添加型阻燃剂。其也是一种外观为白色油状高沸点液体,磷含量为 21%~22%,对酸和碱都很稳定。工业上由氯化磷腈低聚物(包括线状和环状的)混合物与正丙醇在吡啶溶剂中反应制得。

$$[PNCl_2]_n + 2nCH_2CH_2CH_2OH \xrightarrow{\text{吡啶}} [PN(OCH_2CH_2CH_3)_2]_n$$

原料中环状和线状低聚物的比例为 80/20~90/10。由于反应产物中主要组分是丙氧基磷腈的三聚体,通常称为六丙氧基磷腈,主要用于生产阻燃粘胶纤维。

（7）季戊四醇双三溴代苯基磷酸酯：这是一种螺环结构的溴代芳基磷酸酯，学名为 3，9 - 双 - （2′，4′，6′ - 三溴苯氧基）- 2，4，8，10 - 四氧代 - 3，9 - 二磷螺环 - 3，9 - 二氧［5，5］十一烷。外观为白色晶体，溴和磷的含量分别为 54% 和 7%，熔点 303 ~ 305℃，10% 失重的温度为 323℃。工业上由三氯氧磷、季戊四醇和三溴苯钠为原料合成制得。这种添加型阻燃剂可用于生产阻燃维纶篷布。

$$POCl_3 + C(CH_2OH)_4 \longrightarrow$$

（8）聚对苯砜苯基膦酸酯：这是日本东洋纺公司首先开发的，用于涤纶原丝阻燃改性的阻燃剂。外观为白色固体，磷、硫含量都为 8.3%，分子量为 1000 ~ 1500，热稳定性较高。工业上由 4′，4′ - 二羟基二苯砜与苯基膦酰氯在碱性介质吡啶中缩合制得。该阻燃剂主要用于生产阻燃涤纶纤维，日本的阻燃涤纶 Heim 就采用此阻燃剂。

（9）磷卤协效作用：许多纺织用的阻燃剂如卤代磷（膦）酸酯类复配的阻燃体系中会含有磷、卤两种阻燃元素。这种磷卤阻燃体系，在有些纤维材料中通常只有简单的加和作用，并不一定存在着协效作用。至今还没有足够的实验证据来充分阐明磷卤协同机理，也未发现最佳的磷卤原子摩尔比。

通常，对于磷卤阻燃体系，一般认为磷在凝聚相抑制裂解反应，卤素在气相抑制燃烧反应，两者共同作用，则在两相中发挥阻燃作用，从而提高了阻燃效果。至于它们是加和作用还是协效作用，目前还不明确。另外，也有人认为磷卤并用时，卤系受热分解出的卤化氢与磷化物作用生成卤化磷和卤氧化物如 PX_3、PX_5 和 POX_3，这些化合物的挥发性比卤化氢小，密度大。在火焰区停留时间长，笼罩在纤维材料周围可隔绝空气，捕捉高能的羟基自由基和氢自由基，抑制火焰蔓延。

3. 氮系阻燃剂　氮系阻燃剂主要是三嗪类化合物，即三聚氰胺（MA）及其盐（氰尿酸盐、磷酸盐、胍盐、双氰胺盐），它们可单独使用，也常作为混合膨胀型阻燃剂的组分。氮系阻燃剂主要通过分解吸热及生成不燃气体以稀释可燃物而发挥作用。它们具有无色、无卤、低毒、低烟，不产生腐蚀气体，价廉，抗紫外照射等优点。其缺点是阻燃效率欠佳，与热塑性高聚物的相容性不好，在基材中分散性差，对粒度及粒度分布要求严格，有时需采用协效剂。

三聚氰胺（MA）不可燃，密度 1.57g/cm³，熔点 354℃，加热易升华，急剧加热则分解。三聚氰胺价廉，无腐蚀性，对皮肤和眼睛无刺激作用，缺点是高温分解时会产生有毒的氰化物。三聚氰胺是一类广泛使用的阻燃剂,尤其适合作为膨胀型阻燃剂组分。

三聚氰胺氰尿酸盐(MCA)由三聚氰胺和氰尿酸反应制得,系白色结晶粉末,无臭,无味,在300℃以下受热非常稳定,350℃左右开始升华,但不分解,其分解温度为440~450℃。MCA含氮量高,极易吸潮,高温时脱水成炭,燃烧时放出氮气,冲淡了氧和高聚物分解产生的可燃气浓度,且气体的生成和热对流带走了部分热量,因而具备阻燃功能。

含氮化合物作为阻燃剂的主要用途之一,与含磷阻燃剂并用可得到磷—氮协同效应。含氮化合物与含磷化合物的混合物对纤维素的阻燃效果高于各单个化合物阻燃效果的总和。氮能促进磷酸对纤维素的磷酸化,因而有助于产生膨胀阻燃效应。所以,很多膨胀型阻燃剂的活性组分都是磷和氮。

磷氮阻燃体系对纤维素纤维的固相阻燃有明显的协效作用,含氮化合物的加入可减少磷系阻燃剂的用量,提高阻燃效果。因此,常用的棉和粘胶纤维阻燃整理剂大多含有磷氮两种元素或组分,例如磷酸/尿素,四羟甲基氢氧化磷THPOH/氨、尿素或三羟甲基三聚氰胺(TMM),PyrovatexCP/三羟甲基三聚氰胺等。图12-3为用PyrovatexCP/三羟甲基三聚氰胺处理棉非织造布时,极限氧指数与氮含量的关系(磷含量为不同的固定值)。由图12-3可知,LOI与含氮量呈线性关系,有明显的磷氮协效作用。

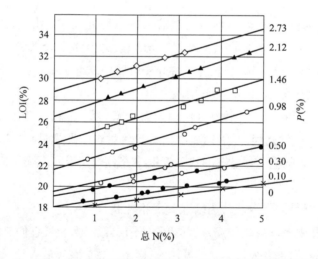

图12-3 用PyrovatexCP/TMM处理棉非织造布时LOI与含氮量的关系

磷氮协效作用对于磷系阻燃剂和含氮化合物的匹配具有选择性。并不是所有的磷氮结合体系都会产生磷氮协效作用,相反,有时还会导致磷氮对抗作用。例如,在用阻燃剂THPOH处理棉纤维非织造布时,若用尿素为氮源,则反而要增加THPOH的用量,才能达到同样的阻燃效果。另外,如果全用阻燃剂THPOH进行整理,燃烧残渣中含有大量的磷;而使用尿素为协效剂时,燃烧残渣中含磷很少,绝大部分已挥发掉。这表明含氮化合物的结构对它与磷化物构成的阻燃体系是否存在协效作用具有选择性。对于纤维素纤维上的磷氮协效作用机理,现有以下几种解释。

(1)氮原子的存在,有利于磷系阻燃剂分解生成聚磷酸,而聚磷酸对纤维素纤维的磷酰化和催化脱水作用比磷酸好。它形成的黏流层有绝热和隔绝空气的效果。

（2）含氮组分与磷酸相结合，在火焰中有吹胀作用，可使纤维素纤维发生膨化，形成焦炭。

氮与磷首先形成磷酰胺类结构，然后生成 P≡N 键，这样可增强与纤维素伯羟基发生磷酰化的反应能力，抑制了左旋葡聚糖的生成。

三、膨胀型阻燃剂

膨胀型阻燃剂 IFR（Intumescent Floyne Retardant）是近年来出现的一类新的阻燃剂，该体系具有很高的阻燃性能，在燃烧过程中无滴落、低烟、无毒。膨胀型阻燃剂包括 P−N 膨胀型阻燃体系和膨胀型石墨阻燃剂（EG）。

P−N 型膨胀阻燃体系研究较早，它是以磷、氮为阻燃元素的阻燃剂。通常又分为混合型和自膨胀型（也叫单组分）两种。混合膨胀型阻燃剂即酸源、碳源、气源三组分分别由三种物质承担。自膨胀型膨胀阻燃剂集酸源、气源、碳源多种功能为一体，是膨胀型阻燃剂中唯一防火成分，热稳定性更好、水溶性更低，是人们所期望的防火剂，因此自膨胀单体的研究也是膨胀型阻燃剂发展方向之一。

膨胀型阻燃体系一般由以下三个部分组成：酸源（脱水剂），一般可以是无机酸或加热至 $100 \sim 250℃$ 时生成无机酸的化合物，如磷酸、硫酸、硼酸、各种磷酸铵盐、磷酸酯和硼酸盐等；炭源（成炭剂）是形成泡沫炭化层的基础，主要的是一些含碳量高的多羟基化合物，如淀粉，季戊四醇和它的二聚物、三聚物以及含有羟基的有机树脂等；气源（氨源，发泡剂），常用的发泡剂一般为三聚氰胺、双氰胺、聚磷酸铵等。

对于特定的膨胀型阻燃剂—聚合物体系，有时并不需要三个组分同时存在，聚合物本身可以充当其中的某一要素，但是膨胀型阻燃剂添加到聚合物材料中，必须具备以下性质。

（1）热稳定性好，能经受聚合物加工过程中 200℃ 以上的高温。

（2）由于热降解要释放出大量挥发性物质，并形成残渣，因而该过程不应对膨胀发泡过程产生不良影响。

（3）该类阻燃剂系均匀分布在聚合物中，在材料燃烧时能形成一层完全覆盖在材料表面的膨胀炭质。

（4）阻燃剂必须与阻燃高聚物有良好的相容性。不能与高聚物和添加剂发生不良作用，损害材料的物理、力学性能。

四、阻燃剂的研究发展方向

随着阻燃技术研究的不断深入，今后阻燃剂的研究发展方向将集中在以下几个方面。

（1）发展非卤化高性能无机阻燃剂。由于绝大多数含卤阻燃剂会释放出对人体有害的气体，因此阻燃材料非卤化的要求，是一个必然的趋势。该技术的关键在于解决固体颗粒超微细化、粒子的形成、分布、纯度等问题。

（2）对于无机阻燃剂，由于在体系中的分散问题，对粒度要求越来越高，阻燃剂颗粒越细，在材料中的分散效果越好，对材料的物理力学性能影响越小，因此应开发超细三氧化二锑和胶体三氧化二锑，增强阻燃效果。

（3）稳定化、多功能化及低毒化是磷系阻燃剂的发展方向。磷系阻燃剂大多是液体，因而小分子磷系阻燃剂挥发性大、耐热性差。应开发高相对分子质量的化合物和低聚物。

（4）高分子型溴系阻燃剂会越来越受到欢迎。溴系阻燃剂因发烟量大而不尽如人意。由于其阻燃效果好，用量少，对产品性能影响小，因此在今后相当长时间内仍是阻燃剂的主要品种。溴系阻燃剂今后的一个重要方向是向高分子化发展，以解决迁移性，提高相容性和热稳定性等问题。

（5）积极运用纳米技术开展阻燃新产品的研制。如果将阻燃剂的颗粒制成纳米级，阻燃剂的填充量将会大大减少，阻燃效率也会有显著提高。

第四节 非织造布阻燃性能测试

非织造布经过阻燃整理以后，需要相应的测试手段测试整理效果。目前，我国也制定了相应的测试标准和相关的测试方法。阻燃非织造布测试中，测试条件对测试结果影响较大，其中试样尺寸、试样含湿率或调湿时的温湿度条件、燃烧剧烈性（指火焰大小和温度）、通风条件（指燃烧试验箱）等均会对测试结果产生影响。目前非织造布阻燃效果评价办法主要有以下几种。

一、极限氧指数试验法

极限氧指数法具有灵敏度高，重现性较好等优点，国外应用较为普遍，美国的氧指数试验标准为 ANST/ASTM D 2863—2000。

氧指数测定仪如图 12-4 所示，主要由供气部分、测定部分、燃烧部分、点火器组成。氧指

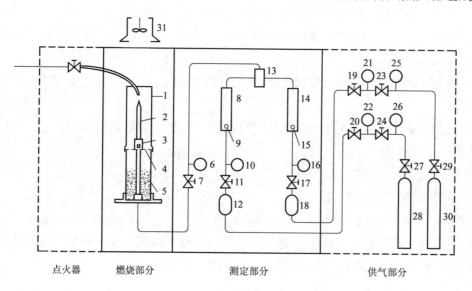

图 12-4 氧指数测定仪

1—燃烧筒 2—试样 3—试样支座 4—金属网 5—玻璃珠 6—泄漏点检验压力计 7,23,24—调节阀
8,14—氮气、氧气流量计 9,15—微调阀 10,16,25,26—氮气、氧气压力表 11,17—氮气、氧气调节阀
12,18—过滤器 13—气体混合器 19,20,27,29—阀门 21,22—供气压力表 28—氮气瓶 30—氧气瓶

数测定仪还附有一表明氧流量和氮流量与氧浓度关系的表,当已知氧流量和氮流量时,可从表中查出氧的浓度。同理,若需测定某试样在已知氧浓度下的燃烧浓度时,也可从表中查到对应的氧流量和氮流量数值。

　　试验时先将试样夹在试样夹内并插于试样支座上,设定氧流量和氮流量值(可根据资料、经验或参考已知试样确定最初氧的浓度),点燃试样燃烧,反复多次,测出试样持续燃烧后在规定的时间自熄或达到规定的损毁长度所必需的最低氧流量和氮流量。如我国 GB/T 5454—1997 规定试样恰好燃烧 2min 自熄或损毁长度恰好为 40mm 时所需的氧的百分含量即为试样的氧指数数值。试样点燃后立刻自熄或燃烧时间不足 2min,或损毁长度不足 40mm,都表示氧浓度过低,应渐渐提高氧浓度再测;若试样燃烧时间超过 2min,或损毁长度超过 40mm,都表示氧浓度过高,应渐渐降低氧浓度再测。这样反复操作,直至求出两者相接近的氧浓度,最后经过计算得到该试样的氧指数。

二、垂直燃烧法

　　垂直燃烧法是目前国内外较为完善的阻燃性能测试方法。这一方法在规定条件下,对垂直放置的试样施加火焰燃烧后进行测试。我国标准中纺织品燃烧性能试验垂直法(GB/T 5455—1997)、垂直向火焰蔓延性能测定法、垂直向试样易点燃性测定法和表面燃烧性能测定法均属于这一类的测试方法。其中以纺织品燃烧性能试验垂直法应用最为普遍。这一方法是在规定的燃烧时间内,通过织物的燃烧状态,考核续燃时间、阴燃时间、损毁长度等指标来综合评价织物阻燃性能。该方法简便可行、织物燃烧较为剧烈、直观性强。我国及大部分国家对纺织品阻燃效果测试多采用这一方法。如日本用于测试服装类纺织品的阻燃性能;美国、英国和德国则用于测试儿童内衣、防护服、装饰布的阻燃性能。垂直燃烧测试仪如图 12 - 5 所示。

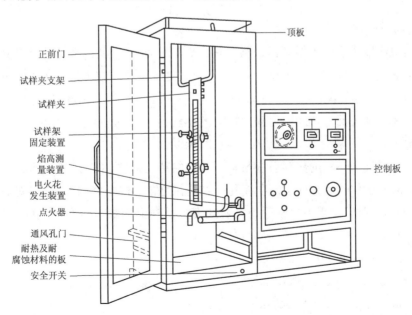

正前门
试样夹支架
试样夹
试样架
固定装置
焰高测
量装置
电火花
发生装置
点火器
通风孔门
耐热及耐
腐蚀材料的板
安全开关
顶板
控制板

图 12 - 5　垂直燃烧测试仪

在直立长方形燃烧箱内,安装有试样夹支架可承挂试样夹,火焰高度测量装置及可左右移动的点火器,箱底铺有耐热及耐腐蚀的板材。控制板上有电源开关、电火花点火开关、点火器启动开关、试样点燃时间设定计、续燃时间计、阴燃时间计、气源供给指示灯、气体调节阀等。

测试时先设定点火器的点燃时间(如 GB/T 5455—1997 规定为 12 s),再将试样放入试样夹中垂直挂于燃烧箱内,关闭箱门。点着点火器待火焰高度达到规定值并稳定后,使点火器移到试样正下方,点燃试样 12 s 后,点火器恢复原位,用续燃时间计和阴燃时间计计量续燃时间和阴燃时间。最后在规定重锤的作用下,测损毁长度。有的垂直燃烧测试仪设有水平试样夹支架,可测试织物在水平状态下的燃烧性能。

三、水平燃烧法

水平燃烧法是在规定的试验条件下,把水平方向的织物试样点燃,通过织物的燃烧状态,考核燃烧一定距离所需的时间,或考核一定时间内的燃烧距离。相关测试标准有美国的 ASTM – D 5132、ISO 3795 和我国的 FZ/T 01028—1993。

四、45°斜面燃烧法

GB/T 14644—2014《纺织品燃烧性能 45°方向燃烧速率的测定》,是在规定的试验条件下,将呈 45°斜放的试样点燃,考核燃烧一定距离所需的时间。GB/T 14645—1993 纺织织物燃烧性能 45°方向损毁面积和接焰次数测定,是在规定的条件下,将呈 45°方向的试样点燃,A 法测量织物燃烧后的续燃时间、阴燃时间、损毁面积、损毁长度,B 法测量织物燃烧距试样下端一定距离需要接触火焰的次数。美国相关的测试标准有 ASTM D 1230 服用纺织品燃烧性能试验方法。

五、热辐射源法

辐射热源法以小火焰点燃试样来测定其临界辐射通量。临界辐射通量(CRF)为评价铺地材料暴露于火焰时的性能状况提供了基础,其定义是铺地材料在火焰熄灭最远处所受到的单位面积入射辐射热强度,单位为 kW/m^2。辐射通量是模拟邻室大火时产生的火焰或热气或两者一起使建筑物上部表面受热后照射到地板上的热辐射强度,表示单位面积入射辐射热强度,单位为 kW/m^2。

以空气—燃气为燃料的热辐射板与水平放置的待测试样倾斜成 30°,即由辐射板产生的规定辐射通量沿着试样长度方向呈渐次变化。在测试之前,先要放入模拟试样对热辐射板上的通量分布进行校对调试,使得由热辐射板投射到模拟试样上的辐射热在规定的强度范围之内,具体数值如下所示。

在 200 mm 处:$(9.1 \pm 0.4) kW/m^2$。

在 400 mm 处:$(5.0 \pm 0.2) kW/m^2$。

在 600 mm 处:$(2.4 \pm 0.2) kW/m^2$。

校对调试后即可取出模拟试样,放入待测试样进行测定。试验时,用引火器点燃试样,测定燃烧至火焰熄灭处的距离,根据标准辐射热通量分布图计算临界辐射通量。标准辐射热通量分布图如图 12-6 所示,如需测量在火焰还未熄灭时试样燃烧 $X(\min)$ 后的辐射通量(RF-X),可从热通量分布曲线处把在时间 $X(\min)$ 的燃烧距离转换为在时间 $X(\min)$ 的辐射通量。点不着或火焰蔓延小于 100mm 的试样具有的临界辐射通量为 $11kW/m^2$。燃烧距离大于 900mm 的试样的临界辐射通量小于 900mm 处的校定值。

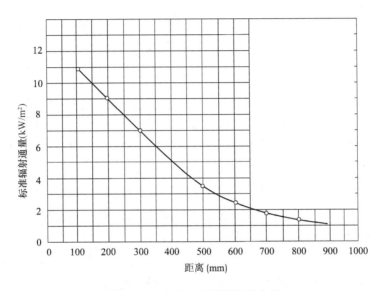

图 12-6　标准辐射热通量分布图

六、片剂试验法

片剂试验法表征的是铺地纺织品以水平位置暴露于小火源时的表面燃烧性能。小火源为点燃的六亚甲基四胺扁平片剂,将试样水平暴露在小火源中,测定试验后的损毁长度和火焰蔓延时间。

试验前应对试样进行调湿处理。试验时将试样平放,用金属框压在试样上,四边与试样对齐,在试样中间放置一片六亚甲基四胺扁平片剂,以轻轻接触片剂的形式将其点燃,防止点燃试样。点燃片剂开始计时,火焰熄灭或燃烧蔓延至金属板任一边时停止计时,并结束试验。测量试样中心至损毁区边缘间的最大距离,数值精确到毫米。

第五节　非织造布的阻燃整理

一、阻燃工艺过程与影响因素

非织造布加工工艺方法很多,既可以对卷材进行阻燃处理,也可以在卷材分切后根据实际需要对片材进行阻燃整理。整理方式的确定主要是根据实际生产工艺的难易和最终使用要求来决定后整理实施的方式。在后整理过程中通过吸附、沉积、渗透等方式,使阻燃剂与非织造布纤维进行物理吸附或化学性结合,而使阻燃剂附着于纤维上达到阻燃的目的。非织造布的阻燃整理通常采用浸轧法、浸渍法、涂层法及喷雾法等。

阻燃整理也可借助于生产非织造布所用的黏合剂,把阻燃剂固着于纤维上,如将含磷阻燃剂 SD-7 和含溴阻燃剂 ZR-10 放入黏合剂中,喷洒施加到喷胶棉上,可制得理想的涤纶阻燃喷胶棉。还可将阻燃剂混入乳胶中,用于针刺地毯的背衬涂层固结,可赋予针刺地毯阻燃功能。

影响非织造布阻燃性能的主要因素包括非织造布的渗透性能、阻燃剂用量、预烘、焙烘的温度和时间等。

渗透性能与非织造布的结构致密程度以及表面的光滑性能有一定的关系。结构致密的非织造布影响阻燃剂在其内部的渗透,使内部纤维不能吸附足够多的阻燃剂,虽然非织造布表面纤维附着有足够多的阻燃剂,但其氧指数仍然很低,阻燃耐久性较差。

阻燃剂用量对非织造布最终阻燃性能的影响也很大。阻燃剂用量太少,起不到阻燃效果;阻燃剂用量太大,不但非织造布的手感变差、强力迅速下降、成本增加,而且阻燃耐久性还会下降。

预烘前浸轧到非织造布上的工作液,一部分渗透到纤维内部,大部分存在于纤维毛细管中。烘干过程中,需要严格控制烘燥速率,以便随着水分的蒸发,在非织造布表面形成整理剂的浓度梯度,促使整理剂扩散至纤维内部。若预烘条件不当,如温度过高时,不但使阻燃性能受到影响,也使非织造布手感变硬、发脆。所以要达到最佳整理效果,必须要选择适当的预烘条件,在水分蒸发速率和阻燃剂向纤维内部的扩散速率之间取得平衡。

焙烘温度与焙烘时间对阻燃整理的耐久性的影响主要表现在:烘干条件过于激烈,会使阻燃剂向非织造布表面转移(泳移),从而会使非织造布手感变差,纤维发生水解,并使非织造布色光发生变化影响阻燃效果。如焙烘时间过长,非织造布脆化并且强力明显下降;但焙烘时间过短,阻燃耐久性较差。在实际生产中,通常采用较低的温度和较长的焙烘时间达到最佳的效果。烘焙的方式多以红外线辐射、热风烘干为主。

对于反应型阻燃剂,阻燃整理非织造布经焙烘后,往往还残留一些游离的阻燃剂、交联剂及催化剂。这些物质往往起不到阻燃作用,甚至还可能是易燃物质,会对燃烧有促进作用,应采用适当的方法加以清除。

二、常规性阻燃整理工艺

(一)暂时性阻燃整理

非织造布用途广泛,用即弃型产品占很大比例,这类材料不需要耐久性的阻燃效果,也不需洗涤,可实施暂时性整理。可采用价廉优质的盐类的硼、铵等整理剂对其进行阻燃整理。例如,含棉、粘胶纤维、木浆纤维非织造布制成的窗帘、一次性的航空靠垫、座椅靠巾、沙发巾等。经整理后的非织造布增重率达 10%~15% 时才能得到比较好的效果。常用的整理用剂及整理方法有以下几种。

(1)硼砂:硼酸:磷酸氢二铵=7:3:5 或者 5:1:1(质量比)。一般采用室温浸渍、喷雾或涂刷后烘干的方法进行处理。这类防火阻燃剂在 130℃时发生水解或分解,从而降低防火阻燃效果。因此,烘干温度应在130℃以下。

(2)硼砂:磷酸氢二铵 = 1:1(质量比)。这种整理剂防止有焰燃烧的效果虽然比前者差些,但对于防止无焰燃烧的作用较好。

(3)硼砂:硼酸 = 7:3 或 6:5(质量比)。这种比例对防止无焰燃烧效果较好。

(二)耐久、半耐久性阻燃整理

某些非织造布制成的防护服、壁毡、贴墙布、沙发包布及汽车内饰材料、窗帘及帷幕等,应具备较好的耐久阻燃性,必须使用耐久或半耐久性阻燃剂。

1.含磷阻燃剂　为了克服棉纤维与磷酸作用后强度大幅度下降这一缺点,目前多使用磷酸和含氮化合物混合制成的阻燃整理剂。其在高温下可使纤维素反应生成纤维素磷酸酯而起到阻燃作用。这种阻燃剂的主要成分为磷酸、尿素(起缓冲和无水膨化作用)、氨水和铵盐。整理工艺流程及条件为:二浸二轧整理液(轧液率75%)→烘干(100~120℃)→焙烘(150℃,10min)→水洗(软水80~90℃)→烘干。

2.锑、钛化合物　经四氯化钛和三氯化锑处理后,钛化合物和三氯化锑与纤维素纤维反应生成纤维素的锑—钛络合物。钛、锑化合物水解生成氢氧化钛和氢氧化锑沉积在纤维表面,成为纤维素的脱水剂。

锑—钛络合物整理对非织造布透气性的影响不大,但撕破强力会下降30%左右。如果以柔软剂处理非织造布,其撕破强力约下降20%。以锑—钛络合物对非织造布进行防火阻燃整理的工艺流程为四浸四轧四氯化钛和三氯化锑溶液(轧液率100%)→堆置(15min以上)→烘至半干(40~50℃,烘去水分约40%)→氨气处理[氨气压力98.07~196.14kPa(1~2kg/cm^2),时间为30s]→碱液中和(碳酸钠15%,水玻璃2.7%)→水洗(至 pH = 8~9)→皂洗→水洗→烘干。

锑—钛络合物浸轧液(加水合成总量1L)组成如下:

食盐	5g
三氯化锑	169.6g
四氯化钛	309.6g
醋酸钠	30g

3.四羟甲基氯化物　四羟甲基氯化膦是磷化氢,甲醛和盐酸反应而成的化合物。应用四羟甲基氯化膦进行非织造布阻燃整理有如下方法。

(1)THPC—酰胺法:这种方法充分利用 THPC 中的羟甲基(—CH$_2$OH)可以和酰胺化合物中的—NH—基反应形成不溶于水的高聚物沉积在非织造布上,以及少量的 THPC 与纤维素发生化学反应的特征。因此,用这种方法整理的非织造布耐洗涤性高,阻燃效果较持久,但整理后的非织造布手感粗硬,强度损失较大,存有吸氯泛黄的缺点。

工艺流程:二浸二轧整理液→烘燥(80~90℃)→焙烘(145℃,4.5min)→洗涤→烘干。

整理液组成如下:

四羟甲基氯化膦	16kg
NaOH(或 2.5% Na$_2$CO$_3$)	1kg

尿素(中和反应生成 HCl)	9.7kg
三羟甲基三聚氰胺	9.7kg
柔软剂	1kg
润湿剂	0.1kg
加水合成总量	100kg

（2）THPOH—尿素—三聚氰胺法：工艺流程：二浸二轧→烘燥（80~90℃）→焙烘（150~170℃，3min）→洗涤→烘干。

浸轧液组成为 THPOH：尿素：三羟甲基三聚氰胺（摩尔比）=2:4:1。具体各组分质量分数为 THPOH 15%、尿素 7%、三羟甲基三聚氰胺 9%、柔软剂 1%、润湿剂 0.1%。该整理液容易向纤维内部扩散，所以整理后的非织造布手感柔软、强度损失小。

4. 磷氮氯 工艺流程：二浸二轧阻燃剂溶液（轧液率 90%~100%）→低温烘干→焙烘（150℃、5min）→透风冷却→一浸一轧树脂液→低温烘干→汽蒸（100~102℃、8~10min）→皂洗→烘干。

整理液的组成为聚二氯氮化磷（70%）350g、尿素 100g，加水合成总量 1L。树脂浸轧液组成为三羟甲基三聚氰胺树脂初缩体（34%）250g、202 硅油乳液（30%）25g，加水合成总量 1L。其中 202 硅油乳液（30%）配制配方为 202 硅油 300mL、6% 羧甲基纤维素浆 50mL、乳化剂 10mL、乙醇 3mL，加水合成总量 1L。配置过程中应进行高速搅拌，以防相分离。

5. 防火剂 CP 我国生产的防火剂 CP 是 N–羟甲基 3–[二甲乙氧基磷酰基]丙酰胺。

防火剂 CP 是一种非离子型物质。由于其分子结构中只含有一个羟甲基，能与纤维素分子中的羟基反应，提高了其耐久性，整理后非织造布强度损失小。应用防火剂 CP 对非织造布进行阻燃整理的工艺流程及工艺条件如下所示。

二浸二轧工作液（轧液率 100%）→烘干（85℃、3min）→焙烘（160℃、5min）→2% 纯碱液洗涤→水洗→烘干。工作液组包括防火剂 CP 40g、TMM 树脂 8g、柔软剂 EM 3g、氯化铵 1g、润湿剂 JFC 0.5g、尿素 1.5g。加水合成总量 100mL。

6. 四羟甲基氯化磷和膦酸酯类 对于涤棉混合非织造布进行较有效的阻燃整理方法是将四羟甲基氯化磷（THPC）和三（2,3–二溴丙基）膦酸酯（TDBPP）同浴处理。其工艺流程是：浸轧整理液→预烘（100℃）→焙烘（180~200℃、90s）→皂洗（70~80℃）→水洗→烘干。浸轧液组成 THPC（80%）250g、NaOH（100%）25g、尿素 50g、TMM 70g、TDBPP 130g、非离子型柔软剂 40g、非离子型渗透剂 1g。加水合成总量 1L。

三、非织造布阻燃整理应用实例

（一）再生棉阻燃汽车衬垫毡

采用热风非织造布制成的非织造布汽车衬垫毡，具有蓬松度高、柔软性好、弹性好等特点，应用到汽车中能起到隔音、吸音、防震等功效。由于阻燃剂的使用会使汽车衬垫毡的游离氨含量大大增加，造成对人体健康的危害。为此，选择含氨量低而阻燃性能好的阻燃剂来进行整理。

汽车衬垫毡制作流程为：采用由棉布角撕扯再加工而成的再生棉纤维为原料，分别采用三种磷系阻燃剂用浸渍法对再生棉原料进行阻燃整理,再生棉开松后添加酚醛树脂,经气流成网、热黏合加固制成衬垫毡,产品定量约 $550g/m^2$。再生棉纤维长度较短,以酚醛树酯作黏合剂,在烘房中受到热及固化剂的作用使纤维网得到加固,从而得到具有一定纵横强度和剥离强度的汽车衬垫毡。

表 12-13 是阻燃剂的浓度对应的阻燃整理效果。由表内数据可以看出,虽然阻燃剂与水的比例以 1:0、1:1 和 2:3 配制的阻燃性能较好,但是整理后阻燃棉颜色变黄,且阻燃剂施加量较大。而以 2:5 配制的阻燃棉阻燃性能较差,因此以 1:2 的比例较为合适。

表 12-13　阻燃剂浓度与阻燃整理的效果

阻燃剂：水	续燃时间(s)	阴燃时间(s)	极限氧指数(%)	外观及阻燃效果
1：0	0	0	34	阻燃棉颜色变黄,阻燃性能好
1：1	0	0	33	阻燃棉颜色变黄,阻燃性能好
2：3	0	0	32	阻燃棉颜色稍变黄,阻燃性能较好
1：2	0	<3	30	阻燃棉颜色不变,阻燃性能较好
2：5	—	—	26	阻燃棉颜色变黄,阻燃性能较差

汽车衬垫毡的阻燃性能、游离氨含量、物理力学性能见表 12-14 和表 12-15,其中阻燃性能参照美国 AATCC—34—69 标准用垂直燃烧法测试,游离氨含量用靛酚蓝吸光光度法测试。

表 12-14　汽车衬垫毡阻燃性能和游离氨含量

项　　目	AATCC-34-69 阻燃标准	用 WA 阻燃剂整理制得	用 FH-01 阻燃剂整理制得	用 FH-03 阻燃剂整理制得
燃烧方法	垂直法	垂直法	垂直法	垂直法
燃烧时间(s)	3	5	5	5
阻燃时间(s)	15	0	0	0
续燃时间(s)	—	<5	0	0
游离氨含量($\times 10^{-6}$)	<180(日本标准)	60	75	54

表 12-15　汽车衬垫毡的物理力学性能

测试指标	质量要求	测 试 值
克重(g/m²)	550+50	580
厚度(mm)	8+1	8.2
横向断裂强度(N/5cm)	≥40	90
纵向断裂强度(N/5cm)	30	45
剥离强度(N/5cm)	>2	2.2

由表 12 – 14、表 12 – 15 可知,采用三种阻燃剂对再生棉纤维进行阻燃处理,再经气流成网热加工制成的阻燃汽车衬垫毡,各项指标均能达到或超过实际要求。另外,根据日本轿车业的资料报道,轿车衬垫毡中游离氨含量不得大于 180×10^{-6},而选用的三种阻燃剂 WA,FH – 01 和 FH – 03 游离氨含量均小于 80×10^{-6},故作为汽车衬垫毡阻燃整理都较为合适。

(二)涤棉混合阻燃抗静电非织造布

该产品为含有少量导电纤维的抗静电非织造布,涤棉混合比为 1∶1,产品定量 150g/m²。涤棉混纺非织造布的混纺比在 30/70 ~ 80/20 之间的阻燃整理难度很大。含涤 30% 以下时,一般采用棉阻燃剂即可满足阻燃要求;含涤纶 80% 以上,需采用涤纶阻燃剂进行阻燃整理。但对含涤 30% ~ 80% 之间的混纺非织造布,无论用二浴法对棉和涤分别进行阻燃处理还是同浴使用棉、涤混合阻燃剂进行阻燃处理,效果都不好,主要问题是成本过高、手感太硬,阻燃性能和耐久性也不够理想。

本产品所用阻燃剂是一种专门研制的含一定量磷和氮的有机化合物,整理剂配方为:阻燃剂 470g、TMM 树脂 60g、催化剂 8g、有机硅柔软剂 10g、非离子型渗透剂 1g。加水配成 1L。

考虑到非织造布经整理后增重较多,很可能影响其抗静电性能,甚至破坏导电纤维,使产品失去抗静电性能。因此,对阻燃处理工艺和处理后要求使该抗静电非织造布即保持了原有的抗静电性能,也要保证达到阻燃要求。具体的工艺流程为一浸一轧(轧液率 90% ,均匀轧车)→烘干→焙烘(170℃ ,2min)→氧化水洗→皂洗→烘干。

表 12 – 16 是产品整理后阻燃性能和整理前后抗静电性能对比。可以看出,产品阻燃性能良好,无阴燃、续燃,平均损毁长度小于 8cm。经阻燃整理后,抗静电性能基本不变,达到了阻燃抗静电的目的。另外,整理后产品物理力学性能良好,整理后断裂强度能保持原来的 90% ,撕破强力能保持原来的 50% 。

表 12 –16 整理后阻燃性能和整理前后抗静电性能

项 目	阻 燃 性 能				抗静电性能	
	续燃时间 (s)	阴燃时间 (s)	损毁长度 (cm)	氧指数 (%)	表面电阻 (Ω)	电荷密度 (μC/m²)
未处理样	—	—	—	—	$10^9 \sim 10^{10}$	2.1 ~ 5.5
阻燃处理样	0	0	6.8	27.9	$10^9 \sim 10^{10}$	2.3 ~ 5.6

(三)PP 纺黏非织造布阻燃整理

任元林等人采用自行合成的阻燃剂 A、B 对 50g/m² PP 纺黏非织造布进行阻燃整理,分别配制成浓度为 15% 、18% 、20% 、25% 、28% 的溶液,并在阻燃液中加入一定量的硅烷偶联剂 JS – D758,工艺流程为:PP 纺黏非织造布→浸渍→挤压→预烘干→干燥。对整理前后 PP 纺黏非织造布进行了力学性能对比研究,结果见表 12 – 17。经过整理后,PP 纺黏非织造布的强度及断裂伸长率略小于整理前的,这是因为后整理法中阻燃剂是通过吸附作用附着于 PP 纺黏非织造布上的。因此,阻燃剂的存在对基体材料 PP 纺黏布来说不会造成大的影响。

表 12 - 17　PP 纺黏非织造布及阻燃整理纺黏非织造布的力学性能

种　类　　项　目	横　　向		纵　　向	
	PP 纺黏非织造布	阻燃整理 PP 纺黏非织造布	PP 纺黏非织造布	阻燃整理 PP 纺黏非织造布
断裂强度(N/5cm)	51.55	51.25	64.25	63.98
断裂伸长率(%)	165.56	163.2	194.21	192.7
断裂功(J)	6.93	—	10.70	—
断裂时间(s)	99.37	—	116.57	—

整理前 PP 纺黏非织造布的 LOI 值为 18.3% 。而用 25% 阻燃剂 A 整理后其 LOI 值达到 26.5% , 相应的, 阻燃剂 B 浓度为 22% 时, LOI 值已高于 26% , 说明 A、B 阻燃剂均有较好的阻燃作用, 且阻燃剂 B 的阻燃效果要优于阻燃剂 A。阻燃剂浓度变化过程与 LOI 的关系如图12 - 7、图 12 - 8 所示。

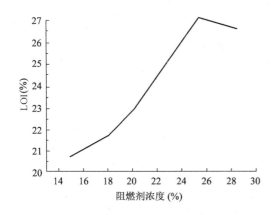

图 12 - 7　阻燃剂 A 整理后的 LOI 曲线图

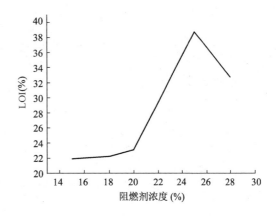

图 12 - 8　阻燃剂 B 整理后的 LOI 曲线图

由图 12 - 7 可知, 随着阻燃剂 A 添加量的增加, LOI 值增加迅速, 当阻燃剂浓度为 25% 时, LOI 值达到最大值 26.5% , 随着阻燃剂 A 浓度的进一步增加, LOI 值反而下降。图 12 - 8 与图 12 - 7 具有类似的趋势, 所不同的是初期增长缓慢, 当阻燃剂 B 浓度超过 20% 后, LOI 值急剧增加, 阻燃剂浓度为 22% , LOI 值已高于 26% , 阻燃剂浓度为 25% 时, LOI 值出现最大值38.7% , 之后 LOI 值随阻燃剂浓度的增加反而呈现下降的趋势。出现这种 LOI 值先增大后减小的原因可能是在阻燃剂浓度较低时, 随阻燃剂浓度的增大, 阻燃剂熔融吸热带走了一部分燃烧环境的能量, 随着温度的升高, 阻燃剂的热分解释放出不燃性的气体覆盖在了燃烧材料的表面, 起到了气相阻燃的作用, 并稀释了可燃性气体, 同时由于阻燃剂的良好的成炭作用, 使得 PP 提前熔融分解成炭, 造成隔热或隔氧的情况, 阻止了 PP 的进一步氧化分解, 起到了固相阻燃的效果, 两者的共同作用使得阻燃材料的 LOI 值迅速增大。但是当阻燃剂浓度超过一定值后, 由于后整理法存在的缺陷, 使得一部分阻燃剂没有很好地结合到被阻燃材料上去, 造成了实际阻燃剂含量的减小;另外,阻燃剂含量的加大,虽然可起到气相与固相阻燃作用,但是阻燃剂分解所释放出的热量又会反馈到被阻燃材料中去,加剧材料的熔融分解,造成 LOI 值的相应减小。因此,阻燃剂的添加量以 25% 左右为宜。

思考题

1. 讨论非织造布阻燃整理的意义及应用。

2. 试阐述非织造材料阻燃机理。

3. 阐述阻燃剂常用品种。

4. 如何测试非织造布阻燃整理的效果?

5. 以磷卤、卤锑协效作用为例探讨阻燃剂的协效作用。

第十三章　芳香整理

本章知识点

1.芳香的作用及芳香物质的分类。

2.非织造布芳香整理剂的选择。

3.芳香非织造布整理技术。

4.芳香非织造布保香期的测试方法。

5.芳香非织造布的用途。

第一节　芳香整理的作用及分类

现在越来越多的人开始崇尚自然、简洁和健康的生活方式,回归自然、追求健康已悄然成为都市新时尚。目前市场上各种加香纺织品的蓬勃兴起不仅顺应了这一趋势,也为纺织品及非织造布赋予了新的医疗保健功能。科学研究证明,许多芳香剂具有镇静、杀菌、保健等作用。近年来,人们对森林浴、芳香治疗法、植物杀菌素等芳香植物精油的医疗效果日益关注。随着人们对香味研究的深入,还发现香味有舒缓紧张情绪、解除压力和催人兴奋等作用。芳香整理已经悄悄地走进我们的生活。

一、芳香的作用

人闻到香味是通过嗅觉感官刺激中枢神经系统所形成的一种物理感觉。在人类发展的历史中,很早就懂得芳香的应用,而芳香的作用主要体现在以下几个方面。

1.渲染和优化环境气氛　古代,人们就在宗教仪式和重大祭祀的场合燃点香料。近几年来,有人提出了所谓的"环境芳香学"概念,主要是研究生活空间和舒适性的关系以及赋香技术的一门学科。这一概念主要包括芳香消臭、杀菌和营造舒适环境三方面。

研究表明,在家庭居室、工作场所等地方定时散发出不同的香气,可以改善人们的精神状态,并提高工作效率。如在书房或儿童房,用清纯青柠的香佩挂件,不但有抗菌的作用,还可以给人以清新的感受。迷迭香、甜橙、柠檬等香味的挂件,可以起到提神醒脑,提高注意力的作用;在寝室、起居室用薰衣草、迷迭香、天竺葵、橙花、葡萄柚等香味的香佩挂件,可有效地放松心情、转变情绪、健康身心、缓解压力;在汽车内挂葡萄柚、佛手柑、薄荷香佩,可防止心神不定,消除睡意。

2. 彰显个人形象 在人类社会生活中,人们主要是通过视听感觉对所接触的事物产生印象,如果在此基础上增加一种芳香嗅觉刺激,就能加深记忆,突出形象。一个歌舞厅、一座旅店甚至一个城市都可以通过自然的或特定的芳香手段,使其在人们心中留下与众不同的深刻印象。

3. 具有心理、生理上的医疗保健功能 很久以前,人们就发现香味可以起到一定的清神静脑、医病祛邪的作用,因此有了"闻香治病"的说法。这些芳香气味随呼吸进入人们体内,走串于经络百骸之内,运行于气血之中,从而具有强身健脑、防病祛邪的功效。

近年来出现了香疗法。香疗法的本质就是通过香料飘逸出来的香气,经嗅觉器官吸入体内,或与皮肤表面直接接触而产生明显的生理反应。某些香气可以直接影响脏腑功能,改变气血运行状态,从而达到防病、保健、振奋精神的目的。在公害严重、空气污浊的城市,香疗法将更加盛行。香疗袋、香织品、香纸张、香塑料、香橡胶、香涂料、香熏草、香功能空气清洁剂、香功能洗涤剂等,将会广泛应用。芳香药物的情感镇静作用和药理作用分别见表 13-1 和表 13-2。

表 13-1　芳香药物的情感镇静作用

情　感	具有镇静作用的芳香药物
不　安	安息香、香柠檬、春黄菊、玫瑰、肉豆蔻、丁香、茉莉
悲　叹	海索草、牛腾草、玫瑰
刺　激	樟脑、滇荆芥油、橙花
愤　怒	春黄菊、滇荆芥油、玫瑰、依兰
优　柔	罗勒、柏木、薄荷、广藿香
过　敏	春黄菊、茉莉、滇荆芥油
多　疑	薰衣草
紧　张	樟脑、柏木、香叶、茉莉、滇荆芥油、薰衣草、牛腾草、橙花、檀香、依兰
忧　郁	罗勒、香柠檬、春黄菊、香叶、茉莉、薰衣草、橙花、薄荷、广藿香、玫瑰、荆香油、依兰
癔　病	春黄菊、鼠尾草、牛腾草、滇荆芥油、薰衣草、橙花、茉莉
偏　狂	罗勒、鼠尾草、茉莉、杜松子
急　躁	春黄菊、樟脑、柏木油、薰衣草、牛腾草
冷　淡	茉莉、杜松子、广藿香、迷迭香

表 13-2 芳香药物的药理作用

芳香药物名称	镇静	愈创	利尿	通经	祛痰	催眠	健胃	发汗	驱风	镇痛	治泻	治风湿病	催欲	镇痉	促进食欲
杜松		▲	▲	▲			▲	▲					▲	▲	
香草										▲	▲				
姜							▲		▲		▲		▲		▲
丁香		▲					▲		▲				▲	▲	
牛腾草	▲				▲	▲	▲		▲			▲		▲	
薰衣草	▲	▲	▲	▲	▲	▲		▲							
薄荷	▲						▲		▲	▲					
洋葱		▲	▲			▲				▲	▲				
橘						▲					▲				
牛至			▲	▲			▲		▲	▲				▲	▲
迷迭香		▲	▲	▲			▲	▲		▲	▲				
鼠尾草	▲	▲	▲	▲			▲	▲		▲	▲				
百里香		▲	▲	▲	▲		▲					▲	▲		▲
松节油		▲	▲	▲						▲					
大茴香	▲		▲				▲		▲				▲	▲	
罗勒	▲			▲										▲	
春黄菊	▲			▲		▲				▲	▲			▲	
肉桂			▲				▲			▲	▲		▲		
葛缕子				▲			▲							▲	▲
柠檬			▲	▲						▲	▲				
水杉			▲					▲	▲				▲	▲	
桉树		▲											▲		
依兰														▲	

二、芳香物质的分类

世界上有味的物质有 40 多万种,具有芳香气味的物质只有 5000 多种,而其中常用的芳香物质仅有 1500 种。这些物质及其混配物质都有着自己独特的香型和香味。目前香型分类尚无规定,大致分为柑橘香、青草香、花香、林木香、东洋香及各种混合香。而这些芳香物质按其来源可分为天然香料、单离香料和合成香料三类。

1. 动物性天然香料 动物性天然香料是动物的分泌物或排泄物,共有十几种,能够形成商品和经常应用的只有麝香、灵猫香、海狸香和龙涎香 4 种。其中麝香最为著名,它是从生活在我国西南和尼泊尔一带的麝鹿身上得到的。雄性麝鹿的腹下有一乒乓球大小的香囊,重为 20～

40g,价格昂贵,每千克将近10万美元。麝香不仅有很好的医用价值,是名贵的中药,而更重要的是其香气浓郁。加一点麝香,香水气味就特别诱人,对于粪臭等污浊气味有出色的消除效果。

2. 植物性天然香料 这种香料是用芳香植物的花、枝、叶、草、根、皮、茎、籽或果等为原料,用水蒸气蒸馏法、浸提法、压榨法、吸收法等生产出来的精油、浸膏、酊剂、香脂、香树脂和净油等,如玫瑰油、茉莉浸膏、香荚兰酊、白兰香脂、吐鲁香树脂、水仙净油等。用作提炼植物性天然香料的植物品种繁多,不胜枚举,但需要大量资源才能提取少量的香料,如用3t玫瑰花才能制成1kg香料,因此其价格昂贵。

3. 单离香料 单离香料是使用物理或化学的方法从天然香料中分离出来的单体香料化合物。例如,薄荷油中含有70% ~80%的薄荷醇,用重结晶的方法从薄荷油中分离出来的薄荷醇就是单离香料,俗名为薄荷脑。再如,在山苍籽油中含有80%左右的柠檬醛,用精密分馏的方法可得到粗柠檬醛,然后用亚硫酸氢钠法进行纯化,即可得到精制的柠檬醛,这种柠檬醛即为单离香料。由于绝大多数单离香料都是用有机合成的方法可合成出来,因此单离香料与合成香料除来源不同外,并无结构上的本质区别。

4. 合成香料 通过化学合成方法制取的香料化合物称为合成香料。因为天然香料的产量有限,价格昂贵,因此人们一直在寻求其替代用品。19世纪末有机化学的发展促成了合成香料的问世。这些用化学方法制造出来的香料,价格不高,供应稳定,而且还能制造出丰富多彩的芳香特色,因此向平民打开了香料市场的大门。目前世界上合成香料已达5000多种,常用的有400多种,合成香料工业已成为精细有机化工的重要组成部分。随着合成香料技术的不断发展,人们已能合成出许多天然香料中的有香微量成分及其类似化学结构的物质。尤其是类似茉莉酮、麝香类、檀香类香气物质的开发研究,成果卓越,为香料科学的发展和推广应用打下了基础。

第二节 芳香整理技术及工艺

随着化纤工业的发展,很多新颖、别致、优雅、舒适以及高品位的现代服饰和装饰用纺织品都具有多功能性。目前日本几家公司分别开发出具有多种香型的芳香纤维,国内也有芳香型纺织品应用于实际生活中。企业可根据实际医疗需求设计制成具有安神催眠、杀菌消毒、平抑血压等各种不同医疗功能的纺织品来满足消费者的需求。

在非织造布领域,芳香非织造布可应用于各类服用以及装饰用产品中。其主要产品是芳香絮棉,可用作被褥、枕垫、坐垫和床垫等室内用品,也可用作工艺品、布绒玩具等的填充絮棉。一些用于美容的芳香非织造布也越来越多,如美容面膜、湿面巾等。这些产品给人们的工作、生活、社交环境等提供了芳香怡人的气氛。

一、香料与香精

香料是一种能被嗅觉嗅出香气或味觉尝出香味的物质,而香精则是由人工调配出来的含有两种以上香料混合物的调合香料。由于天然香料及合成香料的香气香味比较单调,所以多数不能单独直接使用,而是将香料调配成香精以后才用于芳香整理产品中。而广泛应用于非织造布芳香整理的香精一般选用非水溶性的香精。在非织造布芳香整理中具体选择香料或香精时,应考虑以下几个方面。

（1）耐热性:不同的香料或香精的熔点、沸点有很大的差别,应该按整理温度来选择合适熔点和沸点的香料或香精。

（2）挥发性:根据其自身作用和挥发性,香料和香精可以分为头香、体香和基香三类。头香是鼻子嗅觉一开始接触香精时闻到的香气,都是些挥发性较高的香料构成的;体香是指香精的主体香气,又称为主香,它的香气特征是能在相当长的时间内保持一致,具有中等程度的挥发性;基香又称尾香,是香精的头香和体香挥发后残留下来的最后香气,其挥发性一般很低,香气保留持久。在整理时,头香必定会损失,因此一般香精中的香味大多是体香和尾香。

（3）安全性:客观地说,没有绝对无害的香料化合物,关键在于严格选用和安全使用。在非织造布整理时,可能会经过较高的温度,从而使香料化合物发生结构变化引起某种危害,因此必须提前做好安全性检测。

二、芳香整理技术

芳香整理技术在纺织品中的应用由来已久,我国古代就有在衣服上缝缀香囊的习惯,欧洲自中世纪以来一直把衣物喷洒香水作为高雅的格调,这些都是芳香纺织品的最初雏形。后来,又有熏香的方法,把香气浓郁的香料与衣物密闭于衣箱中,香气渗入纤维的孔隙中,则衣物在短期内就能保持香味。到20世纪50年代就开始流行用浸香和涂香的方法生产芳香纺织品。当时美国的芳香制取技术主要是在配制的溶液中加入不同的芳香物质、黏合剂和助剂,浸渍织物或对织物进行涂层,芳香可保持一周左右的时间。日本采用某种高分子化合物作为定香剂,提高了芳香织物的耐久性;或将香料加入到印染浆糊中,改进了织物赋香的方法等。但因这些技术形成的产品实用性差,未能形成稳定的市场。真正打开芳香纺织品市场的是日本钟纺公司的微胶囊涂层芳香织物。从此之后,世界关注芳香纺织品的开发,在不断拓新和完善微胶囊涂层技术的同时,又发展了新型纺织品后整理技术。芳香非织造布整理技术也逐渐成为人们研究的重点。

（一）香味整理

1.微胶囊香味整理 采用机械或化学方法将某种物质用某些高分子化合物或无机化合物包覆起来,制成直径为 $1\sim500\mu m$、在常温下稳定的固体颗粒,而该物质原有的性质不受损失,在适当的条件下它又可释放出来,这种微粒称为微胶囊,它主要由芯材(或称核材)和壁材(或称囊材)组成。在非织造布整理过程中,所使用的微胶囊芯材主要有染料、香料、涂料、催化剂、交联剂等,壁材主要有明胶、阿拉伯胶、脲醛树脂或蜜胺树脂、聚酯、聚氨酯、环氧树脂等。除此之外,为了改善壁材的物理或化学性能,还需加入染料、颜料、增塑剂、交联剂以及表面活性剂等物质。

微胶囊法的原理是把香精制成微胶囊,香精吸附在内芯,周围包以薄膜,这样就使原来具有高挥发性的香精释放减慢,保香期延长,从而达到长效的目的。微胶囊香精由于其包囊方法、吸附介质、包囊材料、固膜硬化剂及包囊工艺条件等不同而品种繁多,性能各异,用途不一,保香期各有长短。目前的香精微胶囊有两种,一种是开孔型的,微胶囊的壁壳上有许多微孔通道,或是半微胶囊化。当气温升高或穿着时体温作用就会使微孔扩大,香精释放加速;反之,在不穿着的储藏过程中,温度较低导致微孔缩小或紧闭,香精释放速度减慢。另一种是封闭型的,其壁壳上不含微孔,只有在人们穿着或与外界接触摩擦时,囊壁破裂才释放出香味。

用香精微胶囊进行非织造布的芳香整理时,可以减少香精挥发,使香味更持久。香味整理用的香精微胶囊通常是用凝聚相分离的方法制备的,其粒径在 $10 \sim 15\mu m$,干燥处理后分散到黏合剂溶液中,经涂敷施于非织造布表面。由于香精微胶囊粒径很小,在滚压过程中可以不破裂而全部黏结到非织造布的缝隙中间。利用香精微胶囊可以对非织造布进行香味整理,广泛用于服装面料、鞋材、革基布、窗帘、桌布、家具包覆布和其他家庭装饰品等。

用微胶囊法进行芳香整理的一般工艺流程为浸轧→预烘→焙烘。下面是某微胶囊法芳香整理的工艺过程。

(1)香料微胶囊的制备:将香料、系统调节剂 MS、蒸馏水在高剪切混合乳化机中高速均化,均化后的乳液倒入三口烧瓶,放入恒温水浴槽中,在搅拌条件下滴加一定量的特定蜜胺树脂,升温至55℃,保温 $1 \sim 2h$,进行单层造壁。将体系冷却至室温后,在搅拌条件下再滴加一定量的特定蜜胺树脂,升温至65℃,保温2h,进行双层造壁。接着升温至80℃,加入不同量的聚合物单体进行三层造壁。香精制成微胶囊粒子的处方是:香精 $200 \sim 400g$、乳化剂 $1 \sim 30g$、液态树脂 $300 \sim 500g$,加水至 $1kg$。

(2)非织造布的芳香整理:用微胶囊法进行非织造布芳香整理一般用浸渍法,其芳香整理液的配比可有两种:

处方1:黏合剂 $50g/L$,10% 液态香精微胶囊 $75g/L$,浴比1:10。

处方2:黏合剂 $40g/L$,10% 液态香精微胶囊 $60g/L$,非离子渗透剂少许,浴比1:10。

芳香整理的工艺流程为:浸轧(带液率 $90\% \sim 100\%$)→预烘($80℃$,$1.5min$)→焙烘($100 \sim 110℃$,$1.5min$)。

经过测试分析,采用蜜胺树脂型香精微胶囊对非织造布进行芳香整理污染小,留香时间长,可达 5 个月以上。

2. 后整理芳香纤维法　用后整理的方法制取芳香非织造布,虽然芳香的持久性也在提高,但终因芳香挥发快而只能短期使用,特别是洗涤后香气易于消失,因此人们又积极寻找把芳香物质加入到纤维中的办法。

芳香后整理技术和芳香纤维纺丝技术同时在发展,继微胶囊法之后,芳香后整理技术又推出一种把芳香物质包嵌在溶胶中对织物浸涂的方法。用这种方法也可以直接对纤维进行芳香后整理,形成芳香强度适宜而缓释性良好的芳香纤维。这一技术于 20 世纪 80 年代末由日本中户研究所开发,其可行性和有效性受到人们的重视。

开发芳香纤维的关键是制备芳香后整理剂。后整理剂由硅酸乙酯、溶剂、凝胶化催化剂、有机聚合物和特定的芳香物质组成,呈溶胶状态。硅酸乙酯是后整理剂中的主要成分,易水解,是构成包容芳香物质的有机、无机复合高分子聚合物的主体结构物质。溶剂为水和与水完全相容或部分相容的有机溶剂,如甲醇、乙醇、丙酮、甲酰胺等。凝胶化催化剂起到促进溶胶涂膜层迅速形成凝胶的作用,它由酸类物质和有机碱性物质构成。芳香物质为合成香料,添加量为硅酸乙酯的 1% ~ 300%。此外还加入一些有机物质,如聚丙烯酸、聚酰胺、聚乙烯等,添加量为硅酸乙酯的 10% ~ 300%。

制备这种后整理剂时,首先将硅酸乙酯溶解在有机溶剂中,浓度控制在 500 ~ 600g/L。然后添加水,加入量相对于 1mol 硅酸乙酯为 1 ~ 30mol。其后,将芳香物质溶解或分散到这种硅酸乙酯的含水溶液中,并加入酸类物质和叔胺类物质,进行充分搅拌。为了防止芳香物质挥发,反应最好在常温下进行。控制加水量和凝胶化催化剂的用量,可以调整溶胶凝胶化的时间。当纤维通过这种溶胶状态的液体时,在纤维表面形成的膜层能在空气中迅速实现凝胶化。

在这一工艺过程中,硅酸乙酯加水分解,其分解产物包容芳香物质形成微胶囊粒子。这些微胶囊化的粒子多数聚集,发生缩聚交联反应,生成有机、无机复合高分子聚合物。这些聚合物由连续的立体矩阵组成,芳香物质分散于组合矩阵的空间内。溶剂及反应生成物中的挥发性物质从矩阵骨架中挥发时,使凝胶层成为多孔结构。其小孔的孔径极小,所以它内部的芳香物质能缓慢挥发,达到长时间释香的效果。具体的后整理剂组成配方是:硅酸乙酯 20g、蒸馏水 8.6g、乙醇 25mL、柠檬香精 6g、2mol/L 盐酸 0.17g、$N,N-$ 二甲基联苯酰胺(3.2% 酒精溶液)2g、丁缩醛(5% 酒精溶液)60g。

用这种芳香后整理纤维制成非织造布,香味大概可以保持 8 个月,而芳香微胶囊后整理非织造布在保持状态的情况下并不放香,一旦破损,香味会在短时间内挥发完。因此,与芳香微胶囊法相比,这种纤维后整理法实用性很强。

用纤维芳香后整理技术可以制成各种芳香非织造絮棉。当用作被褥絮棉时,可以使用柏木精油,会产生森林浴的效果;也可使用薰衣草精油,可以起到镇静安眠的目的。当用作儿童斗篷的絮棉时,推荐使用草莓、菠萝等水果香味,会使人心情愉快。随着芳香医疗的开展,各种不同保健功能的纤维正相继问世,用它制成的非织造絮棉产品也将丰富多彩。

(二)芳香印花

在印花浆中加入香精印制出有香味的印花布,也是一种芳香整理方法。我国在 20 世纪 50 年代就已经开始生产香味花布,这种香花布不仅具有艳丽的色彩和图案,还具有花卉的芳香。这种产品开始只限于印花布,目前已发展到服装、床单、手帕、袜子、围巾等多种纺织品上。

芳香整理技术在非织造布领域的应用,主要是从纺织品后整理技术借鉴过来的,但非织造布技术又不同于传统的纺织技术,因此芳香印花也可看作是非织造布芳香整理技术的一种,它可以应用于服装面料、地毯、窗帘、壁挂等装饰材料以及广告宣传材料、交通工具上用非织造材料等的芳香印花整理。

非织造布的芳香印花,主要是将能与有色涂料共溶的、挥发香味的物质(液体或溶液、固体或溶液)加入到印花色浆中,依靠黏合剂固着在非织造布上。从理论上讲,香味释放的过程也就是其消失的过程,因此如何延缓释放,就是提高芳香印花质量的首要问题。

1. 普通芳香印花　最简单的芳香印花是采用传统的黏合剂,利用黏合剂的网络固结将香精固着在非织造布上。以阿克拉明 F 型黏合剂为例,其印花浆的组成为香精 2g、阿克拉莫 W(Acramoll W)20g、10% 阿克拉明黏合剂 FWR(Acramin Binder FWR)20g、阿克拉明固着剂 FH(Ac-rafix FH)3g、油/水乳化浆(Acrapon A)xg、尿素 10g、涂料 yg,加水至 100g。

印后烘干,最好堆置 12~24h 使之固着(或用碱固着)。这种印花方法只能选用低温型黏合剂,否则香精会严重逸散。由于阿克拉明 F 型黏合剂容易泛黄,而且牢度也不理想,因此可以选用近年来开发的交联型低温黏合剂。这类黏合剂的母体为聚丙烯酸酯类,效果较好。这类非织造芳香印花材料只能用于用即弃产品。

2. 微胶囊法 微胶囊技术在芳香整理上除了单纯地给非织造布加香以外,还可用于芳香印花整理,巧妙地结合加香和印花于非织造布上,如气流成网法非织造布制成的工艺绢花布等。微胶囊芳香印花使用的香精一般为液体香精或其他有机溶液,要求能与有色的涂料浆混溶并依靠黏合剂固着在非织造布上。微胶囊印花的印花色浆配方是黏合剂 100~250g、乳化剂 xg、涂料 yg、尿素 50g、交联剂 20~30g、微胶囊香精粒子 zg 共配成 1kg。

采用微胶囊化的方法可以有效地控制香精的释放,但存在生产成本提高、包囊率较低的缺点,那些未被包覆的香精仍在囊外自由释放。目前正在研究一种新方法,即在非织造布上印上某些物质,这些物质在一般情况下不会相互反应,只有在紫外线(日光)照射、氧气(空气)流通、加热(体温或气温升高的影响)、湿度(出汗、阴雨)变化等环境因素的催化作用下,才会发生相互反应,产生香味物质,这样就可以避免非织造布产品在不穿着或不使用时香味的无效逸散。

微胶囊芳香印花的加工工艺,与通常的印花工艺相似。只要把制得的香精微胶囊与适当的黏合剂浆液混合(要求使用的黏合剂浆液与香精微胶囊及非织造布有很好的相容性),再通过浸渍法、喷雾法或刮板法,把印花浆施于非织造布上,然后烘干即可。

3. 粉末法 粉末法就是把香精先制成固体的香精粉末待用。其制造工艺过程为:分别选用一种溶剂能溶解的香精和溶剂能溶解的树脂,把香精加入到含有溶剂的树脂中,剧烈搅拌乳化使香精分散在树脂溶液中,然后脱气,浇铸成薄膜,干燥、粉碎,从而形成颗粒均匀的加香粉末。然后把这种加香粉末放入涂料印花色浆中,搅拌均匀,再印花到布上。利用黏合剂成膜,把涂料和香精粉末固着在非织造布上。香精制成粉末分散在树脂中,使香精也具有缓释性和长效性。

目前芳香印花的概念,已扩大为"有气息的印花",不单是产生香味的效果,也包含着产生各种大自然的气息,如森林气息、松脂气息、豌豆花的气息等。这些气息的特点是与大自然气息相似,使人身心愉快,产生回归大自然的感觉,特别受到久居闹市的城市居民的欢迎。

三、芳香测试方法

非织造布经过芳香整理剂的整理便成为芳香非织造布。芳香非织造布保香期的测定主要有两种方法,即感官法和仪器法。

感官法是将香精或其香型制品模拟应用条件暴露于空气中,定期由一定数量的人以感官来鉴别香味的浓淡,然后以数学方法进行统计处理,最后可确定其保香期。这种方法是利用人的感官来鉴别香味的浓淡,即存在人的主观因素,测试结果不十分精确。

仪器法是利用气相色谱仪进行分析测定,其具体的测试方法为:分别将 $10\mu L$ 香精标准溶液、10μL 刚整理过的非织造布的萃取液及若干管 10μL 整理过若干个月的非织造布的萃取液注入气相色谱仪的汽化室内,观察它们的出峰情况。除去乙醇峰,选定一个各样品都具有相同保留时间 t_R 的峰进行比较,计算出几种非织造布试样上的香精含量,绘制出逸香曲线,计算其逸香半衰期,从而推算出芳香非织造布的保香期。这种方法可避免主观因素,能较准确、定量地测定并计算出芳香非织造布的保香期。

四、芳香非织造布的开发前景

芳香整理应朝多功能整理方向发展,不仅为了赋予香气,还应有更多的目的。如除臭和通过挥发的气息提供保健治疗作用等,使"芳香环境"、"芳香治疗"这些词更加深刻地留在人们心中。

芳香纺织品可以制造成芳香纤维、芳香织物,也可以是非织造布。从纤维类别上看,不仅可以是天然纤维,也可以是合成纤维。从产品最终形式上看,非织造服装和装饰用品都是加香的良好载体。室内及装饰用非织造布,如床单、被罩、窗帘、地毯等可以用薰衣草、天竺葵、春黄菊、牛膝草、肉桂等香味,有助于消除疲劳、提高睡眠。在办公环境里,穿戴茉莉、玫瑰、香柠檬等香味服装或佩戴这些香味的佩饰,可以起到觉醒作用,提高工作效率。这些芳香整理剂对人体无任何毒副作用,尤其适用于芳香医疗保健用非织造布。而一旦香气全部散失后,采用简单的喷雾法又可根据个人喜好赋予其新的香味,留香时间比较持久。

总之,芳香型非织造产品具有调理肌肤、缓解压力、治疗疾病等药理功效,随着人们保健意识的日益增强,现代消费群体对此类保健非织造用品需求量将会逐渐增大,其市场空间广阔。国外的芳香非织造布已进入规模化生产,而国内在这方面相对落后,芳香非织造布的供需缺口较大,国内厂家应抓住这大好时机开发这类产品,使芳香非织造布造福于人类。

☞ **思考题**

1. 芳香的作用有哪几种?

2. 芳香物质可以分为哪几类?

3. 香料和香精有什么区别?

4. 芳香整理技术在非织造布整理中可以分为哪几类? 举例说明其整理剂配方及相应整理工艺。

5. 芳香的测试方法有哪几种?

第十四章　防紫外线整理

第一节　紫外线的分类与危害

20 世纪以来,工业的发展造成了环境污染,大量的氟里昂等含氯化合物滞留在空气中,被紫外线激发成活性氯,进而与臭氧发生连锁反应,大量消耗臭氧,导致大气臭氧层严重破坏并出现空洞,使到达地面的紫外线辐射量增加,人类皮肤病的发病率上升,严重影响着人类的健康和自然界的平衡。

一、紫外线分类

紫外线是太阳光谱中比可见光光波短的电磁波,根据其波长不同可分为短波紫外线 UVC,波长为 200～290nm;中波紫外线 UVB,波长为 290～320nm;长波紫外线 UVA,波长为 320～400nm。

UVC 能量虽然很大,却可以被距地面 10～50km 处的臭氧层吸收。近年来由于臭氧层的破坏,少量 UVC 也能到达地面,但是能够被人体皮肤角质层反射和吸收,只有少部分穿透皮肤表皮浅层,因此基本不会对人体皮肤构成危害;UVB 中的一部分被臭氧层吸收,一部分可以到达地面,照射在人体上的 UVB 大部分被皮肤表层吸收,少部分到达真皮浅层,是皮肤损伤的主要波段,具有致癌性;UVA 一般直接到达地面,照射于人体的 UVA 只有少部分被表皮吸收,大部分可透入真皮层,深达真皮中部。所以,紫外线对人类的不良影响主要是 UVA 和 UVB 的综合作用。

二、紫外线的危害

适量的紫外线照射可以促进维生素 D 的合成和抑制病毒,起到消毒和杀菌作用,对人类是有益的。但过量的照射则是一种伤害。中波紫外线照射于人体,其中的大部分会被皮肤真皮层吸收,引起真皮血管扩张,出现皮炎、红斑和色素沉着,经常照射有致癌危险。长波紫外线会深入皮肤内部,逐渐破坏弹力纤维,导致皮肤松弛,出现皱纹。

过量的紫外线还会使海洋生物中的浮游生物、鱼和贝类减少,影响植物的光合作用以及生长和开花。紫外线对非织造布也有不良影响,不仅能使非织造布褪色,还可使聚酰胺纤维和纤维素纤维脆损,强力下降。

第二节　紫外线的防护原理及测试方法

一、防护原理

非织造布对光的作用形式有吸收、反射和透射三种。反射和吸收光线的功能总称为"遮蔽功能"。普通非织造布的"遮蔽功能"较差,防护效果并不理想。非织造布防紫外线的能力与纤维材料以及非织造布的厚度、密度、定量等因素有关。研究表明,在常用的纤维材料中,粘胶纤维和棉纤维的防紫外线能力较差,而涤纶和羊毛纤维的防紫外线能力较好;未经防紫外线整理的非织造布,其厚度越厚,密度越大,防紫外线的能力也越强。

使用吸收剂和反射剂,加强吸收和反射作用是提高非织造布预防紫外线侵害的有效途径,其制品的紫外线遮挡率一般可达90% 以上,有的甚至可达到99% 。吸收剂和反射剂可单独使用,也可两者混用。适用于非织造布的吸收剂和反射剂应具有以下特点。

(1)吸收紫外线的波谱应较宽,尽可能吸收 290 ~ 400nm 的紫外光,并且吸收系数大(一般要大于45%),吸收效果稳定良好。

(2)产品应安全无毒,无刺激性等有害气味,对人体皮肤无过敏反应。

(3)产品具有一定的稳定性,无光催化现象,并与其他化学品相容性好。

(4)吸收紫外线后无色变现象,不影响非织造布的色牢度和白度。

(5)具有一定的耐洗涤性能。

(一)吸收剂的防护原理

紫外线吸收剂通常为有机化合物,如水杨酸系、二苯甲酮系、苯并三唑系等。它们的吸收机理相似,邻羟基二苯甲酮吸收紫外线,放出磷光、荧光或热量,恢复到基态能级,同时还伴随着发生了式(14 - 1)的光致互变异构。这种结构能吸收光能而不使键断裂,并使光能转变成热能,将吸收的能量消耗掉,其本质是把紫外线转化为损伤能力较低的能量释放出来。

$$
\left[\begin{array}{c} \text{结构式} \end{array} \right] \tag{14-1}
$$

苯并三唑类的能量转移途径与二苯甲酮类似,如式(14-2)所示。

$$
\text{反应式} \tag{14-2}
$$

吸收剂分子内部的电子吸收光子能量而发生了能级的跃迁。电子在发生能级跃迁时,由于电子能级量子化的原因,分子只能吸收特定波长的光子,于是就形成了吸收剂分子的吸收光谱,如果这个光谱的波长正好处在紫外区域,那么这种吸收剂就具有吸收紫外线的能力。不同的吸收剂,其吸收紫外线的波段不同,如2,2-二羟基-4甲氧基二苯甲酮对紫外线的最大吸收域在260~380nm,丙三基-P-氨基苯甲酸酯对紫外线的最大吸收域在264~315nm。所以,实际生产加工中,经常是两类吸收剂配合使用。

(二)反射剂的防护原理

反射剂主要通过对入射紫外线反射或散射,而达到防紫外线辐射的目的。它们没有光能的转化作用,只是利用陶瓷或金属氧化物等细粉或超细粉与纤维或非织造布结合,增加非织造布表面对紫外线的反射和散射作用,以防止紫外线穿透非织造布。

作为染整助剂,为了不影响色彩效应,应选用透明的或白色的反射剂,所以一般都选用金属氧化物的粉体。金属氧化物的粉体既能对紫外线进行反射又能起到吸收紫外线的作用,它们吸收紫外线的功能与材料结构中的禁带间隙密切相关。如 TiO_2 的电子结构,由充满电子的价电子带和没有电子的空轨道形成的传导带构成,存在禁带间隙,禁带间隙约为3.2eV,相当于约410nm波长的光能;当纳米 TiO_2 受光照射时,能量与禁带间隙相同或比禁带间隙能量稍大的光被吸收,价电子带的电子激发至传导带,因而对紫外线部分产生吸收,从而具有良好的紫外线吸收效果。

反射剂用于生产防紫外线纤维或非织造布后整理时,其分散程度是应用中的重大问题。一般要求将反射剂制成纳米级超微粒子(粉末或分散液),当这些纳米粉体的尺寸与光波波长相当或更小时,由于小尺寸效应导致光吸收显著增强,尺寸越小对短波紫外线的吸收能力就越强。影响纳米无机材料紫外线屏蔽效果的因素主要有材料的粒径、晶型和分散性等。为保证屏蔽紫外线的效果,颗粒直径 $d < \lambda/2$(λ 为波长),颗粒过大,会影响纺丝质量和非织造布手感,一般要求颗粒直径 $d < 100nm$,在30~50nm最好。

与有机类紫外线吸收剂相比,无机类反射剂耐光和防紫外线性能更加优越,耐热性能也比较好。

二、评价指标和测试方法

(一)评价指标

评价防紫外线性能的指标主要有紫外线透过率、紫外线遮挡率、紫外线防护系数和穿透率。

1. 紫外线透过率 是指有试样时的紫外线透射辐射通量与无试样时的紫外线透射辐射通量之比,又常分为 UVA 和 UVB 透过率。

$$T(\mathrm{UVA})_{AV} = \frac{\sum\limits_{320}^{400} T_\lambda \times \Delta\lambda}{\sum\limits_{320}^{400} \Delta\lambda} \qquad (14-3)$$

$$T(\mathrm{UVB})_{AV} = \frac{\sum\limits_{290}^{320} T_\lambda \times \Delta\lambda}{\sum\limits_{290}^{320} \Delta\lambda} \qquad (14-4)$$

式中:$T(\mathrm{UVA})_{AV}$——紫外线 UVA 波段的透过率;

$T(\mathrm{UVB})_{AV}$——紫外线 UVB 波段的透过率;

T_λ——波长为 λ 时的透过率;

$\Delta\lambda$——紫外线光波长度间距。

2. 紫外线遮挡率(或阻断率)

$$遮挡率 = 1 - 透过率$$

3. 紫外线防护系数 UPF(Ultraviolet Protection Factor) UPF 是不使用防护品时计算出的紫外线辐射效应与使用防护品时计算出的紫外线辐射效应的比值,其计算公式为:

$$UPF = \frac{\sum\limits_{290}^{400} E_\lambda \times S_\lambda \times \Delta\lambda}{\sum\limits_{290}^{400} E_\lambda \times S_\lambda \times T_\lambda \times \Delta\lambda} \qquad (14-5)$$

式中:E_λ——相对红斑的紫外光谱效能;

S_λ——太阳光谱辐射能;

T_λ——波长为 λ 时紫外线透过率;

$\Delta\lambda$——紫外线光波长度间距。

4. 穿透率 穿透率表示 UPF 值的倒数。UPF 是目前国外采用较多的评价防紫外线性能的指标,化妆品的防晒指标也是采用类似的防晒系数 SPF(Sun Protection Factor)。我国国家标准将 UPF 值与紫外线透过率一起作为评价防紫外线性能的指标,规定 UPF 值大于 30,UVA 透过率不大于 5%。

(二)测试方法

防紫外线的测试方法可以分为直接法(变色褪色法、照射人体法)和仪器法。直接法客观性不够,可重复性差;仪器法采用光谱辐射,应用测试仪器进行测试计算。目前应用较为普遍的仪器有两种,分别是分光光度计和紫外线强度计。

1.紫外线分光光度计法 分光光度计法是采用紫外分光光度计作为辐射源,产生一定波长范围(280~400 nm)的紫外线,照射到非织造布上,然后用积分球收集透过非织造布的各个方向上的辐射通量,计算出紫外线透过率。分光光度计法可分为全波长域平均法和特定波长平均法,可检测各个不同波长下的透过率。

(1)全波长域平均法测定试样在整个紫外线波长区域内紫外线透过率的平均值,再求出遮挡率。

(2)特定波长平均法测定试样在若干有代表性的特定波长的紫外线透过率,计算出上述测定值的平均透过率,再求出遮挡率。

紫外线分光光度计法既可以判断各波长的透过率,又可求出某一紫外线区域的平均透过率,评价防护效果精度较高。因此,研究过程中较多采用该方法来测试。分光光度计法也是目前国际上最流行和通用的方法。澳大利亚/新西兰标准、英国标准、美国 AATCC 标准、欧盟标准以及国际标准化组织的最新标准提案均采用分光光度计法。我国国家标准也采用了该方法。

2.紫外线强度累计法 该方法的原理为采用辐射波长为中波段紫外线(主峰波长为297nm)的紫外光源及相应紫外线接收传感器,将被测试样置于两者之间,分别测试有试样及无试样时紫外线的辐射强度,计算紫外线透过率或遮挡率。

3.皮肤直接照射法 在同一皮肤相近部位,以一块或几块非织造布覆盖皮肤,用紫外线直接照射,记录和比较出现红斑的时间,并进行评定。

这种方法还不完善,如地理条件(纬度和海拔高度)、温度和湿度都对实验结果有影响;紫外线辐射的强度、稳定性、重现性和时间延续性等均难以掌握,甚至无法控制,所以目前大多采用人工模拟光源。此外,照射条件(如照射率、照射时间和部位及大小等)、试样(如厚度等)、实验者皮肤种类(如对紫外线过敏程度等)等差异也会对结果产生一定的影响,而且过量的紫外线照射有害于实验者的身体健康。

4.褪色法 将试样覆盖于耐晒牢度标准卡上,距试样50cm处,用紫外灯照射,测定耐晒牢度标准卡达到1级变色时的时间。所用时间越长,则遮蔽效果越好。

第三节　防护的技术途径

利用吸收剂和反射剂,制成防紫外线非织造布的方法可分为两类:一类为后整理法,将紫外线吸收剂和反射剂通过浸渍或涂层的方法附加到非织造布上;第二类为防紫外线纤维法,将紫外线吸收剂和反射剂混入到纺丝液中或与纺丝液共同纺出皮芯结构的丝,制成防紫外线纤维。

一、后整理法

后整理法是将紫外线整理剂(吸收剂和反射剂)和相应的助剂根据使用要求配置成一定浓度的溶液,使之渗透到非织造布内部或纤维中。这种方法的关键是使整理剂与纤维进行牢固结合。

1. 高温高压吸尽法　一些不溶或难溶于水的整理剂,可利用高温高压吸尽法进行整理;还可以在高温高压染色时,加入紫外线吸收剂同浴加工,使紫外线吸收剂分子溶入纤维内部。此方法不影响非织造布的手感。

2. 常温常压吸尽法　用水溶性的整理剂处理棉、羊毛、蚕丝以及锦纶等制品时,只需要在常温常压条件下在含有整理剂的水溶液中加工处理,有些吸收剂也可以采用和染料同浴进行一浴法染色处理加工。

3. 浸轧法　由于价格等因素的限制,水溶性的紫外线整理剂目前应用较少,因此可将不溶于水或微溶于水的紫外线整理剂制成粗分散体系—乳状液或悬浮体,然后用浸轧的方法将紫外线整理剂转移到非织造布上。浸轧法又可分为轧烘法、轧蒸法和轧堆法。目前应用较多的是轧烘法,其工艺过程为浸轧—烘干—焙烘—落布。为了使紫外线整理剂固着在非织造布上,浸轧液中可加入树脂。轧蒸法和轧堆法往往选用一些可以和纤维发生反应的紫外线整理剂,在浸轧、汽蒸(或堆置)过程中,整理剂的活性基团和纤维上的羟基(—OH)、氨基(—NH$_2$)发生化学反应而固着,其作用机理类似于活性染料对棉和羊毛的染色过程,因此亦可考虑与活性染料同浴加工。

4. 涂层法　在涂层剂中加入适量的紫外线整理剂,对非织造布表面进行涂层,然后经烘干及必要的热处理,在非织造布表面形成功能性薄膜层。这类方法虽然对非织造布的耐洗牢度及手感产生影响,但是纤维的适用面广,处理成本低,对应用的技术和设备要求低。涂层法使用的紫外线整理剂,大多是折射率高的无机化合物,它们防紫外线效果与其颗粒大小有关。装饰用非织造布等大多采用这种方法。

二、纺丝法

树脂切片与紫外线屏蔽剂(主要是反射剂)的共混技术是目前生产防紫外线纤维的主要方法。该方法的优点是能够将紫外线屏蔽剂均匀分布在相应的纤维上,纤维防紫外线性能稳定、持久。纺丝法要求添加的反射剂—金属氧化物粉体的分散度必须符合纺丝工艺要求,不影响树脂切片的可纺性,且成品纤维的机械性能和染色性能不下降。应用共混技术制备防紫外线纤维有两种途径:一种是预先制备紫外线屏蔽剂含量高的母粒,而后与树脂切片进行共混纺丝;另一种则是在聚合时添加紫外线屏蔽剂,通过优化聚合工艺条件,合成防紫外线改性树脂直接进行纺丝。

1. 共混纺丝法生产防紫外线纤维　将紫外线屏蔽剂、分散剂、热稳定剂等助剂与载体混合,经熔融挤出、造粒、干燥等工序制成防紫外线功能母粒,将母粒按一定的添加量加到树脂切片中,通过混合、纺丝、拉伸等工序制得防紫外线纤维。

母粒法生产防紫外线纤维的优点是灵活性大、添加量高,但添加的防紫外线屏蔽剂仅仅是一次分散,故分散均匀性差,从而影响树脂的可纺性和产品的防紫外线性能。

2.改性树脂法生产防紫外线纤维 在聚合过程中,添加紫外线屏蔽剂,合成防紫外线改性树脂,改性树脂经干燥、纺丝、拉伸等工序制得防紫外线纤维。由于防紫外线屏蔽剂在生产过程中经历了聚合、纺丝的两次分散,故其分散均匀性好,可纺性好,成品纤维防紫外线性能优异,但对生产工艺控制要求较高。

非织造布防紫外线处理工艺与其最终用途有关。如作为装饰、家用或产业用品,则强调其功能性,可选用涂层法。对于不同纤维混合的非织造布的防紫外线整理,可以采用吸尽法和浸轧法。因为这种工艺对纤维性能以及非织造布的风格、吸湿(水)性和强力影响较小,同时还可与其他功能整理同浴进行复合功能整理,如抗菌防臭、亲水、防皱整理等。后整理方法加工得到的非织造布防紫外线功能的均匀性和持久性不如由防紫外线纤维制得的非织造布。防紫外线纤维制成的非织造布再进行有效的防紫外线整理加工,可以取得协同效果,得到防紫外线性能优异的非织造布。

第四节　紫外线吸收剂和反射剂

一、吸收剂

1.吸收剂的种类 紫外线吸收剂一般为有机化合物。目前应用的紫外线吸收剂主要有以下几类。

(1)苯酮类化合物:这类吸收剂用于纤维素、聚酯、聚酰胺、聚丙烯等纤维或塑料。这类化合物具有共轭结构和氢键,能够接受光能而不造成链的断裂,且能使光能转变成热能,在一定程度上比较稳定。由于具有多个羟基,对一些纤维有较好的吸附能力,价格较贵。它们的有效吸收波长为270~380nm。

(2)苯并三唑类化合物:它在高温时的溶解度较高,熔融温度较高,吸附在纤维上有一定耐洗性,毒性较小,对UVA区吸收效果很好,是目前应用得较多的一类化合物。但是这类化合物没有反应性基团,活性不高,处理时要吸附于纤维表面才能达到防紫外线效果。它们的有效吸收波长为270~300nm。

(3)水杨酸酯类化合物:这类吸收剂适用于聚丙烯、聚乙烯、聚氯乙烯纤维,价格低廉,但是由于它的熔点低,易升华,并且在强烈阳光照射下会引起变色现象,因此应用较少。它的有效吸收波长为280~330nm。

(4)金属离子化合物:这类吸收剂通常作为螯合物使用,一般只适用于可形成螯合物的染色纤维,主要提高染色非织造布的耐光色牢度。

紫外线吸收剂可使紫外线的光能转化成热能、荧光、磷光等形式,具有一定程度上的稳定性,但长时间接受紫外线照射也会引起分子分解。因此,发展的趋势是提高整理效果的耐久性,其中一种办法是采用微胶囊技术,即将吸收剂微胶囊化进行后整理。

2. 常用的吸收剂品种及其性能 常用的吸收剂品种及其性能见表14-1。

表14-1 常用的紫外线吸收剂

类 别	性 能	名 称	吸收波长(nm)	国内外商品名称
与苯甲酮系	1. 有反应性羟基,易与纤维结合 2. 能吸收 UVA 和 UVB(280~400nm)紫外线 3. 对280nm以下的紫外线吸收较少,有时易泛黄 4. 价格较高	2-羟基-4-甲氧基-二苯甲酮	290~400	紫外吸收剂 UV-9 CyasorbUV-9(美国 ACY) Uvinul M-40(美国 GAF)
		2-羟基-4-正辛氧基-二苯甲酮	300~375	紫外吸收剂 UV-531 CyasorbUV-531(美国 ACY)
苯并三唑系	1. 大量吸收 UVA(315~400nm)紫外线,效果好 2. 由于熔点较高,吸附在纤维上有一定耐洗性 3. 无反应性基团,活性不高,处理时要吸附于纤维表面才能达到紫外线吸收和屏蔽效果	2-(2′-羟基-5′-甲基苯基)苯并三唑	270~380	紫外吸收剂 UV-P Tinuvin P(瑞士 CGY)
		2-(3′-叔丁基-2′-羟基-5′-甲基苯基)5-氯代苯并三唑	256 最高吸收峰	紫外吸收剂 UV-326 Tinuvin 236(瑞士 CGY)
		2-(2′-羟基-3′,5′-二叔丁基苯基)5-氯代苯并三唑	252~253 最高吸收峰	紫外吸收剂 UV-237 Tinuvinp237(瑞士 CGY)
水杨酸酯系	1. 价格低廉 2. 大量吸收 UVB,仅吸收少量 UVA 紫外线 3. 熔点低,升华性强,使用有局限性	水杨酸-4-叔丁基苯基酯	290~315	紫外线吸收剂 TBS Inhibitor TBS(美国 DOW)
		水杨酸对辛基苯基酯	280~320	紫外线吸收剂 OPS Enntman Inhibitor OPS(美国 Eastman)
金属离子化合物系	1. 对部分纤维或织物,在一定条件下能形成螯合物络合体,有屏蔽功能 2. 离子有颜色,使用有局限性	N,N-二正丁基二硫代氨基甲酸镍	—	光稳定性剂 NBC Rylex NBC(类 Dupont) Antage NBC(日本川口) Antigene NBC(日本住友)
		双(3,5-二叔丁基-4-羟基)苄基磷酸单乙酯	—	光稳定剂 2002 Irgstab 2002(瑞士 CGY)

二、反射剂

1. 反射剂的种类 紫外线反射剂具有反射紫外线的功能,可直接添加到树脂中经纺丝制成防紫外线纤维,也可以采用涂层法、整理法而附着在非织造布表面。常用紫外线反射剂有氧化锌、二氧化钛、二氧化硅、氧化铝、三氧化二铁等一些金属氧化物及滑石粉、高岭土、炭黑、硫酸钡和云母粉等,其中金属氧化物应用较为广泛。

无机紫外线反射剂具有较高的化学稳定性、热稳定性、非迁移性、无味、无毒、无刺激性,使用安全,但其分散性仍是应用中的重大问题。纳米加工技术的发展使生产超微细的 ZnO 和

TiO_2 成为可能。目前,已经能够将纳米 ZnO 和 TiO_2 添加到树脂中,制成防紫外线纤维。纳米 ZnO 和 TiO_2 不仅价廉无毒,还具有抗菌防霉防臭功能,提高了非织造布的抗菌防霉防臭性能。这些微粒用于涂层法,可在保证防紫外线效果的同时降低薄膜的厚度,改善非织造布的手感。

2.常用的反射剂品种及其性能 常用的反射剂品种及其性能见表 14 – 2。

表 14 – 2 常用的紫外线反射剂

名　　称	颜　　色	粒径(μm)	密度(g/cm^3)	功能与特性
二氧化钛/金红石	白	0.3 ~ 0.4	4.2	增白、高折射率
二氧化钛/锐钛型	白	0.2 ~ 0.3	3.9	增白、高折射率
微粉二氧化钛	白	0.02 ~ 0.1	4.0	吸收紫外线、透明
细粒氧化锌	白	0.01 ~ 0.04	5.5 ~ 5.8	吸收紫外线、抗菌、消臭
二氧化硅	白	0.01 ~ 0.04	1.9 ~ 2.2	增强、防紫外

思考题

1. 评价非织造布防护紫外线性能的指标有哪些,它们的含义是什么?

2. 非织造布进行紫外线防护的技术途径有哪些? 它们的适用范围是什么?

3. 紫外线吸收剂的种类有哪些? 各有什么特点? 反射剂的种类有哪些?

第十五章　棉纤维煮练与漂白

本章知识点

1.煮练和漂白的目的、原理。
2.煮练用助剂及其作用。
3.漂白工序以及次氯酸钠漂白、过氧化氢漂白的原理和工艺。

以纤维素纤维为原料生产的非织造布经过煮练与漂白加工后,不仅在外观上洁净、白度高,而且其吸水性能、润湿性能、柔软程度以及对染料和整理剂的吸收和利用等性能都会产生较大的变化。特别是煮练和漂白加工对于非织造布卫生材料产品的生产和开发具有重要的意义。

第一节　煮　练

一、煮练的目的

煮练的目的是为了去除纤维上所含有的天然或人为的杂质,例如天然棉纤维上含有的蜡状物质、果胶物质(影响纤维的润湿性、手感等)、棉籽壳(影响产品外观)等,而合成纤维上残留的纺丝油剂、沾污的油污等在经过煮练后也可以被去除。经过煮练,可以明显提高非织造布的润湿、吸水等性能,提高产品的外观质量,同时也能防止这些杂质对染色和后整理的影响。

棉纤维是非织造布常用的天然纤维素纤维,在棉纤维中天然杂质的含量取决于原棉的产地、成熟度和一些其他因素,成熟干燥棉纤维中的主要组成见表15-1。

表15-1　成熟棉纤维的组成

成　　分	含量(%)	成　　分	含量(%)
纤维素	94	有机酸	0.8
果胶物质(按照果胶酸计算)	0.9	含氮物质(以蛋白质计算)	1.3
蜡状物质	0.6	灰分	1.2
多糖类	0.3	其他	0.9

在这些天然杂质中,果胶物质主要由果胶酸的衍生物组成,果胶酸虽具有大量的亲水性基

团(羟基和羧基),但棉纤维中的果胶物质却是以难溶性的果胶酸钙、镁盐和甲酯的形式存在。由于封闭了纤维素上部分羟基,使其润湿性受到影响。棉纤维中含氮物质主要是以蛋白质形式存在于纤维的胞腔中,它的含量随纤维来源不同而异。

在棉纤维中,那些不溶于水但能溶于有机溶剂的杂质统称为蜡状物质或油脂蜡质,它的含量占棉纤维的 0.5% ~0.6%,主要为脂肪族高级一元醇、游离脂肪酸、高级一元醇酯等。蜡状物质一般存在于棉纤维的表面,影响其润湿性。

成熟的棉纤维中杂质灰分含量占 1% ~2%,它是由各种无机盐组成的,其中包括硅酸、碳酸、盐酸、硫酸和磷酸的钾、钙、镁、钠和锰盐,氧化铁和氧化铝,其中以钾盐和钠盐的含量最多。灰分的含量与棉纤维的成熟程度有关,成熟度越高,其含量越少,反之则大。而无机盐的存在对纤维的亲水性、白度和手感都有一定影响,某些盐类还对漂白剂(如过氧化氢)的分解有催化作用。

籽棉经过轧花后,棉籽与棉纤维分离,少量棉籽壳残片会附在纤维上。棉籽壳是由木质素、单宁、纤维素、半纤维素以及其他多糖类物质组成,还有少量蛋白质、油脂和矿物质,但以木质素为主。另外,由于非织造布生产中常用棉短绒等做原料,而某些木质素含量高的棉短绒中含有大量的棉籽和碎屑,这些杂质的存在不仅影响产品的外观,而且影响产品的使用性能。因此,在漂白前要尽量减少或去除这些杂质,而去除这些杂质的加工过程就是煮练。

煮练后,可以用毛细管效应或者用脂蜡残留量的百分率来检验整理后的效果,一般要求残蜡含量在 0.2% 左右。此外,由于纤维在煮练去杂的同时,会受到化学药品的作用,其受到的损伤程度可用铜氨流度来表示,也可用非织造布强力的变化来衡量。

二、煮练用助剂及原理

煮练通常是用烧碱和表面活性剂进行的,有时可以添加还原性助剂如亚硫酸钠等还原剂,以提高煮练时棉籽的去除效果。

烧碱能够使纤维上存在的蜡状物质中的脂肪酸酯和脂肪酸皂化,转化为乳化剂,与煮练液中添加的助练剂共同作用,从而使不易皂化的蜡质组分乳化去除。另外,由于蜡状物质的熔点很高(80~85℃),因此高温处理的方法对去除棉纤维上的天然蜡状物质有很好的效果。果胶物质和其他含氮物质在烧碱作用下,可以水解成为可溶性的物质而被去除。棉短绒中大量存在的棉籽壳在烧碱作用下,也可以发生溶胀,变得松软,在亚硫酸钠等还原物质与烧碱的共同作用下,棉籽壳中的木质素生成可溶性的木质素磺酸钠,从而将棉籽壳等杂质去除。灰分等无机盐类物质,其水溶性部分在煮练的水洗过程中去除,不溶性部分则经酸洗和水洗工序而被去除。

在煮练过程中,表面活性剂的选择对润湿、乳化、膨化和除杂以及净洗等过程是非常重要的。但是对于医疗用非织造布产品,如纱布、绷带等,必须要考虑表面活性剂的残留物及其潜在的毒性对最终产品的影响。

肥皂是过去煮练中经常使用的表面活性剂,它具有良好的润湿、乳化和净洗作用。但若在硬水中使用,则会生成不溶性的钙皂和镁皂,在纤维上形成斑渍。因此,在使用中应该配合少量的软水剂如磷酸盐等。烷基苯磺酸钠和烷基磺酸钠也具有较好的润湿和净洗作用,并且耐硬水、耐酸、耐碱,如果煮练要求不高,同样也可以作为煮练用表面活性剂。

目前常用的煮练用表面活性剂通常是由多种非离子、阴离子表面活性剂经过合理拼混的混合物,统称为助练剂。一般助练剂中的非离子表面活性剂具有良好的乳化能力,与具有较好润湿、净洗能力的阴离子表面活性剂拼混后,可具有良好的协同效应,进一步提高煮练效果。

三、煮练工艺

由于非织造布本身不适合采用常规织物染整中的煮练加工方式,因此在产品需要进行煮练加工时,通常采用散纤维加工的方法。

煮练时,工艺要求的温度是大于或等于100℃,如果设备条件允许,最好采用120~130℃,只有这种煮练条件才能使棉籽得到很好的去除并确保良好的吸水性。在煮练剂用量恒定的条件下,提高煮练温度,有利于杂质去除,缩短煮练时间;反之,温度低,煮练时间长。通常煮练的时间在1~4h之间,烧碱用量一般为纤维重量的2%~4%。为了防止纤维被煮练废液再沾污,在煮练液中通常需要保持2~3g/L的过量烧碱。由于原棉品质不同、含杂不同以及设备不同,煮练时应该采用的烧碱浓度、煮练温度和煮练时间等工艺条件也不同。精练和漂白一样,对使用的水质要求较高,最好使用没有铁锈和其他悬浮固体的软水。煮练效果主要以毛细管效应来评定,根据产品要求不同,通常毛效要达到8~15cm。

四、生物酶精练法

生物酶精练法是一项正在大力推广的纤维素纤维煮练加工技术。传统煮练过程中,经碱煮练后需消耗大量清水进行漂洗而产生大量污水,对环境产生极大影响。采用生物酶精练法,不仅可以有效去除杂质,而且可以大大降低环境污染。利用酶进行精练处理,不仅不会影响纤维素的骨架,而且可使棉纤维的损伤降至最低。

研究结果表明,用果胶酶对棉纤维进行生物煮练可以提高其吸湿性,但与碱煮练相比,只有很少的油蜡物质被去除。采用适当的搅拌方式可对煮练效果起到一定的积极影响。如在果胶酶煮练中加以搅拌,可缩短时间并降低酶的用量,同时也提高了织物的毛效。

第二节　漂　白

漂白加工的目的是破坏非织造布上的天然和人工色素,提高非织造布产品的白度。目前对天然色素的结构和性质研究尚不深入,天然色素主要有乳酪色、褐色和灰绿色等。经过对褐色棉进行研究,发现棉纤维中的棕色素主要是黄柏素和棉色素,它们具有酸性染料的性质,分子结构中具有共轭双键。色素的存在,会影响棉纤维的白度。在对含有黏合剂的非织造布进行漂白时,要考虑漂白剂对黏合剂的影响。对于棉纤维材料的非织造布,采用散纤维漂白比采用非织造布半成品漂白的效果更好。

常用的漂白剂有还原性和氧化性两大类。还原性漂白剂主要有亚硫酸氢钠、连二亚硫酸钠

（保险粉）等，这类漂白剂通过对色素的还原作用而产生漂白效果。但是经过漂白后的产品在空气中长久放置后，已经被还原的色素有重新被氧化复色的倾向，而导致产品的白度持久性下降，因此这类漂白剂已经很少在纺织品漂白加工中使用。氧化性漂白剂的种类也有很多，如次氯酸钠、过氧化氢、亚氯酸钠、过醋酸、过硼酸和过磷酸钠等。其中，次氯酸钠、过氧化氢和亚氯酸钠是纺织加工中经常使用的漂白剂。表15-2对上面三种漂白剂的性能、特点进行了比较。

表15-2　三种漂白剂的性能、特点比较

性能特点	次氯酸钠 （NaClO）	过氧化氢 （H_2O_2）	亚氯酸钠 （$NaClO_2$）
白度	一般	较好	很好
白度稳定性	易泛黄	不易泛黄	会泛黄
手感	粗糙	较好	很好
去除杂质能力	差	有一定的去杂能力	较好
对棉纤维损伤	较大	中等	较小
漂白液 pH	9~11	10.5~10.8	4~4.5
对设备要求	木、石、陶瓷	不锈钢	钛板
劳保要求	需要排除氯气	无毒、无公害	要求很高
成本核算	低	中等	高

过醋酸、过硼酸等漂白剂主要用于合成纤维的漂白，由于其漂白过程的环境友好特性，目前正在进行针对棉纤维漂白应用的研究。

漂白的方法有浸漂、淋漂和轧漂三种，其中非织造布漂白以浸漂为主，而且棉短绒基本采用散纤维形式。散纤维漂白的工艺流程属间歇式加工，实际生产过程中，有两种加工顺序分别是：填装→煮练→洗涤→漂白→洗涤→干燥；填装→漂白→洗涤→干燥。采用哪一种加工顺序，取决于被加工纤维的类型。木质素含量高的棉短绒，一般采用第一种加工顺序；对于杂质含量较少的精梳皮棉，可用第二种加工顺序。

一、次氯酸钠（NaClO）漂白

1. 次氯酸钠性质及其漂白原理　次氯酸钠原液呈无色或淡黄色，其浓度常用有效氯含量来表示。商品次氯酸钠通常含有效氯10%~15%，并含有一定量的食盐、烧碱及少量氯酸钠等杂质。次氯酸钠是弱酸强碱盐，在水中能发生水解，溶液呈碱性。为了使次氯酸钠溶液有较高的稳定性，必须保持溶液有足够的碱度，pH一般为12左右。

在弱酸性溶液中，当阳光照射或有催化剂存在时，次氯酸钠（NaClO）水解的产物 HClO 会继续发生分解，生成 HCl 和新生态氧[O]，[O]非常活泼，具有很强的氧化性，能使色素破坏。

次氯酸钠溶液的成分随溶液 pH 的不同而异。pH 为5时，溶液中几乎全是次氯酸；当 pH 大于10时，溶液中主要含 NaClO，此时溶液较稳定；随着 pH 下降，溶液中 HClO 的含量增加，溶液的稳定性随之下降;当 pH 继续下降(pH 为 5 以下)时,溶液中 Cl_2 的含量不断增加,而 HClO 的含量则不断下降,溶液的稳定性继续下降。实验证明,此时的次氯酸钠具有良好的漂白性能,由此可以认为,次氯酸钠漂白的有效成分可能是 OCl^-、HClO 和 Cl_2,但由于漂白速率随着溶液 pH 的降低而加快,到 pH 为 4 以下时,漂白速率变得更快。而在 pH 较低时,次氯酸钠溶液中的组成以 HClO 及 Cl_2 为主,所以可以认为 HClO 和 Cl_2 都是漂白的主要成分。当 pH 大于 5 直到碱性范围内,HClO 的含量随着 pH 的增大而减少,而漂白速率也随之降低,可见在此范围内 HClO 为漂白的主要成分。

一般认为 HClO 和 Cl_2 可以发生多种形式的分解,与色素中的双键发生加成反应,破坏了色素结构中的共轭体系,从而达到消色目的。这些分解产物除了与色素发生加成反应外,还可能发生取代、氯化、氧化等其他反应。

在漂白的同时,漂白剂也会对棉纤维本身以及其他杂质产生影响,例如果胶质、多糖类物质中的醛基可以被氧化成羧基;含氮物质和蜡状物质的脂肪酸可被氧化成相应的氨基化合物和脂肪酸的氯代衍生物;棉籽壳中的木质素则可被氯化成氯化木质素等。同样地,棉纤维本身也会受到损伤,因此制订漂白工艺时,要充分利用次氯酸钠对色素、杂质和纤维的反应速率存在着一定差异的特点,在达到漂白目的的同时,又能够使纤维免受较大的损伤。

2. 次氯酸钠漂白工艺条件　对次氯酸钠漂白工艺条件的控制主要包括漂白时的 pH、温度、浓度、时间等。改变漂液的 pH,溶液组成也随之改变,一般情况下漂白时溶液 pH 在 9～11 之间。此时漂白过程对纤维损伤较低,虽然漂白速率稍慢一点,但却有利于操作与控制。提高漂白温度,能够加快漂白速率,缩短漂白时间,但是纤维素被氧化的速率也会大大提高。为了获得良好的漂白效果并防止脆损,冬季漂白时可稍加温,而夏季则应严格控制漂白温度在 35℃ 以下。漂白时间主要决定于漂白剂与棉纤维的天然色素发生作用的难易和对漂白程度的要求。白度达到一定程度后,不会随时间的延长再有明显的提高,过长的作用时间反而会造成棉纤维脆损。实际生产中,综合考虑漂白时间与漂白温度,一般控制在 30～60min。提高漂液浓度,纤维漂白后的白度会相应提高,但当白度达到一定水平后,再增加漂液浓度,白度也不会有明显增加,相反将严重影响纤维的强力,加重脱氯的负担。因此,漂液的浓度必须与其他工艺条件相适应。根据加工方式和对白度要求不同,一般控制漂液有效氯在 1～5g/L 之间。

经过氯漂加工后,纤维上通常会有少量残留氯,不加以去除会造成织物强力下降并泛黄。其原因是煮练后残留的含氮物质与残留的氯作用生成氯胺,后者会慢慢释出盐酸而使纤维受损和泛黄,因此经过氯漂后必须进行脱氯处理。

脱氯时常用的脱氯剂有大苏打、硫酸和双氧水等。大苏打脱氯时,用量为 1～2g/L,室温浸轧后热水洗即可。此法脱氯效果好,工艺简单,不损伤纤维,但易在纤维上形成残留硫而引起泛黄。过氧化氢(双氧水)脱氯时,用量为 1～2g/L,双氧水脱氯无泛黄、无污染,但价格较贵。虽然漂后酸洗实际上并不起脱氯作用,但是用硫酸脱氯能促使残留在织物上的次氯酸钠进行分解,可以进一步提高漂白和去杂效果。

二、过氧化氢漂白

过氧化氢是性能优良的漂白剂，经过过氧化氢漂白的产品白度和白度稳定性都比较好，而且没有有害气体产生，对纤维的损伤小。除了纤维素纤维适合用过氧化氢漂白外，蛋白质纤维和合成纤维也可以用过氧化氢进行漂白。过氧化氢漂白对设备要求较高，需要使用不锈钢材料。另外漂白过程中需要使用稳定剂，否则水中金属离子的催化作用会对纤维造成较大的损伤。

1. 过氧化氢的漂白原理 过氧化氢通常是以质量分数 3%、30%、35% 的商品出售。纯过氧化氢的性质很不稳定，当浓度高于 65% 且温度稍高时，与有机物接触就会发生爆炸；而在 30℃ 以下时过氧化氢较稳定，但超过 70℃ 以上，其分解速率就会加快，特别是在碱性溶液中极易分解。因此，商品过氧化氢当中经常加入硫酸或磷酸以保证其能够稳定存在。

过氧化氢是一种二元弱酸，在水溶液中会发生多次电离，而电离过程中的中间产物 HO_2^- 是一种亲核试剂，而且过氧化氢也极易引发而形成游离基。因此，过氧化氢的水溶液是一个有复杂成分的混合物，其溶液成分会随着 pH 的变化而变化。一般的，随着 pH 的升高，稳定性下降，当溶液 pH 大于 11 时，溶液中过氧化氢阴离子 HO_2^- 的浓度最高，此时溶液的稳定性很差。HO_2^- 是漂白的有效成分，能够与色素作用使其失去颜色。

除了溶液的 pH 外，多种因素都会对过氧化氢溶液的稳定性产生影响。特别是某些金属（Cu、Fe、Mn、Ni）离子，或者金属屑以及特定的酶等都对过氧化氢的分解起催化作用。因此，当漂白液中有铜、铁等金属离子存在时，过氧化氢会在局部产生过度分解，可能会导致纤维素纤维受到严重的损伤。在实际生产中应合理控制好工艺条件，在获得良好漂白效果前提下，尽量减少对纤维的损伤。

2. 过氧化氢漂白工艺 漂白加工通常在煮练加工之后进行，也可以不经过煮练，直接进行漂白加工。究竟采用哪种工序，要根据纤维上杂质的存在情况以及产品最终质量的要求而决定。从漂白效率和安全性来说，先煮练后漂白的二步漂白法更能在限定的时间内确保最终产品具有良好的效果。由于非织造布的种类和形式多种多样，有时产品之间的状态相差很大，因此没有以成品形式专门进行非织造布漂白加工的设备，多数情况是散纤维漂白。

散纤维漂白过程通常是间歇式的加工，但在连续化加工方面，也有了初步进展，英国生产厂商已开发了世界上第一条连续化生产线，它是以饱和浸渍机和洗涤机为基础而形成的。对于大多数情况下采用的间歇式加工而言，当浴比为 10:1 时，其漂白液组成为润湿剂 1~2g/L、稳定剂 0.8~2.4g/L、氢氧化钠 1.0~4.0g/L、过氧化氢 1.4~6.0g/L。

具体的工艺过程为：漂液在 30min 内从 40℃ 升温至 100℃，保温 60min，然后洗涤。

三、亚氯酸钠法及其他漂白方法

亚氯酸钠溶液的主要组成有 ClO_2^-、$HClO_2$、ClO_2、ClO_3^-、Cl^- 等，通常认为 ClO_2 是漂白的有效成分，而 ClO_2 的含量随溶液 pH 的降低而增加，因此漂白速率加快。但是 ClO_2 的毒性很强，因此必须有良好的劳动保护措施，而且 ClO_2 对一般金属材料也有强烈的腐蚀作用，亚漂设备应选择含钛99.9%的钛板或陶瓷材料。亚氯酸钠漂白虽然具有漂白白度好、手感好、对纤维损伤小并且兼具部分煮练的作用等优点,由于其毒性、腐蚀性而未能在实际生产中得到广泛的推广与应用。

过醋酸漂白是近来研究和推广的另外一种漂白技术。过醋酸由醋酐或冰醋酸与过氧化氢反应制得。由于过醋酸容易分解,因此在过醋酸的制造、运输和装卸期间,必须充分考虑安全预防措施。进行过醋酸漂白的设备材料最好是不锈钢和铝(最小含量95%)、玻璃、瓷料等。

过醋酸是一种环境友好型漂白剂,在漂白过程中具有基本上无有害物质排放、能源消耗低等特点。过醋酸漂白的最佳工艺条件为:漂白剂用量8%、温度70 ℃、pH 为 7、漂白时间60min。

煮练和漂白加工是非织造布产品生产过程中的可选择性加工工艺,实际生产中可根据具体产品的要求进行合理选择。如最终用于医疗和化妆品的非织造布,其白度并非是最重要的性能要求。特别是用于绒毛衬垫、止血塞或伤口敷料的产品,要求纤维具有吸收能力大、化学品残留量少等特点,此时应该把煮练加工定为重点,而漂白加工则是次要的。

思考题

1. 成熟棉纤维中有哪些天然杂质? 并简述其性质。

2. 简述烧碱在煮练中的作用。

3. 常用的漂白剂有哪些? 分别有什么特点?

4. 简述次氯酸钠漂白的原理,并说明次氯酸钠漂白工艺的控制因素有哪些?

5. 次氯酸钠漂白后为什么要进行脱氯? 如何进行?

6. 简述过氧化氢漂白的原理及其特点。

第十六章　染色与印花

本章知识点

1. 染料的命名、分类、染色牢度。
2. 非织造布染色的基本原理和方法。
3. 非织造布直接染料、活性染料、分散染料染色。
4. 非织造布印花的过程和方法。

生产贴墙布、台布、汽车内饰以及地毯等装饰性非织造布产品时,常需要进行染色或印花。非织造布染色是指使非织造布获得具有一定牢度颜色的加工过程。通常这种加工是通过染料上染纤维完成的,染色过程中染料与纤维发生物理化学或化学的结合,或者通过化学方法在纤维上附着一定量的颜料,从而使非织造布产品上色。非织造布印花是指将染料或涂料局部地施加在非织造布上,获得具有良好牢度的花纹图案的加工过程。

纺织品的染色和印花加工已有几千年的历史,传统的印染工业也在随着染料和纤维的发展而不断进步。人们按纤维的性质和加工要求使用各种类型的染料,每一类染料都有自己适用的染色和印花对象。非织造布的染色和印花加工技术大部分借鉴了传统的纺织品和纸张的染色、印花理论和技法,在合理地选择染料、涂料的基础上,制订适合的染色、印花工艺,以适应非织造布的特点。因此,如何在传统理论的指导下,获得质量满意的非织造布染色和印花产品是本章论述的主要内容。

染色非织造布通常可以通过聚合物原液着色、纤维成网前的纤维着色以及纤维成网后的基质着色三种方式得到。对于有些难于染色的聚烯烃纤维,如聚丙烯纤维等可以在纺丝前,加入色母粒进行原液染色。因此,这种方法可以将非织造布的染色作为聚合物直接成网的一部分,不仅生产效率高,而且产品的色牢度也较高。但是此部分内容不属于非织造布后整理中的内容,故本章中没有涉及。

第一节　染料与涂料

一、常用染料与涂料

染料是指能溶于水或者是经过处理后可以溶于水,并且能够使纤维染色且有一定染色牢度的有色有机化合物,染料对所染的纤维都会有一定的亲和力。而有些有色物质不溶于水,对纤维没有亲和力,不能进入到纤维内部,但能靠黏合剂机械地粘于织物上,在纺织工业中将这种有色物质称为颜料。颜料和分散剂、吸湿剂、水等进行研磨制得涂料,涂料可用于染色,但更多的是用于印花。

染料可用于染棉、毛、丝、麻及化学纤维等各种常用纤维,但不同的纤维所用的染料有所不同。另外,染色的过程主要以水作为染色介质,因此所用的染料大都能溶于水,或通过一定的化学处理转变为可溶于水的衍生物,或通过分散剂的分散作用制成稳定的悬浮液,然后进行染色。

目前染色加工时大多采用合成染料,合成染料具有价格低廉、色谱齐全、染色性能优良等特点。但是随着人们自我保护意识和环境保护意识的增强,合成染料中一些对人体或环境有害的染料已经被禁止使用。而天然染料的染色过程复杂,颜色鲜艳度以及染色牢度等并不理想,目前已很少用于纺织品或非织造布的染色。

1. 染料的分类　染料的分类方法有两种,一种是根据染料的性能和应用方法进行分类,称为应用分类;另一种是根据染料的化学结构或其特性基团进行分类,称为化学分类。

根据应用分类法,用于纺织品染色的染料主要包括直接染料、活性染料、还原染料、可溶性还原染料、硫化染料、不溶性偶氮染料、酸性染料、酸性媒染染料、酸性含媒染料、阳离子染料、分散染料等。

根据化学分类法,染料主要有偶氮染料、蒽醌染料、靛类染料、三芳甲烷染料等。偶氮染料分子结构中含有偶氮基团(—N≡N—),这类染料品种最多,约占60%,包括直接、酸性、活性和分散等染料。蒽醌染料结构中含有蒽醌基本结构,在数量上仅次于偶氮染料,包括酸性、分散、活性、还原等染料。一般来说,蒽醌类染料的日晒牢度比偶氮类高,价格稍贵。

2. 染料的命名　大多数染料都是结构复杂的有机化合物,如果按照染料的化学结构命名,名称就会十分复杂。由于染料的品种非常多,名称若不能反映出染料的颜色和应用性能,则不利于应用。另外,商品染料并不是单一结构的纯物质,其中还含有同分异构体、填充剂、盐类、分散剂等,甚至有些染料出于商业竞争的需要,其结构尚未公布,有时甚至是两只染料的共混物,因此就无法用其化学结构进行命名。

国产商品染料一般采用三段命名法命名,第一段为冠称,表示染料的应用类别;第二段为色称,表示染料染色后呈现的色泽名称;第三段为字尾,用数字、字母表示染料的色光、染色性能、状态、用途、纯度等。如酸性红3B,其中"酸性"是冠称,表示酸性染料;"红"是色称,说明染料在纤维上染色后所呈现的色泽是红色的;"3B"是字尾,"B"说明染料的色光是蓝的,"3B"比"B"更蓝,这是个蓝光较大的红色染料。

3. 染色牢度　染色的产品除了应该在色泽上鲜艳、均匀之外,还必须具有良好的染色牢度。染色牢度是指染色产品在使用过程中或染色以后的加工过程中,在各种外界因素的作用下,能保持其原来色泽的能力(或不褪色的能力)。保持原来色泽的能力低,即容易褪色,则染色牢度低;反之,则染色牢度高。

染色牢度是衡量染色产品质量的重要指标之一。按照染色产品的最终用途不同,对染色产品的牢度要求也会不同。由于纺织产品的用途非常多,因此对应的染色牢度的种类也很多,非织造布产品中常用的牢度指标主要有耐晒牢度、耐气候牢度、耐洗牢度、耐摩擦牢度、耐升华牢度、耐漂牢度、耐酸牢度、耐碱牢度等。

染色牢度在很大程度上决定于所用染料的化学结构。此外,染料在纤维上的状态(如染料的分散或聚集程度,染料在纤维上的结晶形态等)、染料与纤维的结合情况、染色方法和工艺条件等对染色牢度也会有很大的影响。在染色后充分洗除浮色或进行固色处理,对提高染色牢度有利。

在评价染料的染色牢度时,应将染料在纺织品上染成规定色泽的浓度才能进行比较。染色牢度的评价,一般是模拟服用、加工、环境等实际情况,制订了相应的染色牢度测试方法和染色牢度标准。由于实际情况很复杂,这些试验方法只是一种近似的模拟。对试验前后试样颜色的色差进行测定,或者与标准样卡或蓝色标样进行比较,得到染色牢度的等级。一般染色牢度分为五级,如皂洗、摩擦等牢度,一级最差,五级最好;而日晒牢度、气候牢度则分为八级,一级最差,八级最好。

4. 拼色　在染色加工过程中,为了获得一定的色调,常需用两种或两种以上的染料进行拼染,通常称为拼色或配色。品红、黄、青三色是染料拼色的三原色。用不同的原色相拼合,可得红、绿、蓝等色,称为二次色。用不同的二次色拼合,或以一种原色和黑色或灰色拼合,则所得的颜色称为三次色。

目前,电脑配色具有速度快、试染次数少、提供处方多、经济效益高等优点,但它也需要一定的条件,如染化料质量必须相对稳定,染色工艺必须具有良好的重现性,作为体现色泽要求的标样不宜太小或太薄等。

二、各种纤维的适染染料

不同的纤维各有其特性,应采用相应的染料进行染色。纤维素纤维可用直接染料、活性染料、还原染料、可溶性还原染料、硫化染料、不溶性偶氮染料等进行染色;蛋白质纤维(羊毛、蚕丝)和锦纶可用酸性染料、酸性媒染染料、酸性含媒染料等染色;腈纶可用阳离子染料染色;涤纶主要用分散染料染色。但一种染料除了主要用于一类纤维的染色外,有时也可用于其他纤维的染色,如直接染料也可用于蚕丝的染色,活性染料也可用于羊毛、蚕丝和锦纶的染色,分散染料也可用于锦纶、腈纶的染色。

第二节　非织造布染色

一、染色基本原理

(一)染料在染液中的状态

按照染料的溶解性能,可以将常用的染料分为水溶性染料和难溶性染料。水溶性染料含有水溶性基团,如磺酸基、羧基等,这类染料能溶解在水溶液中,溶解度的大小与染料种类、温度、染液的 pH 等因素有关。在染液中加入助溶剂如尿素、表面活性剂等,有利于染料的溶解。在溶液中水溶性染料会发生电离,生成染料离子,如直接、活性、酸性等染料在水中离解为阴离子和金属离子,阴离子通常含有 $-COO^-$ 和 $-SO_3^-$。阳离子染料在水中离解为染料阳离子和 Cl^- 或 SO_4^{2-} 等。

在染液中,电离后的染料离子之间或染料离子与分子之间会发生不同程度的聚集,形成染料聚集体,使染液具有胶体的性质。染料的聚集倾向与染料分子结构、温度、电解质、染料浓度等有关。一般情况下,染料分子结构复杂,分子量大,具有同平面的共轭体系,则染料容易聚集;染液温度低,染料聚集倾向大,温度升高,有利于染料聚集体的解聚;染液中加入电解质,会使染料的聚集显著增加,甚至出现沉淀;染料浓度高,聚集倾向大。

通常染液中的染料会以离子、分子及其聚集体等不同形态同时存在,而且染料的不同形态之间存在着动态平衡关系。当染料对纤维进行染色时,染料只有以单分子或离子状态才能进行,随着染液中染料分子或离子的不断上染,染液浓度逐渐降低,染料分子、离子和聚集体之间已经形成的平衡被打破,染料聚集体不断解聚,直到纤维上的染料与染液中的染料分子、离子、聚集体重新建立起新的最终平衡,染色即结束。

难溶性染料在水中的溶解度很小,如分散染料等,在实际染色中,染料用量远大于其溶解度。染料在水中主要以分散状态存在,即染料颗粒借助表面活性剂的作用,稳定地分散在溶液中,形成悬浮液。在染液中,一部分染料以细小的晶体状态悬浮在染液里,一部分染料溶解在分散剂的胶束里,小部分染料呈溶解状态,这三种状态保持一定的动态平衡关系。难溶性染料染色时,必须保证染液的分散稳定性,避免染料沉淀。染料的分散稳定性与染料颗粒大小、温度、电解质、分散剂性能等有关。

(二)染料上染纤维的过程

所谓上染,就是染料舍染液(或介质)而向纤维转移,并使纤维染透的过程。染料上染纤维的过程大致可以分为三个阶段:染料从染液向纤维表面扩散,并上染纤维表面,这个过程称为吸附;吸附在纤维表面的染料向纤维内部扩散,这一过程称为扩散;染料固着在纤维内部。这三个阶段之间既有联系又有区别,并彼此相互制约。

1. 染料的吸附　染料能被纤维吸附,主要是由于染料和纤维之间具有吸引力,这种吸引力主要是由分子间作用力构成的,主要包括范德华力、氢键和库仑力等。

染料在纤维上的吸附受多种因素如染色温度、染液 pH、电解质和助剂等的影响。提高染色温度可使吸附速率加快,缩短达到平衡的时间,但会使平衡上染百分率降低。染液中加盐,会影响带电荷的染料同纤维之间的库仑力。若染料和纤维所带电荷相同,染液中加盐后,纤维与染料间的电荷斥力会下降,但可提高吸附速率和增加吸附量,具有促染作用,如可加速直接、活性等染料对纤维素纤维的吸附。若染料和纤维所带电荷相反,染液中加盐后,会降低纤维对染料的电荷引力,降低染料的吸附速率并减少吸附量,具有缓染作用,如可减缓阳离子染料对腈纶(第三单体为酸性单体)的吸附。染液中加入阳离子缓染剂,也可降低阳离子染料对腈纶的吸附速度。

染料在纤维上的吸附是否均匀,对最终染色是否均匀有很大影响。为了保证染料的吸附均匀,要求被染物的染前处理要好,如退浆、煮练、丝光、热定形等加工过程应均匀;染色时,要求染液中各处的染化料浓度、温度等分布均匀。染料对纤维的吸附速率过快,易造成染色不匀。

染料能从染液中向纤维表面转移的特性,称为染料对纤维的直接性。直接性是一个定性的概念,只表示染料在一定条件下的上染性能受温度、电解质、浴比、染液 pH、染色浓度等因素的影响。直接性高的染料,容易吸附在纤维上,吸附速率快。直接性可用上染百分率表示,上染百分率高的染料称为直接性高。所谓上染百分率是指上染在纤维上的染料量与原染液中所加染料量的百分比值。染料对纤维的直接性是由染料与纤维的分子间引力产生的。

2. 染料的扩散 当染料分子被吸附在纤维表面后,染料在纤维表面的浓度高于在纤维内部的浓度,使染料向纤维内部扩散。染料在纤维中的扩散速度比染料在纤维上的吸附速度慢得多,因此,扩散是决定染色速度的关键阶段。染料的扩散速率高,染透纤维所需的时间短,有利于减少因纤维微结构的不均匀或因染色条件不当造成吸附不匀的影响,从而获得染色均匀的产品。因此,染色时提高染料的扩散速率具有重要的意义。

染料的扩散性能一般用扩散系数表示。扩散系数大的染料,其扩散性能好,染色时容易得到均匀的染色产品。染料的扩散系数与染料的结构、纤维的结构、染料直接性(或亲和力)、染色温度、纤维溶胀剂等有关。染料分子小、纤维微隙大,染料在纤维内扩散所受阻碍小,有利于染料分子的扩散。凡能使纤维微隙增大的因素(如用助剂促使纤维吸湿溶胀、提高染色温度等)都可加快染料的扩散。合成纤维在生产过程中,由于拉伸或热处理不匀,会使纤维的微结构不均匀,染色后会出现不匀现象。染料和纤维分子间的作用力大,直接性高,染料在纤维中的扩散困难。提高染色温度,可增加染料分子的动能,同时促进纤维膨化,使纤维微隙增大,能有效提高染料的扩散速率。

3. 染料在纤维中的固着 染料在纤维中的固着是上染的最后阶段。虽然这一阶段进行较快,但是它对染色牢度的影响很大。染料和纤维结合牢固,可获得较高的染色牢度。

当然染料和纤维的结合,也可以在上染的同时进行,这类染料的染色过程只有吸附和扩散;有的染料在上染以后,还要经过固色处理,以提高染色牢度,如直接染料染色;有的染料在上染后,要经化学处理,使染料固着在纤维上,染色才能完成,如活性染料染色。

二、非织造布染色

(一)非织造布染色方法与染色设备

非织造布的染色可以采用与常规纺织纤维或织物相同的染色方法。由于非织造布的强度一般比机织物、针织物低很多,因此在染色方法和染色设备的选择上要充分考虑加工的适应性问题。

1. 非织造布的染色方法 在普通纺织品染色过程中,染色方法按纺织品的形态不同,可以分为散纤维染色、纱线染色、织物染色三种。与此相对应,按照非织造布的形态不同,非织造布染色通常可以通过聚合物原液染色、纤维成网前的散纤维染色以及纤维成网后的基质染色三种方式得到。

根据将染料或涂料施加于非织造布的方式,非织造布的染色方法也可分为浸染(或称竭染)和涂染两种形式。

浸染是将散纤维或非织造布浸渍在染液中,在一定的温度下染色一段时间,使染料上染纤维并固着在纤维上的染色方法。浸染时,为了保证染色均匀,染液与被染物之间需要保持相对运动状态,可以采用染液循环的形式,也可以使被染物作反复循环运动或者两者同时做相对运动。浸染适用于散纤维染色或具有一定湿强度且又不能经受压轧的非织造布产品的染色。浸染一般是间歇式生产,生产效率较低。浸染时被染物重量和染液体积之比叫做浴比。浴比的大小对染料的利用率、能量消耗和废水量等都有影响,一般来说,浴比大对匀染有利,但会降低染料的利用率和增加废水量。浸染时,染料用量一般用对纤维重量的百分数(owf)表示,称为染色浓度。浸染时,染液的温度和染化药剂的浓度应均匀,否则会造成染色不匀。

涂染是通过涂层设备或圆网印花设备,使非织造布单面均匀着色的方法。为了使染料或涂料能够牢固地结合在非织造布上,上色完毕后需要再经过汽蒸或焙烘等后处理,才能使染料牢固地与纤维结合。应该注意在烘干和焙烘过程中,要防止染料泳移现象的出现,否则会导致染色不匀。所谓泳移是指在烘干过程中,非织造布上的染料会随水分的移动而移动的现象。泳移产生的染色不匀,在以后的加工过程中无法纠正。为减少染料的泳移,烘干时可先用红外线预烘,然后再用热风烘燥或烘筒烘燥。

2. 浸染染色设备 染色设备是实施染色的环境基础。一般非织造布的湿强力很低,应该选择加工时张力较小的设备。合成纤维是热塑性纤维,加工时也不应使其承受过大的张力,因此应采用松式加工的染色设备。涤纶一般需在130℃左右的温度染色,应采用密封的染色设备,即高温高压染色设备。

常规纺织品的染色设备类型很多,散纤维、纱线、织物都相应有合适的染色设备。但是除了散纤维染色设备可以用于非织造布产品染色加工使用外,其他设备多数都不能适应非织造布的染色需要。这主要是由于非织造布基质的形式和规格多种多样,因此没有定型的专门用于非织造布的染色设备,实际生产中可以根据产品的实际情况,选用适当的设备。

散纤维染色机可以对形态为散纤维、纤维条的被染色物进行染色加工。散纤维染色可得到匀透、坚牢的色泽。由于散纤维容易散乱,所以一般采用被染物相对静止,而染液循环运动的方式进行染色加工,以获得均匀的染色效果。

散纤维染色机是间歇式加工设备,换色方便,适宜于小批量生产。常用的吊筐式散纤维染色机主要由盛放纤维的吊筐、盛放染液的染槽、循环泵及贮液槽等部分组成。在吊筐的正中有一个中心管,在吊筐的外围及其中心管上布满小孔。染色前,将散纤维置于吊筐内,吊筐装入染槽,拧紧槽盖,染液借循环泵的作用,自贮液槽输至吊筐的中心管流出,通过纤维与吊筐外壁,回到中心管形成染液循环,进行染色。染液也可作反向流动。染毕,将残液输送至贮液槽,放水环流洗涤。最后将整个吊筐吊起,直接放置于离心机内,进行脱水。

(二)各种染料染色的处理方式

1. 直接染料染色 直接染料的分子量较大,分子结构呈线型,对称性较好,共轭系统较长,具有同平面性,染料和纤维分子间的范德华力较大;同时,直接染料分子中具有氨基、羟基、偶氮基、酰氨基等,可与纤维素纤维和蛋白质纤维中的羟基或氨基等形成氢键,这些使直接染料的直接性较高。根据染色性能,直接染料可分为三类。

(1)匀染性染料:这类染料的分子结构比较简单,在染液中染料的聚集倾向较小,染色速率高,匀染性好,但水洗牢度差,适合于染浅色。

(2)盐效应染料:这类染料的分子结构较复杂,匀染性较差,但染料分子中含有较多的磺酸基,上染速率较低,染色时,加盐能显著提高上染速率和上染百分率,促染效果明显,所以称为盐效应染料。这类染料在染色过程中必须严格控制盐的用量和促染方法,否则难以染得均匀的色泽。一般不适于染浅色产品。

(3)温度效应染料:这类染料的分子结构复杂,匀染性很差,染色速率低,染料分子中含有的磺酸基较少,盐的促染效果不明显。但温度对它们的上染影响较大,提高温度,其上染速率加快。这类染料要在比较高的温度下才能很好地上染,但染色时需要很好地控制升温速度,以获得均匀的染色效果。这类染料的水洗牢度较好,一般宜染浓色。

直接染料都溶于水,溶解度随温度的升高而显著增大。直接染料在溶液中离解成色素阴离子而上染纤维素纤维;纤维素纤维在水中也带负电荷,染料和纤维之间存在电荷斥力,这种现象对粘胶纤维染色更为明显。

温度对不同染料上染性能的影响是不同的。对于上染速率高、扩散性能好的直接染料,在 $60 \sim 70℃$ 得色最深,90℃以上时平衡上染率反而下降,这类染料染色时,为缩短染色时间,染色温度采用 $80 \sim 90℃$,染一段时间后,染液温度逐渐降低,染液中的染料继续上染,以提高染料上染百分率。对于聚集程度高、上染速率慢、扩散性能差的直接染料,提高温度可加快染料扩散,提高上染速率,促使染液中染料吸尽,提高上染百分率。在常规染色时间内,得到最高上染百分率的温度称为最高上染温度。根据最高上染温度的不同,生产上常把直接染料分为最高上染温度在70℃以下的低温染料,最高上染温度在 $70 \sim 80℃$ 的中温染料,最高上染温度在 $90 \sim 100℃$ 的高温染料。在生产实际中,棉和粘胶纤维通常是在95℃左右进行染色。

直接染料不耐硬水,大部分能与钙、镁离子结合生成不溶性沉淀,降低染料的利用率,因此,必须用软水溶解染料。染色用水如果硬度较高,应加纯碱或六偏磷酸钠,既有利于染料溶解,又有软化水的作用。直接染料浸染时,染液中一般含有染料、纯碱、食盐或元明粉。染料的用量根据颜色深浅而定,纯碱用量一般为 $1 \sim 3g/L$,食盐或元明粉用量一般为 $0 \sim 20g/L$(主要用于盐效应染料),对于促染作用不显著的染料或染浅色时,可不加盐或少加盐。染色浴比一般为 $1:20 \sim 1:40$。染色时,染料先用温水调成浆状,在水中加入纯碱,然后用热水溶解,将染液稀释到规定体积,升温至 $50 \sim 60℃$ 开始染色,逐步升温至所需染色温度,10min 后加入盐,继续染 $30 \sim 60min$,染色后进行固色后处理。

直接染料可溶于水,上染纤维后,仅依靠范德华力和氢键固着在纤维上,湿处理牢度较差,水洗时容易褪色和沾污其他织物,应进行固色后处理,以降低直接染料的水溶性,提高染料湿处理牢度。直接染料的固色处理常用金属盐后处理和阳离子固色剂处理两种方法。

当直接染料分子中具有能与金属离子络合的结构时,被染物用金属盐固色处理后,纤维上的染料和金属离子生成水溶性较低的稳定的络合物,从而提高被染物的湿处理牢度,日晒牢度也显著提高。常用的金属盐是硫酸铜、醋酸铜、酒石酸铜钠等。这类染料称为直接铜盐染料。被染物经铜盐处理后,颜色一般较未处理时略深而暗。这种处理方法一般适用于深色品种。铜盐用量随织物上染料的多少和处理浴比大小而定。固色处理可将被染物在硫酸铜0.5%～2.5%(对染物重)、30%醋酸2%～3%(对染物重)的固色液中,在温度50～60℃的条件下处理15～25 min。固色后要充分洗除铜盐。

如果直接染料是阴离子染料,当用阳离子固色剂处理时,染料阴离子可与固色剂阳离子结合,生成分子量较大的难溶性化合物而沉积在纤维中,从而提高被染物的湿处理牢度。常用的阳离子固色剂有固色剂 Y 和固色剂 M。固色剂 Y 可提高染色织物的湿处理牢度;固色剂 M 是由固色剂 Y 与铜盐作用而得,它可同时提高湿处理牢度和日晒牢度,但固色后染物的色光常会发生变化,故常用于深色染物的固色。阳离子固色剂固色时,固色剂用量为12～30g/L,醋酸2mL/L,在 pH 为5.5～6、温度为50～60℃的条件下,固色处理20～30min,然后烘干。

2. 活性染料染色　活性染料是水溶性染料,分子中含有一个或一个以上的反应性基团(称为活性基团),在适当条件下,能与纤维素纤维中的羟基、蛋白质纤维及聚酰胺纤维中的氨基等发生反应而形成共价键结合,因此活性染料也称为反应性染料。

活性染料价格较低,色泽鲜艳度好,色谱齐全,大多数的颜色无需与其他类染料配套使用就可以染得,而且染色牢度好,尤其是湿牢度。但活性染料也存在一定的缺点,染料在与纤维反应的同时,也能与水发生水解反应,其水解产物一般不能再和纤维发生反应,染料的利用率较低,难以染得深色。有些活性染料的耐日晒、气候牢度较差,大多数活性染料的耐氯漂牢度较差。

活性染料可用于纤维素纤维、蛋白质纤维、聚酰胺纤维的染色。活性染料的染色一般包括吸附、扩散、固色三个阶段,染料通过吸附和扩散上染纤维,在固色阶段,染料与纤维发生键合反应而固着在纤维上。

活性染料的化学结构通式是 S—D—B—Re,其中 S 是水溶性基团,一般为磺酸基;D 是染色母体;B 是桥基或称连接基,将染料的活性基和发色体连接在一起;Re 是活性基,具有一定的反应性。

在活性染料结构中,每一部分的变化都会使染料的性能发生变化。活性基主要影响染料的反应性以及染料和纤维间共价键的稳定性;染料母体对染料的亲和力、扩散性、颜色、耐晒牢度等有较大的影响;桥基对染料的反应性及染料和纤维间共价键的稳定性也有一定的影响。活性染料通常是按照活性基的不同分类,一般活性染料可分为以下几类。

(1)均三嗪型活性染料:这类染料的活性基是卤代均三嗪的衍生物,染料结构可表示为:

$$D—NH—\underset{\underset{X \text{ 或 } R}{\displaystyle\bigvee}}{\overset{N}{\underset{N}{\bigwedge}}}—X \text{ 或 } R$$

其中 D 表示染色母体,R 表示氨基、芳氨基、烷氨基等取代基,X 一般为卤素原子,根据卤素原子的种类和数目的不同,可分为二氯、一氯、一氟等几类。

若 X 为氯原子且含有两个氯,这类染料称为二氯均三嗪型活性染料,它的反应性较高,在较低的温度和较弱的碱性条件下就能与纤维素纤维反应。但染料的稳定性较差,在储存过程中,特别是在湿热条件下容易水解变质。这类染料与纤维反应后生成的共价键耐酸性水解的能力较差。国产的这类染料称为 X 型活性染料。

若只有一个为氯原子,另一个被氨基、芳氨基、烷氨基等取代,这类染料称为一氯均三嗪型活性染料。这种染料反应性较低,需要在较高浓度的碱液中且较高的温度下,才能与纤维发生反应而固色。该染料的稳定性较好,溶解时可加热至沸而无显著分解,国产的这类染料称为 K 型活性染料。

一氟均三嗪型活性染料是为低温染色而设计的,其反应性较高,适用于 40～45℃染色,对棉有很好的固色效果,染料与纤维键的稳定性与一氯均三嗪型相同。Cibacron F 型活性染料即属这类染料。

(2)卤代嘧啶型活性染料:这类染料的活性基为卤代嘧啶基。根据嘧啶基中卤素原子的种类和数目不同,可分为三氯、二氟一氯等类型的活性染料。三氯嘧啶型活性染料的反应性较低,即使在高温酸性条件下也不水解,可与分散染料同浴染涤棉混纺织物,染料与纤维键耐酸、耐碱、耐水解稳定性能较好。二氟一氯嘧啶型活性染料的反应性较高,有较高的固色率,适合40～80℃染色,染料与纤维键耐酸、碱的稳定性能较好,但价格较高。国产的 F 型活性染料就属此类。

(3)乙烯砜型活性染料:这类染料的活性基是 β - 硫酸酯乙基砜,结构通式为 D - $SO_2CH_2CH_2OSO_3Na$,国产的 KN 型活性染料属于此类。这类染料的反应性介于 X 型和 K 型之间,在酸性和中性溶液中非常稳定,即使煮沸也不水解,溶解度较高,但染料与纤维键耐碱性水解的能力很差。

(4)双活性基活性染料:早期活性染料的固色率不超过 70%。为提高活性染料的固色率,出现了双活性基的染料。目前这类染料含有的活性基主要有以下两种。

①一氯均三嗪基和 β - 硫酸酯乙基砜基:国产的 M 型、B 型活性染料属于此类。这类染料的反应性比 K 型染料高,染料与纤维形成的化学键耐酸、碱的稳定性较 K 型、KN 型染料好。

②两个一氯均三嗪基:国产的 KE 型、KP 型活性染料属于此类,KP 型活性染料的直接性很低,主要用于印花。

活性染料除上述类型外,还有膦酸基型、卤代丙烯酰胺型、喹喔啉型等。

活性染料的染色过程包括上染(吸附和扩散)、固色和皂洗后处理三个阶段。活性染料染色时,染料首先吸附在纤维上。并扩散进入纤维内部,然后在碱的作用下,染料与纤维发生化学结合而固着在纤维上。此时,在纤维上还存在未与纤维结合的染料及水解染料,应通过皂煮、水洗等后处理,将这些浮色洗除,以提高染色牢度。

活性染料的分子结构比较简单,在水中的溶解度较高,在染液中以阴离子状态存在,染料与纤维素纤维之间的范德华力和氢键力较小,染料对纤维的亲和力较小,上染率低。在浸染时,为提高染料的上染百分率和染料利用率,降低染色污水的色度,通常要加大量的盐促染。染液中盐的用量增加,染料的上染速率和上染率也增加;但盐的用量也不宜过大,有时会产生沉淀,同时也将加重对环境的污染。

活性染料与纤维的反应一般是在碱性条件下进行的。常用的碱剂有烧碱、磷酸三钠、纯碱、小苏打等。染色时,应根据染料的反应性选择适当的 pH,pH 太低,染料与纤维的反应速率慢,即固色速率慢,对生产不利;碱性增强,染料与纤维的反应速率提高,但染料的水解反应速率提高更多,染料的固色率降低。所谓固色率是指与纤维结合的染料量占原染液中所加的染料量的百分比。染料固色率的高低是衡量活性染料性能好坏的一个重要指标。反应性强的染料,可在碱性较弱的条件下进行固色;反应性低的染料,应采用碱性较强的溶液固色。染液中加入电解质,可提高染料在纤维上的吸附量,使染料与纤维的反应速度提高,从而提高固色率。

当采用活性染料对非织造布进行浸染染色时,宜采用直接性较高的染料。根据染色时染料和碱剂是否一浴以及上染和固色是否一步进行,浸染可分为一浴一步法、一浴二步法和二浴法三种方法。

一浴一步法也称全浴法,是将染料、促染剂、碱剂等全部加入染液中,染料的上染和固色同时进行。这种染色方法操作简便,但染料水解较多。应用此法较多的是 X 型活性染料,并且以染浅色、中色为主。

一浴二步法是先在中性浴中染色,染一定时间,染料充分吸附和扩散后,加入碱剂固色。加入碱剂破坏了原有平衡,染料上染率提高。该法染料吸尽率较高,被染物牢度较好。

二浴法是先在中性浴染色,染一定时间后,再在碱性浴中固色。由于上染和固色是在两个浴中分别进行的,染料水解较少,染料利用率高。

例如一浴二步法活性染料的染色工艺流程为:染色→固色→水洗→皂煮→水洗→烘干。染色时,染料的用量根据染色的深浅决定,盐的用量一般为 20~60g/L,深色产品的用量较浅色大。为了匀染,盐可分批加入,染色前加入一半,染色一段时间后加入另一半。染色浴比不宜过大,否则染料上染率低,而浴比过小对匀染不利,一般采用(1:10)~(1:30)。染色温度根据染料的性能而定,X 型为 30~35℃,K 型为 40~70℃,KN 型为 40~60℃,M 型为 60~90℃。染色时间一般为 10~30min。固色用碱常用纯碱和磷酸三钠,碱剂的用量应根据染料的反应性和染料用量来选择,反应性强的染料或染料用量低时,可用较少量的碱。一般纯碱的用量为 10~20g/L,磷酸三钠为 5~10g/L。固色温度根据染料的性能而定,X 型为 40℃左右,K 型为 85~95℃,KN 型为 60~70℃,M 型、B 型为 60~70℃。固色时间一般为 30~60min。固色处理后应进行水洗和皂煮,去除浮色,保证染色物的染色牢度。皂煮条件为:合成洗涤剂 1g/L,温度95~100℃,时间 10~15min。

3. 分散染料染色　分散染料是一类分子结构简单、结构中不含水溶性基团的非离子型染料,此类染料难溶于水。染色时通过分散剂的作用,大部分染料以细小的颗粒状态均匀分散在染液中,而只有少量的染料在高温状态下溶解在水中,这部分溶解的染料对于分散染料的上染有非常重要的意义。

分散染料主要用于疏水性聚酯纤维的染色,由于染料分子之间以及染料分子与聚酯纤维分子之间的作用力较小,在高温的情况下,染料会发生升华,导致染色产品褪色。因此在高温染色过程中,对分散染料的升华牢度有一定的要求。分散染料的升华牢度与染料分子的大小、分子极性的大小有关,染料分子越大,分子极性越大,染料的升华牢度越高。分散染料升华牢度的高低还与纤维上染料的浓度有关,纤维上染料的浓度高,升华牢度低,因此染深色时,一般要选用升华牢度高的染料。

根据分散染料上染性能和升华牢度的不同,分散染料一般分为高温型(S 或 H 型)、中温型(SE 或 M 型)和低温型(E 型)三类。高温型分散染料的分子较大,移染性较差,扩散性能较差,染料的升华牢度较高。低温型分散染料的分子较小,扩散性和移染性较好,但升华牢度较低。中温型染料的性能介于以上两者之间。

以涤纶的染色为例,分散染料对涤纶具有亲和力,染液中的染料分子可被纤维吸附,但由于涤纶是强疏水性纤维,吸湿性很差,无定形区的结构紧密,大分子链取向度较高,在纤维表面有结构紧密的表皮层,因此在常温下染料分子难以进入纤维内部。其染色一般在较高的温度下进行。

涤纶的染色方法有在干热情况下的热熔染色法,染色温度为 200℃ 左右;也有以水为溶剂的高温高压染色法,染色温度约 130℃。若在染液中加入能降低涤纶玻璃化温度的助剂(载体),则涤纶可在较低的温度下进行染色,这种方法为载体染色法。

第三节　非织造布印花

在黏合法非织造布生产中,印花黏合法也是对纤维网进行局部黏合加固的一种手段。如果黏合剂中加入染料,那么就可以达到既加固纤网又印花的效果。这种方法在黏合法非织造布的某些装饰性产品中已经得到了广泛的应用。缝编法、针刺法非织造布的性能与常规纺织品相似,因此大多数普通纺织品使用的印花方法都可以用于其印花。即使是某些抗张强度较差的非织造布也可以采用平网、圆网、转移或喷射等印花方式进行印花加工。

印花和染色一样,也是染料在纤维上发生染着的过程。但印花是局部染色,因此要防止染液渗化到需要染色的区域之外。通常的方法是在印制色浆中加入糊料,由于糊料具有良好的抱水性,因此色浆较黏稠,这样在进行印制时就可以防止渗化,保证花纹的清晰精细。因为色浆中只有少量的水,但要溶解更多的染料,所以印花要尽可能选择溶解度大的染料,或加大助溶剂的用量。另外,由于色浆中糊料的存在,染料对纤维的上染过程比染色时复杂,一般染料印花后采用蒸化或其他固色方法来促进染料的上染。

一、印花基本过程

一般的印花过程包括图案设计、筛网制版、色浆调制、印制花纹、后处理(蒸化和水洗)等几个工序。图案设计由美工设计人员和客户提供,然后将图案进行分色,即将图案中不同颜色的花纹分别描绘在透明胶片上用于制版。根据印花设备不同,筛网制版有电脑分色制版和普通感光法制版。制版的同时可以根据印花方法不同,配制相应的印花色浆。印花色浆一般由染料或颜料、糊料、助溶剂、吸湿剂和其他助剂等组成。将分色后所制各个颜色的花版进行对花后就可以依次印制。最后按照工艺要求经过后处理,以保证印制的花纹具有良好的牢度。

1. 筛网制版　感光法制版是用手工、照相或电子分色法将单元花样制成分色描样片,在描样片上,有花纹的地方涂有遮光剂。将分色描样片覆盖在涂有感光胶的筛网上进行感光,有花纹处,由于遮光剂的阻挡,感光胶未感光,仍然为水溶性,水洗后可以露出网眼,而无花纹处,感光胶感光后生成不溶于水的胶膜堵塞网眼,从而得到具有花纹的筛网。经过加固即可使用。

2. 电脑分色制版　印花 CAD 和 CAM 系统可以完成印花图案设计与分色制版等工作,和其他计算机系统一样,该系统由硬件和软件两部分组成,硬件主要由输入设备(扫描仪)、图形工作站(运算器、控制器、存储器及显示器等)、输出设备(激光成像机及彩色喷墨打印机)三部分组成。喷墨打印机可以将设计的图案转录在打印机上,以便对图稿直观的分析、修正,激光打印机是制作分色软片的主要设备,其功能是由输出控制信号转换为激光信号后,按设定格式使软片感光。

3. 色浆调制　印花色浆中,除了染料、涂料之外,对印制效果影响最大的组分就是印花原糊。印花原糊是具有一定黏度的亲水性分散体系,是染料、助剂溶解或分散的介质,并且作为载体把染料、化学品等传递到织物上,防止花纹渗化。当染料固色以后,原糊应从织物上洗除。印花色浆的印花性能很大程度上取决于原糊的性质,所以原糊直接影响印花产品的质量。制备原糊的原料为糊料,用作印花的糊料在物理性能、化学性能和印制性能方面都有一定的要求。从物理性能方面看,首先,糊料所制得的色浆必须有一定的流变性,以适应各种印花方法、不同织物的特性和不同花纹的需要。流变性是色浆在不同切应力作用下的流动变形特性,色浆的流变性能可以通过不同切应力作用下黏度的变化来测定。色浆大都属非牛顿流体,黏度随着切应力的增加而下降。其次,色浆应有良好的结构黏度,印花时筛网上刮刀压点处压力较大,这时色浆的黏度下降,有利于色浆的渗透。织物离开压点后,色浆黏度上升,从而防止花纹渗化。此外,糊料要有适当的润湿性和良好的抱水性能,这对染料的上染和花纹轮廓清晰关系密切。糊料应与染料和助剂有较好的相容性,即对染料、助剂有较好的溶解和分散性能。糊料对织物还应具有一定的黏着力,特别是印制疏水性纤维织物,黏着力低的糊料形成的色膜易脱落。化学性能方面,糊料应较稳定,不易与染料、助剂起化学反应,储存时不易腐败变质。印制性能方面,糊料要求成糊率高,所配的色浆应有良好的印花均匀性、适当的印透性和较高的给色量。同时糊料的易洗涤性要好,否则将影响成品的手感。

糊料按其来源可分为淀粉及其衍生物、海藻酸钠、羟乙基皂荚胶、纤维素衍生物、天然龙胶、乳化糊、合成糊料等。印花糊料应根据印花方法、织物品种、花型特征及染料的发色条件而加以选择,在生产中常将不同的糊料拼混使用,以取长补短。非织造布常用的印花糊料主要有海藻酸钠、乳化糊和合成增稠剂。

海藻酸钠是由海藻酸和其钠、钾、铵、钙、镁等金属盐组成,其中钠盐的成分最多,所以简称海藻酸钠。海藻酸钠的制糊较简单,将海藻酸钠(6% ~8%)在搅拌下慢慢撒入含有六偏磷酸钠的温水中,不断搅拌至无颗粒,再用纯碱调节 pH 为 7~8 即可。乳化糊是两种互不相溶的液体在乳化剂作用下,经高速搅拌而成的乳化体。乳化糊有油分散在水中(称为油/水型乳化液)和水分散在油中(称为水/油型乳化液)两大类。用于印花的乳化糊以油/水型比较适宜。乳化糊的性质和乳化剂的性质、用量有很大关系,为了增加乳化糊的稳定性,除了加乳化剂外,还需加入一些高分子物作保护胶体,如羧甲基纤维素或合成龙胶等。合成增稠剂可代替乳化糊用于涂料印花,并可用于分散染料和活性染料的印花。合成增稠剂是用烯类单体经反相乳液共聚而成,所用的烯类单体一般有三种或三种以上。第一类单体是丙烯酸、马来酸等含羧基的亲水性单体,它的作用是使合成增稠剂大分子链上含有高密度羧基,中和后羧基负离子互相排斥,使体系黏度提高并具有良好的水溶性或水分散性,其含量为 50% ~ 80% 。第二类单体是丙烯酸酯类疏水性单体,其作用是提高给色量,含量为 15% ~ 40% 。第三类单体是含有两个烯基的交联性单体如亚甲基双丙烯酰胺,在大分子链上形成轻度交联的网状结构,可显著提高增稠效果,其含量为 1% ~ 4% 。

二、非织造布印花方法

1. 筛网印花 筛网印花是目前应用较普遍的一种印花方法。此方法中筛网是主要的印花工具,有花纹处呈镂空的网眼,无花纹处网眼被涂覆,印花时,色浆被刮过网眼而转移到织物上。筛网印花的特点是对单元花样大小及套色数限制较少,花纹色泽浓艳,印花时织物承受的张力小,因此,特别适合于易变形、抗张强度小的非织造布的印花。根据筛网的形状,筛网印花可分为平网印花和圆网印花。

平网印花的筛网是平板形的,根据机械化、自动化程度不同,印花机分三种类型,即手工平网印花机(又称台板印花机)、半自动平网印花机和全自动平网印花机。这三种设备都是由台板、筛网和刮浆刀组成的。

印花前,在台板上用台板胶平整地贴好非织造布。印花时,筛网框平放在非织造布上面,把印花浆倒入网框内,用橡胶刮刀在筛网上均匀刮浆,使色浆透过网眼印到非织造布上,待色浆稍干后,再印另一套色,全部花纹印完后,取下非织造布,洗净台面,再继续印花,最后进行后处理。半自动平网印花机可印制宽幅产品,劳动强度较手工平网印花低。全自动平网印花机不但劳动强度低、生产效率较高,而且花型大小和套色数不受限制,印花时织物基本不受张力,特别适合非织造布印花加工。

非织造布筛网印花既可以使用染料也可以使用涂料。染料可以选择活性染料、酸性染料、分散染料等,主要依据印花纤维的种类而定。但是一般染料印花工艺稍显复杂,实际中不如涂料印花更常见。

涂料印花是非织造布筛网印花中一种常用的加工方法,它是借助于黏合剂在非织造布上形成的树脂薄膜,将不溶性颜料机械地黏着在纤维上的印花方法。其具有操作方便、工艺简单、色谱齐全、拼色容易、花纹轮廓清晰等特点,但产品的某些牢度(如摩擦和刷洗牢度)还不够好。涂料印花时色浆一般由涂料、黏合剂、乳化糊或合成增稠剂、交联剂及其他助剂组成。

涂料是涂料印花的着色组分,选用的颜料应耐晒、耐高温、色泽鲜艳,并对酸、碱具有良好的稳定性。颜料颗粒要求细而均匀,有适当的密度,在色浆中既不沉淀又不上浮,具有良好的分散稳定性。

黏合剂是具有成膜性的高分子物质,一般由两种或两种以上的单体共聚而成,是涂料印花色浆的主要组分之一。涂料印花的牢度和手感由黏合剂决定。作为涂料印花的黏合剂,要求具有高黏着力、安全性及耐晒、耐老化、耐溶剂、耐酸碱、成膜清晰透明、印花后不变色也不损伤纤维、有弹性、耐挠曲、手感柔软、易从印花设备上洗除等特点。目前常用的黏合剂可分为非交联型、交联型和自交联型三大类。

非交联型黏合剂的分子中不存在能发生交联反应的基团,是线型高分子物。这类黏合剂的牢度较差,需要加入交联剂,通过交联剂自身和交联剂与纤维上的活性基团的反应形成网状结构,才能保证其牢度。按单体原料划分,包括丙烯酸酯的共聚物、丁二烯的共聚物、聚醋酸乙烯类三种。

交联型黏合剂分子中含有一些反应基团,可以与交联剂反应,形成轻度交联的网状薄膜,提高涂料印花的牢度,但交联型黏合剂不能与纤维素等大分子链上的羟基反应,也不能自身发生反应。通常这类黏合剂会在共聚物中引入一些单体如含羧基的丙烯酸和甲基丙烯酸等或者含氨基和酰氨基的丙烯酰胺和甲基丙烯酰胺等。这类黏合剂在使用时一定要加入交联剂。

自交联型黏合剂分子中含有可反应的官能团,如 N - 羟甲基丙烯酰胺等。在一定条件下,这些官能团不需要交联剂,就能在成膜过程中彼此间相互交联或与纤维素纤维上的羟基反应,因此不需要外加交联剂,所以称为自交联型黏合剂。目前的涂料印花黏合剂主要是自交联型黏合剂。

交联剂是一类具有两个或两个以上反应官能团的物质,能与黏合剂分子或与纤维上的某些官能团反应,使线型黏合剂成网状结构,降低其膨化性,提高各项牢度。例如常用的交联剂 EH 由己二胺和环氧氯丙烷缩合而成,具有两个活泼基团——环氧乙烷基。

涂料印花一般用乳化糊作原糊,用量少,含固量低,不会影响黏合剂成膜,手感柔软,花纹清晰。用合成增稠剂代替乳化糊可避免煤油挥发造成的环境污染,而且成本低。

涂料印花的工艺流程一般为:印花→烘干→固着。固着主要是交联剂和交联型黏合剂、交联剂自身之间、交联剂和纤维上的活性基团或自交联型黏合剂之间及和纤维上的活性基团发生交联反应。固着有汽蒸固着(102~104℃,4~6min)和焙烘固着(110~140℃,3~5min)两种方式。通常涂料印制小面积花纹后不必进行水洗。

2. 转移印花 转移印花是改变了传统印花概念的印花方法。先用印刷的方法将花纹用染料制成的油墨印到纸上制成转移印花纸,然后将转移印花纸的正面与被印非织造布的正面紧贴,进入转移印花机,在一定条件下,使转移印花纸上的染料转移到织物上。

转移印花的图案花型逼真,花纹细致,加工过程简单,特别是干法转移印花无需蒸化、水洗等后处理,节能无污染。

目前常用的转移印花方法是涤纶等合成纤维织物的转移印花,一般采用干法转移印花中的分散染料升华转移印花工艺。通过200℃左右的高温作用,使化纤(如涤纶)的非晶区中的链段运动加剧,分子链间的自由体积增大;另一方面染料升华,由于范德华力的作用,气态染料运动到涤纶周围,然后迅速扩散入非晶区,达到染色的目的。

油墨由分散染料、黏合剂和调节流变性的物质组成。其中分散染料的选择原则是升华温度小于纤维的软化点,即选用升华牢度低的分散染料,且分散染料应对纸无亲和力,以利于充分向织物转移。黏合剂包括海藻酸钠糊、纤维素醚、树脂等,它们分别适用于水分散型、醇分散型和油分散型等三种类型的油墨。对转移印花纸要求有足够的强度,高温不发脆,收缩性小,光滑致密,有适当的透印性。转移纸的印刷方法有凹版印刷法、凸版印刷法、平版印刷法和筛网印花法。

转移印花的工艺条件主要取决于纤维材料的性质和转移时的真空度。在标准大气下转移印花的各种纤维转移温度和时间为:涤纶非织造布200~225℃,10~35s;锦纶非织造布190~200℃,30~40s。在真空度为8kPa的真空转移印花机上,转移的温度可降低30℃,这是因为在真空条件下染料的升华温度降低。由于降低了转移温度,可使非织造布获得较好的印透性和手感。

转移印花的设备有平板热压机、连续转移印花机和真空连续转移印花机。平板热压机是间歇式设备,转移时织物与转移印花纸正面相贴放在平台上,热板下压,一定时间后热板升起。连续式转移印花机能进行连续生产,机器上有旋转加热滚筒,织物与转移纸正面相贴一起进入印花机,织物外面用无缝的毯子紧压,以增加弹性。以上两种设备都可以抽真空,使转移印花在低于大气压下进行。

传统的热转移印花只能用于合成纤维制造的非织造布,近年来又有天然纤维织物的转移印花非织造布出现,印花过程主要有两类途径。

(1)模拟分散染料对涤纶织物转移印花的机理,对天然纤维进行一定的预处理,以提高对分散染料的亲和性,即还是采用分散染料的升华转移印花法。其中效果较明显的包括接枝变性法、界面聚合法和树脂法。

(2)非升华转移油墨的转移印花工艺分干法和湿法。湿法工艺是将活性染料油墨印在转移纸上,经轧碱后的织物与转移纸一同进入转印辊筒进行冷转移印花,然后进行汽蒸固色和水洗,这种方法可以完成对棉织物进行活性染料的转移印花。干法工艺是在印花前将一种"载体"涂在转移纸上,它受热熔化时,是一种对染料或颜料有很强溶解性的物质。涂有载体的印花纸用一种特殊的印花油墨印花,含有染料或颜料的载体在压力下向纤维转移,然后洗除织物上的载体。此法适用于各种基材,包括皮革等。

3.喷墨印花 喷墨印花是一种无需网版,应用计算机技术进行图案处理和数字化控制的新型印花体系,与常规的印花方式比较,具有下列特点。

(1)可以在任何织物或非织造布表面印花。

(2)工艺简单灵活,千变万化的图案可以一次印制完成。

(3)无需考虑图案的重复单元大小,且不受图案中颜色套数的限制,可以印出高质量的色调效果。

(4)不需要配色操作,使用黄、品红、青、黑的基本色油墨就可以得到需要的各种颜色。

(5)目前印花速度较低。

大部分喷墨印花机配备4~16种基本色的喷头,油墨基本上由活性染料、酸性染料、分散染料和涂料拼混而成。花纹的分辨率在180dpi和720dpi之间,根据产品外观风格特点可以选择不同分辨率的设备。印花速度一般只有$5m^2/min$,能够满足小批量花型印花的要求。目前对喷墨印花的研究和开发主要集中在提高印花速度,使得这种高度灵活的印花技术也能够用于大批量生产。

思考题

1. 按照非织造布的形态不同,染色非织造布通常可以通过哪几种方式得到? 并简述之。

2. 简述染料上染纤维的过程。

3. 根据染色性能,直接染料分为几类? 请简述之。

4. 举例说明活性染料如何按照活性基的不同分类,一般活性染料可分为几类?

5. 作为印花糊料,在物理性能、化学性能和印制性能方面都有哪些要求?

6. 涂料印花的特点和色浆组成是什么? 说明色浆中各组分的作用和要求。

第十七章　生态非织造布产品与加工

本章知识点

1.生态纺织品的概念、标准以及认证。

2.对非织布染整助剂的生态学性能进行评价的内容。

3.非织布产品上甲醛、重金属、农药残留物、防腐防霉剂、禁用染料等的分析方法。

早在 1968 年 3 月,美国国际开发署署长在国际年会上首次提出了"绿色革命"的概念,"绿色"成了少污染或无污染的代名词,并在全球范围内逐渐形成一股"绿色浪潮"。

1994 年 7 月,德国联邦政府正式颁布了《食品及日用品消费品法》第二修正案,明确规定禁止生产和进口使用可能被还原成 20 种含有对人体或动物有致癌作用的芳香胺偶氮染料的纺织品和其他消费品。该法规在全球范围内引起了很大的震动和强烈的反响,也对我国的纺织品生产和出口造成了很大的冲击,使我们对开发"生态纺织品"有了新的认识。同时,非织造布作为纺织品中重要的一种产品形式,开发生态环保的非织造布也被各国所重视。

第一节　生态纺织品及其认证

一、生态纺织品的概念

生态纺织品完整意义上的定义应包括下列几方面的含义。

(1)原料资源的可再生和可重复利用。

(2)在生产加工过程中对环境不会造成不利的影响。

(3)在使用过程中,消费者的安全和健康以及环境不会受到损害。

(4)废弃以后能在自然条件下可降解或不对环境造成新的污染。

但是由于目前在执行过程中仍然存在许多技术和认识上的问题,因此国际上将生态纺织品的认定标准分成两种。

一种是以欧洲"Eco—Label"为代表的全生态概念。依据该标准,生态纺织品所用纤维在生长或生产过程中应未受污染,同时也不会对环境造成污染,生态纺织品所用原料采用可再生资源或可利用的废弃物,不会造成生态平衡的失调和掠夺性资源开发;生态纺织品在失去使用价值后可回收再利用或在自然条件下可降解消化;生态纺织品应当对人体无害,甚至具有某些保健功能,即所谓的广义生态纺织品的概念。由于这一标准相当严格,目前满足要求的纺织品寥寥无几,但这并不妨碍人们对真正意义上的生态纺织品进行开发探索的追求。

另一种观点是以德国、奥地利、瑞士等欧洲国家的13个研究机构组成的国际生态纺织品研究和检验协会(Oeko—Tex)为代表的有限生态概念,认为目前生态纺织品的目标是在使用时不会对人体健康造成危害,主张对纺织品上的有害物质进行合理限定并建立相应的品质监控体系,即所谓的狭义生态纺织品。由于这种观点的可操作性强,因此目前实际生产中主要依据这种观点。即所谓生态纺织品就是指纺织品经过毒理学测试并具有相应标志的纺织品,是符合环保和生态指标要求的纺织品,它具有保护人体健康和环境的作用。

在商品流通领域中,纺织品的某些标准是用品质标签来体现的。人们环保意识的增强,纺织品标签生态学和毒理学方面也越来越引起人们的关注。为了区别生态纺织品与普通纺织品,许多公司制作了各种生态标签来明确定义一定规格的生态纤维和生态织物。

二、生态纺织品的标准及其认证

生态标志又叫环境标志、绿色标志,是由政府管理部门、独立机构或组织,依据一定的环境标准,向有关申请者颁发其产品或服务符合要求的一种特定标志,是对产品生态性能的一种认可,说明产品在生产、消费和废弃物回收过程中对环境无污染和对人类无害,或通过相应措施能够减少其危害。

已有近40个国家的政府推出了环境标志制度。如美国的"绿色签章制度"、日本的"生态标签制度"等。涉及的产品品种越来越多,甚至已经扩大到服务领域。目前在欧美市场上使用的生态标签主要有:Oeko—Tex Standard 100、MST Trademark of textile Tested、Textiles Tested for harmful substances 等。其中以 Oeko—Tex Standard 100 的生态标准使用最广、最具有国际权威性,它是由国际纺织品生态研究和检验协会颁布的。该协会由代表15个国家的12个组织组成,在欧洲的13个独立研究机构中设立检验实验室,均可承担 Oeko—Tex Standard 100 的研究检测工作,并批准使用 Oeko—Tex Standard 100 纺织品生态标签。

第二节　非织造布的绿色染整

染整工艺是生产生态纺织品的关键工序。染整过程中排放的废水、废气、废渣以及使用的各种染料和助剂中的有害物质都有可能直接危害人体健康和生态环境。在非织造布染整加工过程中,涉及的有害物质主要包括可溶性重金属盐、甲醛、五氯苯酚、农药(杀虫剂)、致癌偶氮染料等。在生产中必须禁用这些物质或寻找出适当的代用品。另外,在减少废水、废气污染上目前采取的措施包括使用污染少的产品(如不用含碳氢化合物的增稠剂、不含 APEO 的乳化剂和其他添加剂)、减少印花色浆进入废水的量、使用低残余单体含量的聚合产品以及低甲醛含量的黏合剂、交联剂和其他化合物,这些助剂均采用无毒溶剂,不含对皮肤有害的物质。生态化的非织造布染整是未来非织布生产中一个重要的研究方向,也是确保非织布产品生产和使用安全性的必然之路。

一、整理剂的生态评估

染整助剂和染料一样,给生态带来的影响有时要远远超过纺织品本身,选用好染整助剂将给企业带来的不仅是产品质量,同时也为企业降低了三废处理成本,更重要的是给社会和人类带来进步和健康。一般来说,给纺织品带来的生态影响和毒素危害的来源主要是染整助剂、生产染整助剂的原料、使用染整助剂过程中所产生的有害物。

目前,包括德国在内的欧盟成员国正在讨论关于部分助剂的禁用问题,但至今还没有像禁用染料一样提出禁用染整助剂的品种。由于染整助剂的分子结构和复配成分的不透明性,增加了禁用助剂的难度。所谓"绿色助剂"是指符合环保和生态要求的染整助剂,它必须具有在染整工艺上的应有的功能,使用后,织物上残留的有害物质低于规定限度,对水和空气的污染减少到最低程度。但是有些项目有明确的界限,如 Oeko—Tex Standard 100 所规定的生态纺织品技术标准,而有些标准则暂无明确限度,只能参照一些发达国家的规定和做法,相对染料而言比较模糊。一般认为,染整助剂的生态学性能,可从以下几点来衡量。

(1)产品分子结构是否符合相应的法律规定。

(2)产品应用后在织物上是否残留有毒和有害物质,残留量是否低于有关指标。

(3)产品使用过程中是否会产生污染大气的有害气体。

(4)产品使用后产生的废水是否便于处理和排放。

(5)供货单位是否具有本专业技术水准的严密质量管理保证体系。

染整助剂对环境的影响主要是其安全性和生物可降解性。安全性是能否投入生产使用首先要考虑的问题,包含急性和慢性毒性、致癌性,对皮肤刺激性、致畸性、致变异性,对水生物毒性和生理效应等。对生物可降解性在近几年来受到重视,生物可降解性差的染整助剂积少成多,从而对环境造成严重影响。

染整助剂所涉及的种类很多,包括净洗剂、渗透剂、精练剂、退浆剂、漂白助剂、稳定剂、匀染剂、乳化剂、分散剂、促染剂、防染剂、拔染剂、固色剂、助溶剂、黏合剂、增稠剂,还包括柔软剂、树脂整理剂、抗静电剂、阻燃剂、卫生整理剂、防水剂、防油剂、易去污整理剂、抗紫外线整理剂在内的后整理助剂。它们由各种有机化合物、无机化合物及其他物质所组成,但其中应用最为广泛的是各种类型的表面活性剂。因此,表面活性剂的生态问题也是对染整助剂进行生态评估的重要组成部分。

二、非织造布后整理加工中的甲醛问题

甲醛作为常用的交联剂广泛应用于非织造布的各种整理过程中,但是甲醛对生物细胞的原生质是一种毒性物质,它可与生物体内的蛋白质结合,改变蛋白质结构并将其凝固。甲醛会对人体呼吸道和皮肤产生强烈的刺激,引发呼吸道炎症和皮肤炎。此外,甲醛对皮肤也是多种过敏症的引发剂。据报道甲醛可能会诱发癌症。

以甲醛为交联剂整理后的非织造布产品在使用过程中,部分未交联的或水解产生的游离甲

醛会释放出来,对人体健康造成损害。各国的法规或标准均对产品的游离甲醛含量做了严格的限定。直接接触皮肤的服装与纺织品的甲醛含量不能超过 75mg/kg,不直接接触皮肤的服装与纺织品以及装饰用纺织品的游离甲醛含量不能超过 300mg/kg。强制性国家标准 GB 18401—2001《纺织品甲醛限量》也做了相同规定。

甲醛作为反应剂旨在提高染整助剂在非织造布上的耐久性,因为它能通过羟甲基与纤维素纤维羟基结合。因此广泛用于各类纺织染整助剂,如抗皱耐压树脂整理剂、固色剂、阻燃剂、柔软剂、黏合剂、分散剂、防水剂等。这些助剂的游离甲醛和释放甲醛造成非织造布上含有超量的甲醛,致使布上甲醛含量有可能超过有关规定的限制值。

例如,目前纤维素纤维、涤纶及涤棉织物上应用的阻燃剂主要是氮—磷及溴—锑两大系列。后者因溴化物和三氧化二锑的有害性而受到限制,而氮—磷系列的阻燃剂仍在使用过程中,为了提高阻燃效果的耐久性,分子结构内需要有一定数量的 N – 羟甲基,经这样的阻燃剂处理后,非织造布上会残留甲醛,特别是氮—磷系列阻燃剂中的四羟甲基氯化镍(THPC),这是一种目前常用的耐久性阻燃剂,在其合成和分解过程中,会产生一定量的甲醛和氯化氢,这两种物质反应后可能产生致癌物质氯甲醚。另外,由于阻燃剂通常在非织造布上的增重率都很高,达 20% 左右,为了提高氮原子含量,整理液中常常需要添加 TMM 或 HMM 三聚氰胺树脂,这也是造成阻燃非织造布产品上甲醛量偏高的原因之一。另外,涂料染色和印花用自交联黏合剂中,一般含有 N – 羟甲基丙烯酰胺,使用中也应注意甲醛释放问题。

萘磺酸的甲醛缩聚物类的分散剂如 NNO、MF 等产品中也含有少量的游离甲醛,但是它的分子结构并不像 N – 羟甲基那样属于活泼的半缩醛形式,不存在可逆反应,合成时也不需要过量甲醛维持反应平衡,而且 C—C 键键能大,很难水解释放出甲醛。从这个意义上来讲,这类分散剂不受甲醛限制的影响,但是其生物降解性很差,只有 25% ～30% 可生物降解,给生态环境的保护带来影响。

三、非织造布后整理加工中的重金属离子问题

某些重金属是维持生命不可缺少的物质,但浓度过高对人体有害。例如铁可诱发癌症、镉可导致肺疾病、镍导致肺癌、钴导致皮肤和心脏病、锑可导致慢性中毒、铬导致血液疾病等。重金属一旦为人体吸收,则有在肝、骨骼、肾、心及脑中积累的倾向。当重金属在受影响的器官中积累到一定程度时便会对健康造成损害。

在天然纤维生长过程中,重金属通过环境迁移、生物富集在纤维内部。例如棉、麻等植物纤维对水、土壤、空气中微量铅、镉、汞等重金属的吸收、富集。羊毛、兔毛等动物纤维所含的痕量铜来源于生物合成。但是这些重金属是微量的,不足以对生态环境和人体健康构成危害。而非织造布在整理加工过程中所使用的化学药品和助剂,如用作染色物固色剂的铜盐、含有锑等重金属的阻燃剂等对纺织品生态环境有一定影响。因此对非织造布整理加工过程中的有害重金属应限量控制。

四、非织造布着色时的禁用染料

部分偶氮染料在一定的条件下会还原出某些对人体或动物有致癌作用的芳香胺,而并不是

偶氮染料本身有致癌性。在市场上流通的商品化合成染料品种约有2000种,其中约三分之二的合成染料是以偶氮化学结构为基础的,有可能还原出致癌芳香胺的染料品种(包括某些颜料和非偶氮染料)约为210种。此外,某些染料从化学结构上看不存在致癌芳香胺,但由于在合成过程中中间体的残余或杂质和副产物的分离不完全而仍可被检测出存在致癌芳香胺,从而使最终产品无法通过检测。

如果人体长期与含致癌芳香胺的偶氮染料接触,染料可能被皮肤吸收,并在人体内扩散。这些染料在人体的正常代谢所发生的生化反应条件下,可能发生还原反应而分解出致癌芳香胺,并经过活化作用改变人体的DNA结构,引起人体病变和诱发癌症。

致敏染料是指某些会引起人体或动物的皮肤、黏膜或呼吸道过敏的染料。有专家按染料直接接触人体引发过敏性接触皮炎发病率和皮肤接触试验情况将染料的过敏性分成强过敏性、较强过敏性、稍强过敏性、一般过敏性、轻微过敏性、很轻微过敏性、无过敏性等7类染料。大量研究表明,目前市场上初步确认的过敏性染料有27种。

五、生态非织造布产品的其他监控内容

作为生态纺织品中的一员,Oeko—Tex Standard 100对生态非织造布产品的其他监控内容还包括pH、含氯酚(五氯苯酚PCP和2,3,5,6–四氯苯酚TeCP)、含氯有机载体、六价铬、农药和杀虫剂、气味、消耗臭氧层的化学物质、抗菌整理剂、有机锡化合物、阻燃剂、邻苯二甲酸酯类PVC增塑剂以及耐水渍、耐汗渍(酸性/碱性)、耐摩擦(干/湿)和耐唾液色牢度等。

第三节　非织造布产品中生态毒性物质的分析与监测

一、非织造布释放甲醛的测定

纺织品上甲醛含量的测定已经成为一项常规的检测项目,对应的测试方法标准也有不少。日本政府很早就颁布了有关的法规并制定了相应的试验标准(比色法)。目前国际上基本都参照采用了日本的JISL 1041《树脂整理纺织品试验方法》(Testing methods for resin finished textiles)中有关游离甲醛测定方法的基本内容,并逐渐趋于统一。目前在各国标准中被普遍采用的方法是日本标准JISL 1041中的乙酰丙酮法(液相法)中的B法和美国标准AATCC 112的气相萃取法。

在日本标准JISL 1041中,有关甲醛含量的测定按样品制备方法的不同可分成液相萃取法和气相萃取法。在液相萃取法中又根据显色剂的不同而分成间苯三酚法和乙酰丙酮法。其中,乙酰丙酮法包括A法和B法,A法为一种简易方法,而B法则是一种精密的方法。用液相萃取法测得的是样品中游离的和经水解后产生的游离甲醛的总量,用以考察纺织品在穿着和使用过程中因出汗或淋湿等因素可能造成的游离甲醛逸出对人体造成损害。而气相萃取法测得的则是样品在一定的温湿度条件下释放出的游离甲醛含量,用以考察纺织品在储存、运输、陈列和压烫过程中可能释放出的甲醛量,以评估其对环境和人体可能造成的危害。

在新版 Oeko–Tex Standard 100 中,对生态纺织品甲醛含量的控制目标是限制游离甲醛的总量,所采用的测定方法标准就指定为 JISL 1041。不过在实际操作中,根据需要也有部分会采用 ISO 标准或者 AATCC 112。

二、非织造布产品上可萃取重金属含量的测定

非织造布上的可萃取重金属含量是指将样品用规定的萃取液按规定的萃取条件萃取,尔后用 ICP、AAS 或 UV—VIS 等仪器分析方法测定萃取液中被萃取下来的重金属含量。因此,非织造布产品上可萃取重金属含量的测定包含了两部分内容,一是样品的萃取,二是萃取液中重金属含量的测定。

2000 年版的 Oeko–Tex Standard 200 规定的萃取液为人工酸性汗液,而人工酸性汗液的配制则采用国际标准 ISO 105—E04:1994《纺织品　色牢度试验　第 E04 部分:耐汗渍色牢度》中的规定。

萃取液中重金属含量的测定可根据实验室的条件和规定分别采用 ICP、AAS 或 UV—VIS 等仪器分析方法进行。需要指出的是,除了 Oeko—Tex Standard 100 中规定的 10 种重金属及离子之外,欧美一些国家对不同的产品,如玩具、日用消费品和包装材料等要求进行控制的重金属范围并不完全一致,钡(Ba)和硒(Se)也常被列入监控范围。

三、非织造布产品上残余农药及其防霉、防腐等特种处理剂的测定方法

五氯苯酚(PCP)是一种重要的防腐剂,曾被广泛使用,但残留有 PCP 的纺织品在穿着使用时,PCP 会通过皮肤在人体内积蓄,从而对人类造成潜在的健康威胁和生态环境的污染。目前用 GC 法检测 PCP 在技术上已经相当成熟,国际上对纺织品上可萃取 PCP 含量的检测则主要参照德国标准 DIN 53313:1996《皮革检验　五氯苯酚含量的测定》(Testing of leather—Determination of the pentachlorophenol content)。当采用 DIN 53313 的方法测定非织造布上可萃取 PCP 的含量时,在某些技术细节上要适当的调整,特别是样品的预处理过程,但基本原理完全相同。至于 TeCP(四氯苯酚)和 TriCP(三氯苯酚)的测定,可以在一次测试中同步完成。

中国国家质量监督检验检疫总局也发布了两项纺织品上 PCP 残留量测定方法的推荐性国家标准,分别是 GB/T 18414.1—2001《纺织品五氯苯酚残留量的测定　第 1 部分:气相色谱—质谱法》和 GB/T 18414.2—2001《纺织品五氯苯酚残留量的测定　第 2 部分:气相色谱法》。这两项标准已于 2002 年 2 月 1 日起实施。其方法原理与 DIN 53313 基本相同。国家质量监督检验检疫总局在发布上述两项推荐性国家标准的同时还发布了一项有关 2 – 萘酚残留量测定方法的推荐性国家标准:GB/T 18413—2001《纺织品 2 – 萘酚残留量的测定》。该方法用丙酮—石油醚(1 +4)经超声波萃取,萃取液经浓缩定容后,用 GC—MSD 进行分离分析和定性确认,用外标法定量。

纺织品上含氯有机载体的检测并无相应的测试标准,但也有相应的检测方法可以应用。如正己烷作为含氯苯的良好溶剂可以用于样品的萃取,而分离、定性及定量分析可以运用成熟的 GC—ECD 和 GC—MSD 技术,其检出限也相当低。有很多文献资料介绍了相关的实例,不再详

述。此外,气相色谱对有机氯和含氮化合物类农药的测定均有很高的专一性和灵敏度,并且已经获得广泛应用。非织造布上残留农药的检测方法也包括两个部分,一是萃取,二是 GC 分析。

四、禁用染料的检测方法

研究制定相应的禁用偶氮染料的检测方法一直是一个活跃的课题,并且已经获得了一大批研究成果,其中包括推出了一批标准化的检测方法。但到目前为止,得到国际社会普遍认同,并被作为统一的标准而被广泛采用的是由德国政府先后于 1997 年和 1998 年发布的三个官方方法,即德国政府官方方法 LMBGB 82.02—2:1998(1998 年 1 月)《日用品分析 纺织日用品上使用某些偶氮染料的检测》、LMBGB 82.02—3:1997(1997 年 3 月)《日用品测试 皮革上禁用偶氮染料的检测》等同于德国标准 DIN 53316:1997《皮革检验 皮革中某些偶氮染料的测定》和 LMBGB 82.02—4:1998(1998 年 1 月)《日用品分析 聚酯纤维上使用某些偶氮染料的检测》。

在这三个官方文件中,《日用品分析 纺织日用品上使用某些偶氮染料的检测》的出台经历了多次的修改和完善,目前的这个版本是在 1997 年公布的老版本基础上对部分技术内容作了进一步调整后推出的,从技术上看已相当完善。而 1998 年新出台的 LMBGB 82.02—4:1998《日用品分析 聚酯纤维上使用某些偶氮染料的检测》则是针对聚酯纤维这一特定的对象,增加了特殊的样品预处理步骤,而其他技术条件则完全相同。《日用品测试 皮革上禁用偶氮染料的检测》则等效采用了德国标准 DIN 53316《皮革检验 皮革中某些偶氮染料的测定》。

☞ 思考题

1. 广义生态纺织品和狭义生态纺织品所涵盖的内容有什么异同?

2. 衡量染整助剂的生态学性能从哪几个方面考虑?简述之。

3. 举例说明哪些整理有可能会导致非织造布产品产生甲醛超标的问题?

4. Oeko – Tex Standard 100 标准对生态纺织品的主要监控项目有哪些?

第十八章 现代技术在非织造布后整理中的应用

本章知识点

1.微波技术在非织造布整理中的应用特点。

2.超声波的概念及其在非织造布整理中的应用。

3.红外及远红外线的概念及其在非织造布整理中的应用。

4.等离子体的概念及其在非织造布整理中的应用。

5.纳米材料的特性及其在非织造布整理中的应用。

第一节　微波技术

微波加热是近20年来发展起来的新技术。目前它在非织造布后整理加工过程中,主要用于加热烘干等过程,并且具有以下几个方面的特点:

(1)微波加热时间短。这是微波加热干燥最突出的优点。实验证明:将纺织品的含水量从80%烘干到5%,采用常规方法(烘箱法或红外线加热干燥法及热空气干燥法)需要900min以上,而微波加热只需40min即可。微波加热时间短、效率高的主要原因是不需要预热,因为热源是在该加热物体的内部,由里向外,速度很快,并且加热比较均匀。

(2)热能利用率高,节省能源。由于热源在产品内部产生,且加热时间短,使加热过程中的热能损耗大为减少。有实验表明:用16g马铃薯粉做加热干燥试验,将其含水量从23%烘干到3%。采用常规方法需耗电0.238kW·h,而用微波烘干只需0.007kW·h,两者用电量相差几十倍。微波加热干燥比红外及远红外干燥更深入。

(3)微波加热干燥与介质高频加热相比可大大减少电场击穿的危险性。微波加热又便于自动控制。

虽然用微波烘干纺织材料的技术尚处于初步探索的阶段,但是可以预见,微波在纺织材料干燥领域中有非常光明的前景。随着微波加热的主要部件——磁控管成本的逐步下降,设备投资将会逐渐减少,为其在纺织工业上的应用提供了有利条件。

第二节　超声波技术

超声波是人耳无法感知的振动波,通常把频率在$(2\times10^4)\sim(2\times10^9)$ Hz 的声波叫超声波,把频率大于10^9 Hz 的称为特超声波或微波超声波。超声波与电磁波相似,可以被聚集、反射和折射,但在传播时需要有弹性介质。超声波作为一种波动形式可以以横波在固体、液体、气体中传播或在液体、气体中以纵波方式传播。

超声波可以应用在多种非织造布加工过程。例如,超声波在棉纤维的煮练和漂白、麻纤维的脱胶、非织造布的黏合和复合、整理剂的分散等方面已经得到了广泛的应用。

超声波对苎麻原麻中的胶质成分有分散作用,且随频率、功率不同分散效果不同。超声波脱胶比预酸处理效果好,且作用时间短,可采用流水线处理工艺。

超声波在煮练工艺中的作用主要是源于空化作用而引起的弥散作用、乳化作用、洗涤作用以及解聚作用等。超声空化作用使黏附在纤维上的污物表面张力降低,因此在各个表面上和低凹处起着清洁作用,同时空化作用使污物和油垢得以乳化,协助清除油垢和污物。此外,超声波还可应用于双氧水漂白工艺中,使漂白速度提高,缩短漂白时间,织物的白度也优于传统的漂白方法。

总之,超声波常用于从纤维表面去除天然的和外来的如尘埃污物杂质,在这些过程中超声波的使用都会提高处理速度。超声波的应用可归纳为分散作用、乳化作用、洗涤作用以及加聚、解聚作用等。另外,超声波辐射可以在较低的温度下进行,反应温和,有利于生产。高能超声波还可以促进纺织品湿加工速度,解决传统染整技术不能解决的技术问题,替代某些传统化学加工,解决环境污染问题。

非织造布的常规黏合技术主要包括针刺法、热轧法和化学黏合法。随着科学技术的不断进步,超声波已经可以用于非织造布的黏合、复合等加工过程中。

超声波能量属于机械振动能量,频率超过 18000Hz,在人的听力范围之外。而用于黏结由热塑性材料制造的非织造布时,通常使用的频率是 20000Hz。与针刺法、热轧法、化学黏合法等方法相比,超声波黏合法在许多方面有独特的优点,也是对这些常规黏合法的补充。首先,超声波黏合不需要化学黏合剂。其次,该方法能量损失少。另外,和热轧法相比,超声波黏合法无需热能通过被黏合纤维发生传导,因此由多余的热引起的纤维降解最少。最后,和其他黏合法相比,超声波法加工速度最快。

针刺复合土工布是由机织布(长丝或扁丝)和针刺非织造布经针刺、热黏合或化学黏合复合而成的,具有机织布的强力高、延伸率低、尺寸稳定的性能和针刺非织造布三维孔隙结构,排水和反滤功能优良。是近年来国内生产和应用较广泛的增强型复合土工布产品之一。但是针刺复合土工布复合时,刺针会损伤机织布,使机织布的强力利用率降低,在生产同样性能要求的产品时会浪费材料。而将超声波技术应用于生产复合土工布,可以有效地解决这些问题。

超声波黏合的能量是机械振动能,黏合设备在极高的频率(20~40kHz)下工作,将被复合的材料置于超声波发生器号角(亦称辐射头)与辊筒(亦称砧座)之间连续运行,在较低的压力和高频振动的共同作用下使纤维高分子材料内部分子运动加剧,由高频振动的动能变成热能,使热塑性的纤维材料发生软化、熔融,从而实现机织布和非织造布的复合。与针刺复合和黏合复合相比,超声波复合具有以下特点。

(1)超声波应用于工业生产已有30多年历史,超声波黏合和切割也在纺织工业中得到了广泛的应用。超声波设备的可靠性高、机械磨损较小,不但维修周期长,而且折旧率低。相对于针刺复合时刺针极易损坏、折断、折旧率较高有突出的优点,且超声波设备操作简便,维修方便,优于针刺复合加工设备。

(2)超声波黏合不消耗原材料,而化学黏合要消耗黏合剂。针刺复合易断针,原材料的消耗被加到生产的原料和管理上,将使产品成本增加。

(3)轻薄型纺织品超声波复合的加工速度较快,利用超声波技术生产复合土工布的速度比针刺复合的速度快得多。

(4)超声波技术的一个显著的优点是节能,它不对材料的外表加热来达到有效的黏合。超声波能量直接传到材料内部,能量损失少,这样每一个部位要比用热黏合节省300%以上的能量。

(5)超声波复合不产生污染物质,与黏合剂黏合法相比有利于环境保护,也没有如针刺加工那样产生噪声,工作环境整洁、安静。

(6)从机器设备目前的成本上看,设计生产一台4m宽的超声波复合设备与生产一台4m宽的针刺机相近或略低。

第三节　红外线与紫外线在非织造布后整理中的应用

一、红外线与远红外线简介

红外光谱的波长范围是$0.7 \sim 1000\mu m$,一般可分为近红外、中红外和远红外几种。不同波长的红外辐射具有不同的效能,在非织造布后整理过程中,目前主要用于进行红外辐射干燥和开发具有保温隔热功能的材料。

在红外辐射干燥时,其有效可干燥的波长范围为$0.7 \sim 11\mu m$。由于红外线是一种发射电磁波的不可见光线,其波长如与构造物质的分子固有振动频率在同一范围内,当红外线对物质进行照射时,能够引起电磁的共振,其热能可被有效地吸收。

在工业应用中,有燃气或电能两种红外线发生装置。通常红外线辐射设备发出的辐射波长为$0.7 \sim 1.0\mu m$,并且通常会扩展至波长为$8\mu m$。由于水不能被红外辐射所穿透,故可将它吸收后达到本身被加热的目的。液态水很容易吸收波长为$2.5 \sim 3.3\mu m$的红外线,对应的发射温度在$600 \sim 870$℃范围内,其发射温度用加热强度来控制。红外线干燥器还配备一套强制对流通风系统,用于除去表面附着的热气,以将非织造布表面的水蒸气及时排除,提高干燥的效能。用红外干燥系统所能获得的水蒸发速率在$45 \sim 90 kg/(m^2 \cdot h)$之间。

红外线干燥器具有设计紧凑和高能量输出的优点,它紧靠干燥物体,干燥效果显著。当表面水膜还未遭到干燥气流的过多干扰时,涂料中的大量水分能有效吸收红外线的辐射能量。这会使水与干燥物的温度一起上升,而不至于失水而引起局部表面过快干燥而引起结皮现象。在高速干燥器的装置中,红外线干燥的方法已广泛被采用。

红外线在非织造布后整理中的另外一种应用,是利用远红外线保温涂料进行保温隔热整理。许多无机陶瓷粉末有很强的发射红外线的特性,例如氧化锆(ZrO_2)、氧化铝(Al_2O_3)、碳化锆(ZrC)、碳化硅(SiC)、氮化硅(Si_3N_4)以及一些镁铝硅酸盐都有较强的发射和反射红外线的能力。将这些物质加工成涂料,用涂料印花或进行涂层加工的方法加工到非织造布上,就可赋予非织造布发射红外线的功能,使产品具有良好的隔热性或保温性。

将海藻经过特殊的碳化处理,加工成 $0.4\mu m$ 左右的超细粒子,也具有很好的反射远红外线的功能。特别是能在接近人体温度下,高效率地放射出适应人体保健的 $8 \sim 12\mu m$ 的远红外线。在 35℃ 时,发射率高达 94%,具有良好的保健功能和舒适效果。

生产远红外非织造布产品主要有两条途径,一是把远红外线保温涂料加入到后整理剂中,进行涂层加工(局部整理也可以加入到颜料印花色浆中进行印花加工);二是把远红外线保温涂料加到合成纤维纺丝液中,纺出功能性纤维后再加工成非织造布。两种方法各有特点,但涂层加工方法比较简便。

二、紫外线在非织造布后整理中的应用

紫外线是波长为 $100 \sim 400nm$ 的电磁波。在非织造布后整理过程中,紫外线有广泛的应用。由于紫外线具有很高的能量,能够对纺织材料进行改性或加工。更重要的是,紫外线不需要在真空的特殊状态下,也不需要引用其他气体,只需要在常压下就可以进行应用。目前常用的紫外线加工主要有紫外辐射改性纤维和辐射固着两种。

大多数非织造布的后整理是使用水溶液中的化学品对非织造布进行整理、印花和染色,可使纤维表面涂层不粘脏污,减小易燃性,或者赋予亲水性,但加工过程中的干燥要消耗大量的能源。因此,研究用紫外辐射固化涂料降低能耗,方便操作,就成为人们研究紫外线应用的主要工作之一。

和其他辐射能一样,紫外线可以加速树脂、黏合剂以及其他改性剂与纤维的固着反应。

第四节　其他技术在非织造布后整理中的应用

一、等离子体技术的应用

等离子体技术是从 20 世纪 70 年代开始发展的一种新技术,等离子体可以定义为正负离子各自独立存在、数量相等,且不发生静电中和反应的集合体。实际应用的等离子体主要由以下三种形式产生。

(1)热电离等离子体。

（2）气体放电等离子体。

（3）光致电离等离子体。

等离子体的分类方法很多，根据电离程度可分为完全电离、部分电离、弱电离三种。根据离子密度分为稠密等离子体和稀薄等离子体。根据气压和温度的高低可分为高压（热）等离子体和低压（冷）等离子。等离子体具有电中性、低密度、屏蔽性、自动振荡、双温现象和相互作用等特性，在纤维结构研究中的应用非常广泛。利用等离子体的刻蚀作用，将基质表层剥离下来，结合电子显微镜检测表面的组成，剖析其结构，这在新材料的研制过程中具有非常重要的作用。利用等离子体技术，可以对纤维进行鉴别，尤其是对外观难以区分而内部结构不同的纤维。同时，等离子体技术在检查纤维损伤、纤维各层次的结构分析上的应用也日趋广泛。等离子体在材料改性处理上的应用主要分为三个方面。

（1）等离子体刻蚀及注入处理。由于等离子体的刻蚀作用，使得材料基质表面积增大，从而增强了表面分子间的黏合力，可以对不同性质的材料进行复合。

（2）等离子体引发聚合。通过等离子体的引发聚合，使膜的性质与本体材料性能相近，人为的黏结达不到这一要求。

（3）等离子体的表面接枝处理。利用等离子体对材料进行接枝改性，可以获得许多有特殊性能的材料。非聚合体有机物和无机物的接枝、有机物和气体的接枝以及先无机物气体后有机物气体的接枝利用普通的化学方法难以实现，等离子体技术则比较容易做到。

由于低温等离子体所具有的既可改善聚合物的表面性质，同时又不改变聚合物母体的性质的特点，使其非常适合纺织材料的改性。这样既可保持纺织品原有优点，又可赋予其以新特征或消除某些缺点。等离子体在非织造布行业中的应用广泛，尤其是近几年来，人们对等离子体在合成纤维的亲水化处理、服装的无缝黏结、面料风格的改善、抗静电处理以及改善纤维的表面摩擦性等方面的应用日益广泛。在染整加工过程中，等离子体处理可以改善纤维的染色性和显色性，这一点对于超细纤维和羊绒的染色尤为重要。利用等离子体技术，还可以对纤维进行减量或增量处理，使功能纤维的表面活化或进行涂层整理。

最常用于纺织品改性的低温等离子体包括电晕放电和辉光放电。其中辉光放电比较稳定，对材料的作用比较均匀、改性的效果比较好。故大多纺织品的等离子体改性处理，都采用辉光放电。但辉光放电是在低气压下进行的，设备价格较昂贵，且很难实现连续化处理，所以受到一定的限制。电晕放电是在常压下进行的，设备价格较低，可实现连续化处理，因此许多人也在尝试用它来对纺织品进行改性。

等离子体刻蚀技术在纺织上的应用较早，并且已成为一项成熟的技术。其手段是通过等离子体刻蚀在纤维表面获得一些特征花纹，以区分各种材料的表层和内部结构。等离子体和高聚物的相互作用，使作用表面的结构疏松部分和无序部分优先被刻蚀，表面可以形成独特的刻蚀花纹图案。

等离子体技术用在纺织材料的改性研究较多。高分子材料置于等离子体环境中，将发生各种物理和化学变化，使高分子材料改性。改性的方法主要有三种：等离子体表面处理改性，简称PST法；等离子体接枝聚合，简称PGP法；等离子体聚合沉积，简称PPD法。

PST 法是指对材料表面或极薄表层的刻蚀处理,通常称为减量处理。这方面研究开始得比较早,方法亦较简便,取得的成果也较多。在合成纤维改性方面主要是对涤纶进行处理,其目的是改善合成纤维的亲水性、染色性、抗静电性、阻燃性、黏结性及生物适应性。对天然纤维进行PST 改性的研究主要包括增加纤维表面毛糙度、羊毛防缩、改进羊毛染色性、棉纤维吸湿性等方面且效果良好。

PGP 法是指运用等离子体技术处理表面活化并引入活性基团,然后在此基础上运用接枝方法在原表面上形成许多支链,构成新表层。PPD 法是运用气相聚合沉积到处理表面上形成覆膜的方法。这两种方法是增量处理法。

综上所述,等离子体对纤维改性方面的应用,已有成果和进展。但对纺织品的舒适性、手感风格和视觉风格究竟有何作用和影响,这种改性效果的工业化应用仍是目前值得探讨的领域。

二、纳米技术在非织造布后整理中的应用

纳米技术是一种最具有市场应用潜力的新兴科学技术,科学家们认为纳米技术将从材料、光电、化工、生物工程、医学等多领域给人们的生活带来革命性的变化。纳米级的物质颗粒尺度已经很接近原子的大小。同时,由于球形颗粒的表面积与直径的平方呈正比,其体积与直径的立方呈正比,故粒子的比表面积与直径呈反比。当粒径在纳米范围时,将迅速增加表面原子的比例。当粒径降到 1nm 时,表面原子数比例达到 90% 以上,原子几乎全部集中到纳米粒子的表面。因此,随着物质颗粒尺寸的量变,在一定条件下会引起颗粒性质的质变。

纳米材料是指结构粒子尺寸为纳米级的超细材料。其中纳米颗粒的尺寸最多不超过100nm。纳米粒子的表面原子数与总原子数之比由于粒子的变小而急剧增大后所引起的性质上的变化称为纳米材料的表面效应,再加上纳米粒子的量子尺寸效应、小尺寸效应、宏观量子隧道效应等使得它们的光学性能、电学性能、热学性能、力学性能、催化性能、生物性能等方面呈现出常规材料不具备的特性,由此人们可制造出各种性能优良的特殊材料。

纳米粒子可以是金属、半导体、绝缘体、有机高分子等材料。目前,国内金属和金属氧化物纳米粉体的制备技术日趋成熟。通过必要的化学和机械手段可将纳米粉体材料均匀分布于基质中,所以各种类型的纳米复合材料的性质比其相应的宏观或微米级复合材料均有较大改善,并且由于纳米材料的所具有的特性可提高传统产品的各项性能指标,并创造出性能优异的新一代功能型纺织产品。采用纳米技术开发与生产非织造布产品的方法如下。

(1)制造纳米复合纤维。化学纤维中加入添加剂是目前开发化学纤维新产品的主要方法,采用纳米级添加剂可能会开发出新一代功能性更强的化学纤维。在生产化学纤维时利用熔融共混或溶液共混的方法制备纺丝液,纳米微粒较容易分散到纺丝液中,并且不会堵塞喷丝孔,经纺丝后制成高功能的纤维,如抗静电纤维、抗菌纤维、阻燃纤维、远红外纤维、抗紫外线纤维等。

(2)利用纳米颗粒所具有的特性对非织造布产品进行功能性整理。可将纳米粉体均匀分布于整理基质中,通过浸轧、喷洒、涂层等技术使纳米颗粒附着在传统的非织造布产品上,或通过植入技术将纳米颗粒分散和固定于织物中来提高或赋予纺织品一些性能,如抗静电性、易去污性、抗菌性、抗皱性等。此类方法较适用于对天然纤维织物的整理。

（3）利用纳米膜材料。将纳米颗粒嵌于薄膜中生成复合薄膜,再与纺织品层压复合。复合薄膜的生产与非织造布的生产分开进行,可以人为地控制纳米粒子的组成、性能、工艺条件、基体材料等参量的变化,从而控制纳米复合薄膜的特性。相应地,复合层压非织造布的生产亦具有了较大的灵活度。

☞ 思考题

1. 试述微波技术在非织造布整理中应用的特点。

2. 什么是超声波? 超声波在非织造布整理中有哪些应用?

3. 请说明红外辐射干燥的原理及特点。

4. 什么是等离子体? 如何分类? 等离子体有哪些特性?

5. 等离子体技术在非织造布加工中有哪些应用?

6. 纳米技术在非织造布加工中有哪些应用?

参考文献

[1]张彤彤,吴海波.PE/PP双组分纺粘法非织造布亲水性后整理研究[J].产业用纺织品,2007(1):27-30.

[2]王殿生.水刺非织造布功能整理技术和产品的开发[J].产业用纺织品,2004(5):25-27.

[3]马建伟,郭秉臣,陈绍娟.非织造布技术概论[M].北京:中国纺织出版社,2006.

[4]吴立.染整工艺设备[M].北京:中国纺织出版社,1995.

[5]王延熹.非织造布生产技术[M].上海:中国纺织大学出版社,1998.

[6]罗巨涛.染整助剂及其应用[M].北京:中国纺织出版社,2000.

[7]丁忠传.纺织印染助剂[M].北京:化学工业出版社,1988.

[8]陶乃杰.染整工程(第四册)[M].北京:纺织工业出版社,1992.

[9]陈荣圻.氨基硅油存在问题及解决办法[J].染整科技,2002(1):24-31.

[10]祝艳敏.纯涤纶粘合衬底布的超柔软处理[J].针织工业,2000(3):42-43.

[11]唐增荣.纺织品柔软整理剂的应用研究(上)[J].染整科技,2000(1):19-23.

[12]李成德,杨继林,牛建民,等.聚氨酯合成革柔软工艺的研究[J].聚氨酯工业,2005(4):23-26.

[13]王旭,焦晓宁,李静.烧毛、轧光整理在针刺非织造布过滤材料上的应用[J].产业用纺织品,2006(6):34-36.

[14]焦晓宁,金明熙.不同后整理手段对非织造布针刺过滤材料过滤性能的影响[J].产业用纺织品,1999(10):24-26.

[15]朱国虎,刘小明.浅谈轧光机的设计[J].非织造布,2003(3):42-44.

[16]姚和平.PU合成革在汽车内饰中的应用[J].聚氨酯工业.2006(5):42-44.

[17]桂新东.高支高密色织物的整理工艺[J].印染,2000(4):29-30.

[18]单志华.制革工艺学[M].北京:科学出版社,1999.

[19]陶乃杰.染整工程(第一册)[M].北京:纺织工业出版社,1991.

[20]孔繁超.毛织物染整理论与实践[M].北京:纺织工业出版社,1990.

[21]林昌志,李成贵,王安兵,等.聚氨酯牛巴革的技术开发与生产加工[J].聚氨酯工业,2000(3):31-34.

[22]鞠永农.剖析针刺机配置对海岛纤维皮革基布品质的影响[J].北京纺织,2005(4):11-14.

[23]王菊生,孙铠.染整工艺原理(第二册)[M].北京:纺织工业出版社,1984.

[24]贺福敏.捷克的一种剖层布设计[J].产业用纺织品,2000(3):36-37.

[25]高绪珊.导电纤维及抗静电纤维[M].北京:纺织工业出版社,1991.

[26]秦家浩.钱櫆成.纺织材料静电测试[M].北京:纺织工业出版社,1987.

[27]钱櫆成.纺织材料静电的消除[M].北京:纺织工业出版社,1984.

[28]马峰.纺织静电[M].西安:陕西科学技术出版社,1991.

[29]黄茂福.第四讲抗静电与抗静剂(二)[J].印染助剂.1997(3):32-35.

[30]张燕,丁玉苗.纺织品静电检测仪器的现状和问题[J].纺织标准与质量,2002(4):30-32.

[31]徐磊,顾振亚.纤维的电学性质与化纤的抗静电整理[J].广西纺织科技,2005(4):52-55.

[32]宋会芬,高琳,梁继月,等.丙纶纺粘非织造布抗静电整理的工艺研究[J].合成纤维,2006(5):18-21.

[33]王玉梅,李维宏,芮国臣.针刺非织造布防静电整理[J].非织造布,2002(4):22-24.

[34]晏雄.产业用纤维及纺织品[M].上海:中国纺织大学出版社,1996.

[35]金宗哲.无机抗菌材料及应用[M].北京:化学工业出版社,2004.

[36]季君晖,史维明.抗菌材料[M].北京:化学工业出版社,2003.

[37]利温 M,塞洛 SB.纺织品功能整理(下册)[M].黄汉平,李文珂,译.北京:纺织工业出版社,1992.

[38]董永春,滑钧凯.纺织品整理剂的性能与应用[M].北京:中国纺织出版社,1999.

[39]林孔勋.杀菌剂毒理学[M].北京:中国农业出版社,1995.

[40]陈建文,蔡晨波.灭菌、消毒与抗菌技术——基础·生产·应用[M].北京:化学工业出版社,2004.

[41]薛迪庚.织物的功能整理[M].北京:中国纺织出版社,2000.

[42]曾亮忠.非织造织物的抗菌整理[J],非织造布,2005(1):8-11.

[43]杨栋樑.双胍结构抗菌防臭整理剂[J].印染,2003(1):39-43.

[44]Lim S H, Hudson S M. Review of chitosan and its derivatives as antimicrobial agents and their uses as textile chemicals[J]. Journal of Macromolecular Science,2003,44(2):223-269.

[45]Purwar R, Joshi M. Recent developments in antimicrobial finishing of textiles—A review[J]. AATCC,2004,4(3):22-26.

[46]王俊起,王友斌,薛金荣,等.纺织品抗菌功能测试方法研究[J].中国卫生工程学,2003(3):129-131.

[47]沈萍.微生物学[M].北京:高等教育出版社,2000.

[48]中华人民共和国卫生部.消毒技术规范.北京:卫生部卫生法制与监督司,2002.

[49]睦伟民.阻燃纤维及织物[M].北京:纺织工业出版社,1990.

[50]欧育湘.阻燃高分子材料[M].北京:国防工业出版社,2001.

[51]欧育湘.实用阻燃技术[M].北京:化学工业出版社,2002.

[52]孔繁超.毛织物染整理论与实践[M].北京:纺织工业出版社,1990.

[53]邢凤兰.印染助剂[M].北京:化学工业出版社,2002.

[54]侯永善.染整工艺学(第二册)[M].北京:纺织工业出版社,1989.

[55]鲍治宇,董延茂.膨胀型阻燃剂的研究进展[J].化学世界.2006(5):311-315.

[56]郭卫红,汪济奎.聚烯烃阻燃剂及膨胀型阻燃剂的研究进展与展望[J].材料导报, 2002(3):56-58.

[57]任元林,程博闻,张金树,等.阻燃PP纺粘无纺布的性能研究[J].合成纤维工业,2007 (4):11-13.

[58]陈喆,李洪.非织造布的阻燃整理及其应用[J].产业用纺织品,2001(9):22-26.

[59]程博闻,洪雪梅,任元林.阻燃汽车衬垫毡的研制[J].产业用纺织品,2002(10): 9-11.

[60]马新安.涤棉阻燃防静电织物的研制[J].产业用纺织品,1998(4):18-20.

[61]朱平,王仑,王炳,等.纯棉织物低甲醛耐久阻燃整理工艺研究[J].印染,2003 (6):5-7.

[62]王丽佳,杨世鹏.几种不同织物的阻燃整理[J].印染助剂,2003(6):45-47.

[63]王潮霞,陈水林.芳香保健纺织品的研究与应用[J].染整技术,2005(3):1-4.

[64]祝永志,崔玉环.芳香家用纺织品的开发与应用[J].山东纺织科技,2004(6): 43-45.

[65]李宾雄,周国梁.涂料印花[M].北京:纺织工业出版社,1989.

[66]梁治齐.微胶囊技术及其应用[M].北京:中国轻工业出版社,1999.

[67]王慎敏.胶粘剂合成、配方设计与配方实例[M].北京:化学工业出版社,2003.

[68]夏铮南,王文君.香精与香料[M].北京:中国物质出版社,1998.

[69]何坚,孙宝国.香料化学与工艺学[M].北京:化学工业出版社,1995.

[70]宋心远,沈煜如.新型染整技术[M].北京:中国纺织出版社,1999.

[71]盛杰侦,辛长征,迟长龙.浅析色谱法测定香味非织造布保香期[J].非织造布, 2004(3):40-41.

[72]王妮,魏征.防紫外线纺织品加工技术及其评价[J].陕西纺织,2000(4):42-45.

[73]周绍箕,安林红.防紫外线织物[J],印染助剂.1999(5):1-3.

[74]薛涛,孟家光.纳米防螨抗菌真丝针织服装的研究[J].西安工程科技学院学报,2005 (1):16-18.

[75]张永文,陈英.纳米技术与抗紫外线功能性纺织品[J].新纺织,2004(12):18-22.

[76]徐路,郑宇英.纺织品防紫外线评定标准[J].中国标准化,2003(2):15-16.

[77]朱航艳,于伟东.纺织品抗紫外线性能与评价[J].纺织导报,2003(5):141-144.

[78]郭秉臣.非织造布学[M].北京:中国纺织出版社,2002.

[79]陶乃杰.染整工程[M].北京:中国纺织出版社,1994.

[80]范雪荣.纺织品染整工艺学[M].北京:中国纺织出版社,1999.

[81]Menachem Lewin, Stephen B. Sello. Handbook of Fiber Science and Technology: Volume

Ⅱ Chemical Processing of Fibers and Fabrics，Functional Finishes，19Nonw. Ind. ，1997，28(12)，38 – 44.

[82]魏庭勇.复合弹性非织造布[J].非织造布，2002，10(3):31 – 33.

[83]M. Baumann，杜邦(德国)有限公司.防污整理新工艺[J].国际纺织导报，2002(3): 66 – 69.

[84]杨如馨.涤纶织物涂胶复合工艺研究[J].印染，2002(9):30 – 32.

[85]杜文琴.荷叶效应在拒水自洁织物上的应用[J].印染，2001(9):36 – 37.

[86](日)久保元伸.含氟防水防油剂(1)关于防水防油性能的机理[J].印染，1995，12 (12):37 – 41.

[87](日)久保元伸.含氟防水防油剂(Ⅱ)——纤维的特性与防水加工[J].印染，1996，22 (4):40 – 41.

[88]胡传炘，宋幼慧.涂层技术原理及应用[M].北京:化学工业出版社，2002.

[89]吴人洁.复合材料[M].天津:天津大学出版社，2000.

[90]程靖环，陶绮雯.染整助剂[M].北京:纺织工业出版社，1985.

[91]黄茂福.助剂品种手册[M].北京:中国纺织出版社，1994.

[92]金郡潮.纺织品溶剂加工工艺[J].国际纺织导报，2002(1):62 – 65.

[93]顾钰良，顾珂里.层压纺织复合材料的生产和应用[J].产业用纺织品，2000(8): 37 – 39.

[94](美)S. 阿达纳.威灵顿产业用纺织品手册[M].徐朴，叶奕梁，童步章，译.北京:中国纺织出版社，2000.

[95]潘莺，王善元.Gore – tex 防水透湿层压织物的概述[J].中国纺织大学学报，1998，24 (5):110 – 114.

[96]储才元.具有开发前景的超声波复合土工布[J].产业用纺织品，2002(8):14 – 17.

[97]荷叶结构超拒水性织物[J].毛振鹏，译.印染译丛，1994(2):70 – 76.

[98]赵汇生，狄剑锋.织物的拒水拒油透气整理[J].中国个体防护装备，2001(3):17 – 19.

[99]谭京亮.有机硅防水剂整理织物的研究[J].有机硅材料及应用，1996(5):7 – 10.

[100]高云玲.超声波应用于纺织品前处理[J].染整技术，2000，22(4):27 – 28.

[101]王建明.等离子体技术及其在纺织行业的应用[J].国际纺织导报，1999(3):84 – 86.

[102]葛丽波，于伟东.等离子体在纺织材料上应用现状的探析(上)[J].高分子材料科学与工程，1999，15(5):22 – 24.

[103]缪旭红.浅谈纳米技术在纺织中的应用[J].产业用纺织，2001(6):10 – 12.

[104]侯大伟，李友文.微波对纺织材料干燥的探索[J].非织造布，1998.(4):28 – 29.

[105]赵全海.高档织物硬挺剂的合成方法[J].适用技术市场，1995(12):9 – 11.

[106]冷纯延.非织造布在建筑防水材料中的应用[J].产业用纺织品，2000(2):19 – 22.

[107]周向东，罗穆水，仇莎，等.涤纶织物的聚乙二醇耐久性亲水整理[J].染整技术，2002 (8):7 – 10.

[108]杨志云,钱晓明,李明达,等.丙纶熔喷非织造布的亲水整理[J].非织造布,1997(4):
20 – 22.

[109]丁海琴,汤人望.高吸水非织造布的研制[J].非织造布,1998(4):35 – 37.

[110]焦晓宁,马莹莹.非织造布亲水整理及亲水剂[J].产业用纺织品,2003(6):33 – 36.

[111]祝志峰,周永元,张文赓.高吸水性材料及其在纺织工业中的应用前景[J].中国纺织
大学学报,1994(4):80 – 86.

[112]万震,毛志平.新型亲水性有机硅柔软剂[J].针织工业,2002(1):65 – 66.